城市排水设施维修与养护管理研究

姚富友 李新波 刘甲孟◎著

东北林业大学出版社
·哈尔滨·

版权专有　侵权必究
举报电话：0451-82113295

图书在版编目（CIP）数据

城市排水设施维修与养护管理研究 / 姚富友，李新波，刘甲孟著 . -- 哈尔滨：东北林业大学出版社，2025.5. -- ISBN 978-7-5674-3836-1

I. TU992

中国国家版本馆 CIP 数据核字第 2025CX1094 号

责任编辑：任兴华
封面设计：北京研杰星空
出版发行：东北林业大学出版社
　　　　　（哈尔滨市香坊区哈平六道街 6 号　邮编：150040）
印　　装：北京佳益兴彩印有限公司
开　　本：787 mm×1 092 mm　1/16
印　　张：15.5
字　　数：260 千字
版　　次：2025 年 5 月第 1 版
印　　次：2025 年 5 月第 1 次印刷
书　　号：ISBN 978-7-5674-3836-1
定　　价：60.00 元

如发现印装质量问题，请与出版社联系调换。（电话：0451-82113296　82191620）

前　言

随着城市化进程的不断推进,城市排水设施作为现代城市基础设施的重要组成部分,在保障城市安全、提升环境质量和促进可持续发展等方面发挥着不可替代的作用。排水系统不仅直接关系到城市的水环境管理,还对市民生活质量、城市抗灾能力及生态平衡具有深远影响。然而,在城市规模扩大与气候变化的情况下,传统的排水设施面临着维护难度加大、功能逐渐衰退、管理压力增大等多重困境。在此背景下,如何高效管理、维护和更新排水设施,成为城市建设与管理的重要课题。

本书旨在为从事城市排水工程的技术人员和管理者提供系统、全面的参考。书中探讨了城市排水系统的组成与功能,分析了排水设施在现代城市建设中的发展与现实需求。随着城市化的推进,排水系统的规划设计也面临着前所未有的挑战。其中,如何确保系统的长效运行、应对复杂的环境条件及突发的极端天气,是研究和实践的核心问题。

本书不仅对排水系统的基本理论、设计规范及施工技术进行了阐述,还重点分析了排水设施的检测、维护与修复技术,通过对各类排水管道的检测技术、常见故障的预防与修复方法进行研究,为实践工作者提供具体的技术操作指南。同时,书中还讨论了排水设施的环保管理,结合低影响开发技术与可持续发展理念,提出了在排水设施管理中如何实现资源节约与环境友好的策略。

在技术创新方面,考虑到智能化和信息化技术的迅速发展,本书也对排水管理的新兴技术进行了探讨。实时监控、自动化故障预警等智能管理系统,不仅能提高排水系统的工作效率,也能在突发状况下迅速响应。智能化技术的引入,标志着城市排水设施管理进入了一个全新的时代。本书通过具体分析,展示了如何将现代技术与排水设施管理相结合，进一步提高设施的智能化水平，提升排水管理的效率和可靠性。

作者姚富友负责本书第二章、第五章、第八章、第九章的撰写工作，约10万字；作者李新波负责本书第四章、第六章、第十章的撰写工作，约8万字；作者刘甲孟负责本书第一章、第三章、第七章及辅文的撰写工作，约8万字。

作者在撰写本书的过程中参考了大量资料，限于篇幅未能一一列出，在此致以诚挚谢意。由于时间仓促，书中难免存在不足之处，希望广大读者不吝指正。

作　者

2025年3月

目　　录

第一章　城市排水设施概述 ……………………………………… 1
第一节　排水系统的发展历史与现代创新 …………………… 1
第二节　城市排水系统的基本组成及运作与维护 …………… 8
第三节　排水设施的重要性与现状 …………………………… 11

第二章　排水系统的基础知识 …………………………………… 21
第一节　排水系统的基本设计理论 …………………………… 21
第二节　管道系统的类型与材料选择 ………………………… 30
第三节　流体力学在排水系统中的应用 ……………………… 35
第四节　排水管道布置与布局 ………………………………… 40

第三章　排水工程建设的施工方案与质量验收 ………………… 46
第一节　排水工程的规划与设计 ……………………………… 46
第二节　排水系统建设中的施工协调 ………………………… 52
第三节　排水工程质量体系与验收 …………………………… 58

第四章　排水设施的施工技术 …………………………………… 68
第一节　排水系统施工的主要工艺 …………………………… 68
第二节　复杂环境下的排水施工解决方案 …………………… 73
第三节　地下排水管道的铺设技术 …………………………… 81
第四节　排水设施建设中的常见问题与改进措施 …………… 88

第五章 排水工程的施工管理 ······ 95

第一节 建筑工程中的排水设施施工要求 ······ 95
第二节 施工过程中的排水管道保护 ······ 100
第三节 排水设施的施工安全与质量管理 ······ 105
第四节 排水设施施工中的环保与法规要求 ······ 112

第六章 排水处理设施的运行与管理 ······ 118

第一节 排水处理设施的功能与分类 ······ 118
第二节 设施运行的技术指标与维护要点 ······ 124
第三节 处理设备的定期检修与保养 ······ 130
第四节 运行过程中的常见问题及解决措施 ······ 136

第七章 排水设施的维护与检测技术 ······ 144

第一节 排水管道检测技术与设备 ······ 144
第二节 管道内部清理与疏通技术 ······ 149
第三节 定期维护的标准流程与要求 ······ 154
第四节 常见故障的预防与修复 ······ 159

第八章 智能化与信息化技术在排水管理中的应用 ······ 165

第一节 排水系统的智能监控与数据管理 ······ 165
第二节 信息化技术在排水维护中的应用 ······ 171
第三节 实时监测与自动化故障预警 ······ 177
第四节 智能技术提升排水管理效率 ······ 183

第九章 排水系统对环境的影响与可持续发展 ······ 189

第一节 排水对城市环境的潜在影响 ······ 189
第二节 低影响开发技术与排水系统 ······ 195

第三节 可持续排水设计与实施 ………………………………… 201
第四节 环保理念在排水管理中的应用 …………………………… 206

第十章 城市排水设施的发展趋势 …………………………… 213
第一节 先进技术与新材料的应用前景 …………………………… 213
第二节 排水管理中政策的意义 …………………………………… 219
第三节 城市化进程中的排水需求变化 …………………………… 225
第四节 未来排水系统的建设与创新 ……………………………… 231

参考文献 ……………………………………………………………… 237

第一章　城市排水设施概述

随着全球城市化进程的加速，城市排水系统在现代城市建设中的作用越来越重要。排水设施不仅是为了处理雨水和污水，更是确保城市居民生活环境健康、生态平衡稳定的基础设施。现代城市排水系统的组成通常包括雨水排放系统、污水排放系统以及合流系统等多个部分，每一部分都承担着重要的功能。为了保证城市排水系统的高效运行，其设计和施工必须满足一定的技术要求，同时系统在实际运行过程中，还需要不断优化和调整。排水设施的历史可追溯到古代城市的排水系统。随着城市规模的扩大和技术进步，排水系统逐步发展为现代化、系统化的大型设施。然而，随着排水设施的日益复杂化，其管理和维护的难度也在不断增加。本章将详细分析城市排水系统的组成与功能，回顾排水设施的发展历程，评估当前排水设施面临的挑战，探讨排水系统设计的基本原则与相关规范，对这些内容进行系统梳理，为后续章节提供理论支持和技术框架。

第一节　排水系统的发展历史与现代创新

一、排水系统的起源与发展

排水系统作为一种基础设施，其起源可追溯到人类文明的初期。最早的排水设施主要与防洪和污水处理密切相关。在古代，城市的管理者就已意识到水流对公共卫生和城市安全的重大影响。在古埃及和美索不达米亚等文明中，排水系统已经出现雏形，它们往往通过简单的开槽、排水沟渠来疏导水流，以防止洪水侵袭和提升生活环境的卫生条件。随着时间的推移，排水系统的建设逐渐发展为更加系统化、结构化的基础设施，并且其功能不断完善，逐步满足日益增长的城市发展需求。

在古罗马时期，排水系统的设计和管理水平达到了一个显著的高度。罗马人通过精心设计的排水渠、污水管道和集水井，成功地解决了城市排水和卫生问题。古罗马的"克洛卡·马克西玛"（Cloaca Maxima）是一个典型的例子，作为世界上最早的公共排水系统之一，它连接了罗马城的排水渠和特拉斯提维列区的排水网络，持续发挥作用几千年。古罗马的排水工程不仅为污水排放提供了解决方案，还通过引水渠引导雨水流向城市之外，起到了防洪的作用。这一时期的排水设计强调了水流管理的科学性和合理性，体现了城市建设对水文环境的有效应对。

随着中世纪欧洲城市化的兴起，排水系统的设计和功能经历了波动。由于当时的技术水平相对有限，很多城市在排水设施建设上出现了滞后，污水通常通过简单的沟渠系统或直接排入自然水体。这种做法虽然在一定程度上缓解了当时的排水需求，但未能有效解决污水处理和防洪的问题。在此期间，许多欧洲城市的排水设施普遍处于简陋的状态，常常导致城市积水、污水横流，进而带来疾病的传播和环境的恶化。

到了18世纪和19世纪，随着工业化进程的加速，城市化进程迎来了前所未有的发展，城市人口迅速增长，排水问题变得越来越严重。在这一时期，尤其是在欧洲和北美地区，城市排水系统的建设和管理逐渐趋向现代化。工业革命带来了新的技术创新，水力学、土木工程和建筑技术的进步为排水系统的优化提供了技术支持。与此同时，公共卫生的观念逐步兴起，城市规划者开始意识到排水系统对公共健康和城市发展的重要性。伦敦、巴黎、纽约等城市相继建设了大型的城市排水设施，这些设施不仅能有效排除雨水，还能解决污水的处理问题，标志着排水系统的功能逐渐多元化。从单纯的排水到污水处理、从自然排水到机械抽水，排水系统开始呈现更加复杂和精细化的特征。

19世纪末至20世纪初，现代排水技术的兴起为排水系统的建设带来了重大突破。城市的排水设施开始向地下化、系统化方向发展，排水管网的设计逐渐复杂，排水管道也从原有的简单沟渠拓展为密闭的管道系统。与此同时，污水处理的概念逐步引入，污水处理厂开始建设，污水不仅通过管道排放，还通过专业化设施进行净化和处理，达到环境保护的目的。这一时期的排水系统建设不仅解决了传统意义上的水流疏导问题，还注重了水质的控制和环境的保护，体现了现代社会对生态文明的追求。

进入20世纪后半叶，随着城市化进程的进一步加速和全球人口的爆发性增长，排水问题变得越来越复杂，尤其是在发展中国家，排水设施的建设面临严峻的挑战。随着对可持续发展越来越受到关注，现代排水系统不仅要解决水流排放和污水处理问题，还要考虑水资源再利用和雨水回收。许多发达国家的排水系统开始采用智能化管理，实时监测排水管道和污水处理厂的运行状态，通过大数据、传感器和人工智能等技术实现自动化控制和故障预警。这一变革意味着排水设施进入了一个智能化和信息化的新时代，管理者能够通过数据分析和实时监控，及时发现系统问题并采取相应措施，极大地提高了排水系统的运行效率和可持续性。

如今，排水系统的建设已经不再仅仅关注传统的排水功能，而是更多地涉及生态环境的保护、公共卫生的保障以及城市的可持续发展。绿色排水技术、雨水管理技术、生态城市理念等成为当今排水系统设计的热点问题。通过引入雨水花园、透水性铺装、绿色屋顶等新型技术，现代排水系统不仅能有效解决排水问题，还能促进水资源的循环利用，改善城市的水环境。排水设施不再仅仅是"消耗"水资源的管道，而是城市水循环系统的关键组成部分，起到了维持生态平衡、提升城市环境质量的重要作用。

二、现代排水系统的形成与创新

随着工业革命的到来，城市化进程进入了一个全新的阶段，人口的急剧增加和工业化的迅速发展对城市排水系统提出了前所未有的挑战。传统的排水设施已经无法满足日益增加的城市排水需求，亟须通过技术创新和制度变革来解决这一问题。排水系统作为城市基础设施的重要组成部分，其功能不仅仅是保证城市的水流排放，更是确保城市环境质量、居民健康与生态平衡的关键因素。在这一背景下，现代排水系统的形成与创新经历了多个阶段，并且随着技术的不断发展，逐步融入了智能化、可持续性以及综合治理的理念。20世纪的排水系统不是停留在传统的"排水"功能上，而是逐步发展为包括污水处理、雨水管理以及资源回收等多重目标的复杂系统。

在早期，排水系统的设计主要侧重于满足最基本的功能——将污水和雨水从城市中有效排放。随着城市规模的不断扩大，传统的排水方式逐渐暴露出许多不足，特别是在城市的基础设施承载能力上。19世纪末至20世纪初，随着科学技术的发展，特别是流体力学原理的引入，排水系统的设计和建设逐渐实现了精细化和科学化。流体力学的应用使得排水系统不仅能处理更大规模的水流，还能更高效地调节不同区域的水流速度与压力，从而避免了排水过程中的水流阻力过大和堵塞问题。此外，土木工程施工技术的不断改进也使得排水管道的设计和建造更加精准与耐用，传统的砖石结构逐渐被现代化的管道材料所取代，极大地提高了排水系统的稳定性和使用寿命。

随着社会对环境保护的认识逐渐增强，20世纪中叶以后，排水系统的设计逐步进入了一个全新的阶段。传统的排水系统只关注如何将雨水和污水快速排放至城市外部，而忽视了这些水体的污染问题。人们环保意识的提升使得排水系统的建设不再仅仅依赖于排水功能，而开始逐渐融入了污水处理和雨水回收的综合性设计。这一转变标志着现代排水系统不仅关注水流的有效排放，而且更加注重水体的净化与再利用。尤其是在污水处理领域，随着生物处理技术、化学处理技术和物理处理技术的不断进步，现代城市排水系统能够高效地清除水中的有害物质，确保排放水质达到国家和地方的环保标准。与此同时，雨水回收技术的引入，使得城市能够利用原本被浪费的雨水资源，缓解了城市供水紧张的压力，也推动了城市水循环的建设。

现代排水系统的发展不仅仅体现在水质治理和雨水利用上，更体现在智能化和可持续性设计理念的融入。随着信息技术和大数据分析的广泛应用，排水系统的管理逐渐实现了信息化、自动化和智能化。智能监控系统通过传感器、数据采集设备等手段实时监控排水设施的运行状态，能够在第一时间发现设备故障、管道堵塞等问题，自动报警并启动应急响应机制。智能化技术的应用，使得排水系统的管理不再依赖于人工巡检，而是通过数据驱动的方式实现精准管理。这不仅提高了管理效率，也大大降低了人为失误带来的风险。

与此同时，排水系统的设计和运营理念也开始转向更加注重环境可持续发展的方向。绿色基础设施和低影响开发技术的应用为排水系统的可持续发展提供了新的路径。传统的排水设计往往忽视了雨水的自然渗透和生态调节功能，而绿色基础设施通过结合透水铺装、雨水花园、绿色屋顶等自然系统，在城市中创造了更多的生态缓冲区。这些措施不仅能有效地减少城市排水系统的负荷，还能增加城市绿地面积，改善城市生态环境。低影响开发技术则通过小规模、分散式的排水设计，模仿自然水文循环，在源头上减少雨水径流和污染物排放，从而降低城市内涝的风险。

智能化与可持续性相结合的排水系统，体现了现代城市基础设施发展的新方向。现代排水系统的创新并不局限于技术层面的进步，更在于其设计理念的革命。以往的排水系统往往将城市排水问题单纯视为水流排放的技术问题，而现代排水系统则更加注重与城市生态环境保护以及社会需求的协调发展。这一转变体现了排水系统与城市整体发展战略的深度融合，也使排水设施不再仅仅是"水流"的管理工具，更成为推动城市绿色发展、提升生活质量的重要手段。

三、排水系统的技术进步与创新应用

城市化进程的加速和环境变化带来了日益增长的排水需求。传统的排水方式已无法满足现代城市对排水系统的高效性、可靠性和可持续性的要求。随着技术的不断进步，排水系统在设计、建设、运营等各个环节逐步引入了多种创新技术，推动了城市排水设施的现代化和智能化进程。这些技术创新不仅提升了排水系统的响应能力和运行效率，也为应对复杂环境条件和日益严峻的排水挑战提供了新的解决方案。特别是智能化技术的应用，标志着排水系统进入了一个全新的发展阶段，为城市基础设施的可持续发展提供了有力支撑。

在过去的几十年里，排水系统的设计和建设经历了从人工沟渠到现代管道系统的转变。传统的排水方式通过开设沟渠、利用自然水流进行排水，但随着城市化进程的推进、人口密度的增加以及土地利用方式的变化，单纯依赖自然排水的方式已经无法满足高效排水的需求。因此，现代城市排水系统普遍采用管道系统，将污水和雨水引导至处理设施或排放点。然而，传统的管道排水系统依赖人工管理和定期维护，难以实时监控运行状况，也缺乏有效的故障预警机制。现代排水系统的技术进步，特别是智能化和信息化的应用，逐步取代了传统的排水设施管理模式，使排水系统的管理更加高效、可靠。

智能感应技术的引入使排水系统具备了实时监控和自动响应的能力。通过在排水管道中安装传感器和监控设备，管理者能够实时采集管道内的水流量、水质、管道压力等关键数据，并将这些数据传输到中央控制系统。这些数据不仅能帮助管理人员了解系统的运行状况，还能对潜在的问题进行预警和快速响应。例如，当监测到某个区域出现管道堵塞或水流异常时，系统能够自动发出警报，提示工作人员采取相应的修复措施。智能感应技术的应用使排水系统能够在没有人工干预的情况下，实现自动检测、故障诊断和远程控制，极大提高了系统的运行效率和可靠性。

与智能感应技术密切相关的还有数据化管理技术。随着物联网、大数据和云计算技术的发展，排水系统已经能够实现全方位的数据监测和管理。通过数据化管理，管理者不仅能实时收集排水设施的各项运行数据，还可以进行长期积累和分析，从而为排水系统的优化和决策提供数据支持。通过对历史数据的分析，系统可以预测未来的排水需求、预见可能的设施故障或过载情况，进而在问题发生之前做出相应的预防措施。这种基于数据的智能决策模式，不仅增强了排水系统的抗风险能力，也提高了系统资源的利用效率。

自动化监控技术的广泛应用使得排水系统的管理更加精准和高效。传统的排水设施管理往往依赖人工巡检和定期维护，这种模式不仅劳动强度大，而且难以保证实时响应和精确控制。而自动化监控系统则通过集成传感器、控制器和执行机构，能够在系统出现故障或异常时自动进行调整或启动应急响应机制。这种高度自动化的管理模式，可以有效减少人为失误和响应延迟，提高排水设施的稳定性和安全性。自动化监控系统的引入，还使得排水设施的维护工作更加科学和规范，管理人员可以通过中央控制系统对排水系统进行实时调度、远程操作，并根据实时数据调整维护计划和调度策略。

在排水系统的技术创新中，另一项关键的进展是管道检测与维修技术的提升。传统的管道检查和维修多依赖人工检查和传统的检测设备，效率低、成本高，而且在一些复杂环境下，人工检查的准确性和及时性往往无法得到保障。随着管道检测技术的创新，智能化管道检查技术逐渐得到了广泛应用。使用机器人、无人机等设备进行管道内部检查，可以在不破坏管道结构的情况下，对管道的运行状态进行全面诊断。此外，其借助高清摄像技术、激光扫描技术等手段，能够实时获取管道内部的影像和数据，帮助工作人员准确判断管道的损坏程度、腐蚀情况等，从而采取相应的维修措施。这种高效、精确的管道检测技术，显著提高了排水设施的维护效率，减少了由于管道故障引发的事故风险。

　　排水系统的创新技术还体现在管道材料的选择和施工工艺的改进上。随着新型材料的不断涌现，排水管道的设计和施工不再局限于传统的混凝土和金属材料。新型高分子材料、复合材料等具有轻质、高强度、耐腐蚀等优点，被逐步应用于排水系统的建设中。这些新材料不仅提高了排水管道的耐久性，还能在一定程度上降低施工成本和维护费用。在施工工艺上，随着自动化施工技术和机器人技术的发展，排水管道的施工更加精确、高效。自动化施工设备能够在复杂环境中精确完成管道铺设和连接，减少了人工操作的错误和施工过程中的安全隐患。

　　随着技术的不断发展，排水系统的创新应用已经不限于智能监控和自动化管理，未来的排水系统将在环保和可持续发展方面做出更多贡献。绿色排水技术、雨水收集与再利用技术等将成为排水系统未来发展的重要方向。通过综合运用绿色基础设施、生态处理技术等，排水系统能够有效地减少对自然环境的负面影响，提高城市排水系统的可持续性。与此同时，排水系统将与城市的其他基础设施更加紧密地结合，通过信息共享和协同工作，进一步提升城市管理的智能化水平。

　　技术的进步不仅促进了排水系统的创新，也使得排水设施的管理模式发生了根本变化。传统的排水设施管理模式主要依赖人工操作和经验判断，存在较大的局限性。而新一代智能排水系统则通过集成先进的传感器、数据分析和自动控制技术，实现了排水设施管理的全自动化、智能化。这一变化大大提高了排水系统的响应速度和管理效率，也为未来城市排水系统的可持续发展提供了新的解决方案。随着技术的不断创新和应用，排水系统的建设和管理将逐步从传统模式向现代化、智能化转型，成为未来智慧城市建设的重要组成部分。

第二节 城市排水系统的基本组成及运作与维护

一、排水系统的基本组成

城市排水系统是现代城市基础设施的重要组成部分，它的设计和建设直接关系到城市的环境质量和居民的生活质量。一个完整的排水系统通常由多个子系统和组成部分构成，其中包括雨水排放系统、污水排放系统、合流制排水系统等，它们各自承担不同的功能，协同工作，以确保城市的排水需求得到有效满足。雨水排放系统主要负责降水的收集与排放，它通过一系列的排水管道、沟渠以及雨水收集池等设施将降水迅速引导至市外或水体中。污水排放系统则主要处理生活和工业污水，这一系统通常包括排污管道、污水处理厂、泵站等，通过一系列的过滤、沉淀、化学处理等工艺，确保污水达到排放标准后再进入环境。合流制排水系统则是在一些城市地区，对雨水和污水通过同一系统进行收集和处理，它通常具有较高的工程复杂性和更高的管理要求。

在城市排水系统中，管道系统是核心构成部分之一。无论是雨水管道还是污水管道，其设计、施工和维护都是确保排水系统正常运行的基础。排水管道的选材、管径、铺设方式等需要根据城市的地形、气候以及排水量需求等因素进行科学规划，确保其具备足够的承载能力，能够在各种气候条件下保持畅通。排水管道不仅要能够承受日常排水负荷，还要能够在极端天气条件下承受超常排水量。因此，排水管道的合理布设和定期维护尤为重要，它是排水系统能否正常运行的决定性因素。

与排水管道紧密相关的还有泵站和检查井等设施。泵站是排水系统中的动力源，它通过电力驱动设备将水排放至较高的地势或远距离的区域，在低洼地区尤为重要。泵站的设计需要考虑到城市的地形特点和排水需求，并配备高效的泵浦设备和备用系统，以应对突发情况。检查井则是排水管道的监测与维护点，起着及时检查、疏通和维修管道的作用。定期对检查井进行清理和维护可以有效预防管道堵塞和破损，保证排水系统的畅通。对于管道系统中可能出现的故障，检查并提供了一个直观、便捷的维护途径，可以最大限度地减少排水管道的修复周期。

沉淀池也是排水系统中不可或缺的一部分，尤其在污水处理系统中具有重要地位。沉淀池的主要功能是通过重力作用去除水中的大颗粒杂质，减少水体中的悬浮物，以提高后续处理设施的工作效率。沉淀池的设计需要考虑水流速度、池容积和沉降时间等因素，确保能够有效沉淀大颗粒物质，并提供稳定的水质。

随着城市化进程的不断推进，排水系统的规模和复杂性也不断增加。在现代城市中，排水系统不仅要满足日常排水需求，还需要应对极端天气事件带来的挑战，如暴雨、台风等带来的强降水。因此，排水系统的设计需要充分考虑气候变化对排水需求的影响，力求提高系统的应急处理能力。例如，在一些易发生城市内涝的地区，雨水排放系统通常会设有大型的雨水调蓄池或溢流池，以防止突发的暴雨导致的洪水漫溢。这些调蓄设施能够暂时存储过量的雨水，待排水管道负荷减轻后再进行逐步排放，从而有效减缓降水集中带来的压力。

合流制排水系统是一些传统城市排水系统的重要组成部分，它的特点是对雨水与污水通过同一管道进行收集和运输。合流制系统通常在早期的城市规划中较为常见，但随着城市排水需求的增加和环保要求的提高，合流制系统的局限性逐渐显现。由于污水和雨水混合排放，容易造成污水处理厂负荷过大，无法有效满足水质处理标准，且在暴雨期间容易发生溢流，造成环境污染。因此，许多城市开始逐步实施分流制排水系统，即将雨水和污水分开排放，以提高排水和处理的效率。分流制系统可以更加精细地管理城市排水，避免污水处理过程中的过载现象，并提高处理效果。

排水系统的另一个重要构成部分是排水设施的监控与管理系统。随着信息技术的发展，现代排水设施管理逐步向智能化方向发展。通过安装传感器、自动化监控设备和数据采集系统，管理人员可以对排水设施的运行状态进行实时监控，能够在系统出现异常时及时采取应对措施。智能排水管理系统不仅可以提高设施的运行效率，还可以实现故障预警、数据分析和系统优化，从而减少人为干预，提升排水系统的运行可靠性和灵活性。

三、排水系统的运作与维护机制

排水系统的运作与维护机制在现代城市基础设施中扮演着至关重要的角色。一个高效、稳定的排水系统不仅关乎城市的基础服务功能，还直接影响着城市的环境质量、公共安全和可持续发展。排水系统的运行与维护管理涉及多方面的工作内容，包括系统的日常检查、故障诊断、设备维修以及系统优化等。排水系统的高效运行依赖于其设计的合理性，但更依赖于后期的精细化运维管理。有效的运维机制能够预防系统的老化、堵塞和溢流等常见问题，确保排水设施在长期使用中的稳定性和高效性。

排水系统的有效运维管理需要依赖定期的检查和巡查。随着城市排水设施逐步老化，许多排水管道和相关设施都面临着不同程度的损坏和故障风险。定期的检查能够帮助人们及时发现管道中的裂缝、腐蚀、沉降等隐患，进而对管道进行修复或更换，从而防止小问题演变成大规模的系统故障。对于一些难以通过常规检查发现的隐患，运维管理人员需要依托先进的检测技术，如视频检查、激光扫描、声波探测等方式，对排水管道进行更为精细的检测。这些技术能够提供更准确的管道内状态信息，有效克服了传统检查手段的局限性。此外，常规的检查并不限于管道本身，排水泵站、污水处理设施以及各类附属设备的检查也同样至关重要。通过全方位的检查，管理者可以全面评估排水系统的运行状态，并为后续的维修和优化提供科学依据。

排水系统的维护工作是保证其长期稳定运行的关键。在现代排水设施的运维中，设备的预防性维护已成为不可或缺的环节。预防性维护要求管理者根据设备使用情况和历史数据，制订详细的维护计划，避免因突发故障导致系统停运或损坏。对排水泵、阀门、污水处理设备等设施进行定期保养，能够显著延长设备的使用寿命，并确保排水系统的正常运行。例如，定期清理管道内部积水杂物，检查和清洁污水处理设备，调整排水泵的工作状态，都是常见的预防性维护工作。这些举措能够有效减少设备故障的发生频率，确保系统在运行过程中始终保持高效的处理能力和排水能力。

及时的故障检测与修复机制对于保障排水系统的连续性和高效性至关重要。随着排水系统的规模和复杂性的增加，单一的故障排除方式已经无法满足现代城市排水系统对快速响应的需求。为了提高排水系统的应急响应能力，很多城市已经引入了智能监控系统,通过传感器和数据分析平台,实时监测排水设施的运行状况。一旦系统出现故障或运行异常,智能监控系统能够第一时间通过预警机制提醒管理人员,并提供具体的故障诊断信息。这些实时反馈机制能够显著提高问题解决的时效性,确保故障能够在最短时间内被发现并修复,从而避免故障扩展为更为复杂的系统问题。

现代排水系统的运作已经不限于传统的人工操作和手动管理。随着技术的发展,智能化和自动化管理功能已经成为排水系统管理中的重要组成部分。通过引入先进的自动化监控系统,排水设施的运行不仅可以实现实时监控,还可以通过数据分析进行自主优化。智能化管理系统能够根据实时采集的排水数据,如流量、压力、水质等参数,自动调节系统的工作状态,确保排水系统在不同环境条件下的最优运行。例如,在强降雨的情况下,系统可以自动增加排水流量,而在干旱天气时则减少系统负担,达到节能减排的效果。此外,智能系统还能通过大数据分析和历史数据的积累,对排水系统的潜在故障进行预测,从而提前进行必要的维护或替换。智能化管理不仅提高了排水系统的运行效率,也提升了系统的自适应能力和故障预警能力,减少了人为管理的失误和延误。

数据分析和远程管理的结合为排水系统的管理带来了全新的视角。通过集中数据平台,城市排水系统可以将各个区域的运行数据进行汇总和分析,为决策提供更加科学的依据。远程管理系统允许运维人员在不亲临现场的情况下,通过网络平台远程监控排水系统的运行状态,并发出必要的调整和维护指令。这种远程控制能力不仅提高了管理效率,还降低了现场检查和维护的成本,尤其在大型城市或偏远地区的排水设施中,远程管理显得尤为重要。此外,远程管理系统还能通过实时的数据反馈,提供排水设施的运行趋势分析,使得管理人员能够更好地预测未来可能出现的问题,从而提前做好应对准备。

第三节 排水设施的重要性与现状

一、排水系统与城市基础设施的联系

排水系统作为城市基础设施的核心组成部分,其作用远不限于排水和防洪,

它与城市的各个方面紧密相连，成为确保城市正常运作和可持续发展的重要支撑。现代城市的建设不仅要求排水设施具备基本的功能性，还需要其在与其他基础设施的互动中充分发挥促进城市生态平衡和提高居民生活质量的作用。

排水系统与供水系统有着密切的联系。供水系统主要负责城市内水资源的供应，而排水系统则承担着将使用过的水和雨水有效排放的责任。这两个系统在运作中不可分割，尤其在城市高密度开发区域，供排水的协调性对城市的水资源管理至关重要。有效的排水系统不仅能保障城市供水设施的运行安全，还能通过雨水回收系统为供水网络提供额外的水源。在某些地区，雨水利用被视为一种节水的措施。通过合理的雨水收集和净化处理，排水系统不仅能减轻水资源短缺问题，还能减轻对自然水体的污染。因此，排水系统在供水保障和水资源管理中的作用变得越来越重要，尤其是在水资源紧缺的区域，供排水系统的协调性直接影响城市的可持续发展。

排水系统与道路系统之间的关系也尤为重要。在城市中，道路作为交通的基本载体，其排水功能同样至关重要。道路设计中的排水设施主要承担着雨水的排放功能，避免因降水过量而造成积水现象，保证道路的通行能力和交通安全。道路积水现象严重，不仅影响交通流畅，还可能导致道路损坏，甚至引发交通事故。一个设计合理的排水系统能够有效地疏导雨水，防止道路水浸，对城市交通网络的稳定运行起到至关重要的作用。尤其是在一些低洼地区，雨水排放的及时性和有效性显得更加重要。排水设施的布局、管道的通畅性、雨水的分流与引导等都直接决定了排水系统的效率，进而影响到城市道路系统的可靠性和抗灾能力。

排水系统与城市绿地的关系也越来越显现出其环境效益。在过去的城市规划中，排水设施的设计更多关注的是水的排放和防止水灾，而现代城市的排水系统则越来越多地考虑到与城市绿化的结合。例如，雨水渗透系统的设计，能够将雨水有效地引入地下，促进土壤水分的补充，这不仅有助于地下水资源的恢复，也为城市绿地和植被提供了充足的水源。通过合理的设计和绿色基础设施的应用，排水系统能够帮助城市形成良好的生态循环，有效提升城市的环境质量。此外，排水系统的生态功能也有助于减少城市"热岛效应"，通过增加地表水分蒸发，改善城市气候条件，为居民提供更加舒适的生活环境。

排水系统与地下交通的关系也日益显现。随着城市地下空间的开发，地下交通系统如地铁、地下停车场等日益成为城市交通的重要组成部分。地下空间的防水和排水问题成为设计和建设中的一项挑战。排水系统需要与地下交通设施密切配合，确保地下空间的干燥与安全。有效的排水设计不仅能避免水灾对地下交通设施造成的损害，还能确保其在极端天气条件下正常运营。在一些高水位或降水量大的地区，排水系统的设计更需考虑到地下设施的防水要求，避免雨水渗透进入地下结构，保障地下交通系统的稳定性和安全性。排水系统的设计理念逐渐向着综合性、多功能的方向发展，致力于在保证基础排水功能的同时，兼顾地下交通和其他基础设施的运行需求。

除了与其他城市基础设施的直接关系外，排水系统对城市可持续发展和环境保护也起到了至关重要的作用。在全球气候变化和城市化进程日益加剧的背景下，传统的排水方式已难以应对日益复杂的城市排水需求。如今的排水系统不再单纯关注排除水体，而是逐步向绿色基础设施转型。这些新型的排水系统强调水的渗透、滞留和再利用，尽量减少对自然水循环的干扰。排水系统的设计与施工不仅要考虑到城市的基础排水需求，还要兼顾环境保护的目标，防止水污染、减少洪水灾害，并在可能的情况下增强水的自然回归。这种理念的转变促使排水设施与生态环境建设紧密结合，为城市的可持续发展创造了更有利的条件。

从宏观层面来看，排水系统作为城市基础设施的一部分，其良好的运行关系到城市的功能完备性和居民的生活质量。一个高效、可持续的排水系统能够有效缓解城市内涝问题，减少雨季的交通事故，提高居民的生活满意度。在排水系统设计中，如何平衡城市建设的需求与环境保护的目标，如何与其他基础设施紧密配合，是城市规划和建设过程中不可忽视的关键问题。随着技术的进步和管理理念的更新，未来的排水系统将更加智能化、绿色化，成为城市整体可持续发展战略的重要组成部分。

二、排水设施对城市功能的支撑作用

排水设施在现代城市的功能运作中具有基础性的支撑作用，其对城市环境保护、公共卫生以及居民生活质量的维护至关重要。作为城市基础设施的重要组成部分，排水设施承担着防洪排涝、污水处理、雨水收集等多重职能，在保障城市正常运作方面发挥着无可替代的作用。随着城市化进程的加速，排水设施的重要性愈加突出，它不仅仅是一个排水通道，更是维护城市生态平衡、促进社会可持续发展的关键环节。

排水设施的建设与维护直接关系到城市的防洪排涝能力。随着城市化水平的提高和建筑密度的增加，传统的排水方式面临着越来越大的挑战。特别是在暴雨等极端天气事件频发的背景下，排水设施的及时响应和有效运作能够有效避免内涝灾害的发生。内涝不仅影响居民出行，损坏城市基础设施，还可能引发严重的环境问题，甚至导致公共卫生危机。因此，现代排水设施必须具备良好的排涝能力和较高的容积储存能力，以应对日益严峻的气候变化和突发天气事件。

排水设施在污水处理方面同样发挥着举足轻重的作用。城市的污水排放不仅来源于居民日常生活的废水，还包括工业、商业等各类污染源。污水的处理与排放标准直接影响到城市水质的安全与环境的健康。有效的排水设施能够确保污水得到及时有效的收集和处理，避免污染物的直接排放，防止水源污染和土壤污染的扩展。通过先进的污水处理技术，排水设施还能实现水的资源化利用，推动雨水回收与利用，缓解水资源紧张问题。与此同时，排水设施在减少城市污染、提高水质方面的贡献，直接影响到城市的生态环境质量和居民的健康水平。

排水设施还在城市绿化与景观美化中起到了关键作用。随着城市规划日益注重生态建设，雨水收集与利用系统逐步被纳入排水设施的功能体系中。这不仅有助于提升城市的绿化率和景观美观度，也为城市的可持续发展提供了资源支持。通过雨水收集和蓄存，排水设施能够为城市绿化提供充足的水源，减少对地下水资源的依赖，同时缓解因城市热岛效应带来的气温升高问题。排水设施与绿化系统的结合，有助于提升城市的生态环境质量，为居民提供更加宜居的生活空间。

在保障城市功能运行的过程中，排水设施还需要关注道路交通的安全性。现代城市的交通系统高度依赖于排水设施的顺畅运行，特别是在雨雪天气情况下，道路的积水问题不仅影响交通流畅性，还增加了交通事故的风险。排水设施通过有效地排除道路表面的积水，确保交通道路的安全性与通畅性。在一些暴雨天气中，排水设施的作用更为突出，它能够快速排走过量的雨水，避免因积水导致的交通停滞、交通事故甚至人员伤亡。良好的排水设施设计不仅能提高道路的通行效率，还能保障市民在恶劣天气下的出行安全。

排水设施的合理布局与科学管理能够有效提升居住环境的质量，进而改善居民的生活条件。在城市的生活区，排水设施不仅负责污水的排放，还要确保环境的清洁与健康。通过合理的规划和设计，排水设施可以有效避免水流和污物的堆积，保持社区的清洁，减少病菌的传播。良好的排水设施可以帮助城市在应对突发公共卫生事件时保持高效运作，减少疾病的传播风险，保障居民的身体健康。同时，建立定期维护与管理制度，可以确保排水设施始终处于最佳运行状态，避免系统老化和功能失效。

三、排水设施对公共卫生与生态环境的影响

排水设施在现代城市发展中扮演着至关重要的角色，尤其在公共卫生和生态环境保护方面的作用不可忽视。良好的排水设施不仅是城市基础设施的重要组成部分，也是保障居民生活质量和生态环境可持续发展的关键因素。排水设施的设计与运行直接影响着水质的保持、城市环境的卫生状况以及生物多样性的保护，其功能的完善与否将深刻影响到整个城市的公共卫生和生态平衡。

在公共卫生方面，排水设施的作用尤为突出。现代城市面临着多重挑战，其中之一便是水传播疾病的防控。水质污染，尤其是因污水未得到及时排放与处理而引发的污染，可能成为致病菌传播的温床。排水设施的建设与完善，高效的污水处理和及时的排放，能够有效防止有害物质进入水体，保证水源的清洁与饮用水的安全。此外，合理的排水设施还能减少雨水滞留和路面积水等现象的发生，避免因积水而造成的卫生隐患。积水不仅为城市环境带来脏乱，还为蚊虫繁殖提供了有利的生境。特别是在热带和亚热带地区，蚊虫滋生带来的疾病传播风险极高，排水设施的高效运行能够有效控制积水，减少蚊虫的滋生，从而降低公共卫生风险，保护居民免受疾病威胁。

从生态环境的角度来看，排水设施的设计与实施必须充分考虑对自然生态的保护。城市的排水设施不是一个单纯的污水排放工具，它在保护生态环境方面的功能同样至关重要。随着城市化进程的加快，地表的不透水面积增加，雨水的自

然渗透与蒸发过程受到阻碍，导致雨水流失加剧，对地表水体和地下水资源产生极大影响。在这种背景下，城市排水设施需要有效支持城市水循环的可持续发展，避免对水资源的过度消耗和水质的污染。合理的排水设施设计应考虑到雨水的收集、储存和利用，通过雨水回用系统等措施，使排水设施不仅具备基本的污水处理功能，还能在某些区域发挥水资源调节作用，缓解城市水资源紧张的问题。雨水的合理利用可以减少对自然水源的依赖，降低排水设施的负担，同时减少水资源浪费，保护城市周边的水生态环境。

排水设施对水质的影响也不可小觑。传统的排水设施往往将污水直接排放到河流、湖泊或海洋中，这种做法在某些地区仍然存在，极大地威胁到水体的生态平衡。排水设施的设计应该包括先进的污水处理技术，通过物理、化学和生物处理方法，有效去除污水中的有害物质，降低对水体的污染程度。随着人们环保意识的提高和技术的发展，现代排水设施在减少水污染方面取得了显著进展。许多城市已经开始实施更为严格的污水排放标准，并结合绿色基础设施，推动污水的二次利用。这不仅能提升城市排水设施的环保水平，还能为城市的生态恢复与水质保护提供更有力的保障。

排水设施的建设和运行还需要从整体生态环境的角度进行优化，确保其对自然生态系统的适应性和补充作用。随着生态文明建设的深入推进，城市排水设施的规划和设计逐渐融入生态环境保护的理念，采用生态排水技术（如渗透性铺装、雨水花园、湿地恢复等）来减少对水体的负面影响。通过这些绿色基础设施的应用，城市可以在排水设施中引入更多自然元素，使得排水系统不仅能有效排除污水和雨水，还能对地表水流进行调节和净化，从而对生态环境产生积极的影响。

四、现阶段排水设施面临的主要问题

在当前城市排水设施的实际运行过程中，尽管其在改善城市排水状况方面发挥了重要作用，但仍面临着一系列复杂的挑战和问题，阻碍了排水设施的持续高效运行。随着城市化进程的不断推进，城市排水设施的使用年限逐渐增大，许多老旧的排水管道和基础设施开始暴露出严重的技术问题。老化和破损的排水管道不仅增加了系统的故障频率，而且还导致了泄漏和堵塞等问题的频繁发生。这些管道一旦发生破损或堵塞，不仅会造成排水效率的下降，还可能对周围的环境和居民的生活造成负面影响，严重时甚至会引发局部地区的积水和水污染问题。这些问题不仅增加了排水设施的维修和管理成本，也使得城市排水设施的稳定性和可靠性受到威胁。

极端天气事件的频繁发生也给排水设施带来了更大的压力。随着气候变化的加剧，城市常常面临强降雨、暴雨等极端天气现象，排水设施的设计容量和应急能力显得不足。传统的排水设施往往未能充分考虑到气候变化带来的极端天气因素，导致在面对大规模的降水时，排水设施容易超负荷运行，进而发生溢流、内涝等现象。这些问题的出现不仅影响了城市的交通和市民的日常生活，还可能对城市的基础设施造成长期的损害。尤其是在一些老旧城市区域，由于排水设施的设计标准和容量未能及时更新，现有排水设施的排水能力往往无法满足极端天气带来的排水量需求，导致城市排水问题愈加严峻。

随着城市人口密度的增加以及建筑密集度的提升，排水设施面临的挑战也更加复杂。人口的不断增长和城市面积的扩大，要求排水设施能够覆盖更多的区域和更多的用户。然而，现有的排水设施在容量和设计标准方面常常未能与城市的快速发展同步更新，导致排水能力的缺口逐渐加大。特别是在新建区域或老旧城区的排水设施更新过程中，许多地方由于规划不足或设计滞后，排水设施未能及时适应新的发展需求。这种不匹配不仅影响了排水设施的工作效率，也加大了对排水设施维护和管理的要求。随着城市规模的不断扩展，原本适应较小范围排水需求的设施和管网可能变得无法满足更大规模和更高标准的排水需求，尤其是在高密度地区，排水设施的负荷和压力更为显著。

在排水设施的日常运行和维护管理方面，现代化技术的应用尚处于推进阶段，排水设施的智能化、自动化管理体系还没有在大多数城市全面落地。这使得排水设施的管理和维护工作存在较大的难度。传统的排水设施管理往往依赖人工巡检、定期检查等方式进行，而这些手段不仅效率较低，而且容易受到人为因素的影响，无法实现对排水设施的精确监控和及时响应。随着城市排水问题的日益复杂，单纯依靠传统管理方式显然已无法满足当前的需求。智能化管理体系的建设虽然在一些地方已有初步的探索和应用，但仍面临技术不成熟、设施成本高、数据共享困难等一系列问题。这些问题的存在，导致排水设施的管理效率无法达到预期，尤其是在应对突发性事件和极端天气时，排水设施的响应速度和处理能力往往不足。智能化管理体系的推行，必须克服技术、设备和管理模式上的障碍，这样才能真正提高排水设施的运行效率和故障应对能力。

排水设施的可持续管理仍然是一个待解决的问题。许多城市的排水设施建设和维护存在短期性规划问题，往往偏重于满足眼前的排水需求，而忽视了长远的可持续性设计。这种偏向短期效益的管理模式，在面对城市扩张和气候变化的双重挑战时显得尤为薄弱。排水设施的长期稳定运行不仅需要科学的规划设计，还需要完善的后期维护与管理机制。在这一过程中，如何平衡建设与维护的资源投入，如何提高资金的使用效率，如何将新技术、新材料的应用与排水设施的实际需求相结合，都是亟待解决的关键问题。当前，虽然在一些大城市已经开始注重排水设施的绿色设计和智能化升级，但总体而言，城市排水设施的可持续发展仍然面临较大压力。

五、排水设施发展中的前瞻性问题与解决路径

排水设施的发展面临着前所未有的挑战，这些挑战不仅来源于城市环境的日益复杂性，还来自全球气候变化对排水系统功能的深远影响。在传统排水设施逐渐暴露出局限性的背景下，如何通过创新技术和管理理念，提升排水设施的适应性和可持续性，成为亟须解决的核心问题。随着城市化进程的加速，城市排水系统不仅需要应对日常的排水任务，还必须应对极端天气事件、环境污染加剧等外部压力。这些问题的解决离不开对排水设施技术、设计、运营等多方面的创新和调整。

在智能化和信息化技术的推动下，未来的排水设施将朝着更加高效和精确的管理方向发展。信息技术的应用能够实现对排水设施的实时监控与数据采集，这为管理者提供了精确的运行数据和预警信息。通过智能化技术，排水系统能够在故障发生之前预测潜在问题并自动进行调整，从而减少系统停运的风险，保证排水设施的高效运转。排水设施的智能化管理不仅包括实时监控，还包括智能决策和优化功能。例如，通过大数据分析，管理者可以有效识别排水系统中的薄弱环

节，提出有针对性的改进措施。这些技术的应用将极大提高排水设施的运营效率，同时减少人工管理成本，提高系统的可靠性和响应速度。

绿色发展理念的提出对排水设施的发展方向产生了深远的影响。低影响开发作为一种绿色排水技术，通过合理规划和设计，可以减少传统排水系统对城市环境的负面影响，特别是在城市内涝和水质污染问题日益严重的背景下，低影响开发技术显得尤为重要。低影响开发技术强调通过建设雨水花园、透水路面等设施，利用自然渗透、储存、净化等功能，实现雨水的有效管理和回收利用。这一理念的推广不仅有助于改善城市水环境，还能减少对传统排水系统的依赖，缓解城市排水设施的压力。

尽管智能化和绿色技术的应用前景广阔，排水设施在发展过程中仍面临许多复杂的挑战。在技术层面，如何有效整合传统排水设施与新型智能和绿色技术，实现系统的无缝对接，是当前亟待解决的问题。排水设施不仅要在日常管理中实现高效运作，还要在极端天气条件下保持稳定性，防止因突发性暴雨、强风等极端天气事件导致的排水系统溢流或功能失效。因此，排水设施的设计和施工必须考虑到气候变化的长期影响，采用更加耐用、适应性强的技术和材料，以增强系统对未来环境变化的适应能力。

在管理和运营方面，排水设施的长效管理机制亟须进一步完善。传统的排水设施多由各地政府部门独立管理，缺乏系统性和协调性。随着城市规模的不断扩展和排水需求的日益增加，单一管理模式已经无法有效应对排水设施日益复杂的运营挑战。因此，如何建立起科学的排水设施管理体系，促进跨部门协作，提升管理的智能化水平，成为当前研究和实践中的热点问题。一个完善的排水设置管理体系不仅需要充分利用智能化技术来实现高效运营，还需要通过政策引导和资金支持，确保排水设施的长期维护和更新，保持系统的可持续性。

排水设施的资金投入和技术研发同样是未来发展的关键因素。当前，很多城市的排水设施建设和维护面临着资金短缺的问题，这使得许多设施的维护和更新滞后，影响了排水系统的长期稳定性。为了确保排水设施的可持续发展，政府和相关部门应加大投入，支持技术研发和设施更新，以应对城市化进程中不断增长的排水需求。同时，排水设施的规划和设计也应当更加注重资源的高效利用，降低建设和运营成本,以实现经济效益与环境效益的双赢。

排水设施的发展还需考虑到全球变暖带来的降水模式变化。极端天气事件的频发,尤其是强降雨和暴风雨的增加,使得现有的排水系统经常难以应对大规模降水的挑战。为了应对这一问题,排水设施的设计必须具有更高的灵活性和更强的应变能力。例如,雨水存储和回收系统,可以在降雨量较大时提供储备空间,减少系统溢流的风险。同时,城市排水设施应当加强与自然生态系统的协调合作,通过河流湿地恢复、自然渗透等方式,增强生态修复和排水系统的双重功能。

随着技术的不断创新,排水设施未来的维护和管理将进入一个新的阶段。智能传感器和实时监测技术的广泛应用,使得排水设施的运行数据能够被实时采集和分析。这些数据不仅有助于管理者及时发现系统中的故障点和薄弱环节,还能为设施的维护提供精确的指导,避免不必要的维修工作,降低维护成本。在这一过程中,如何处理和利用大量的监测数据,将成为未来排水管理中的一个重要课题。数据分析和预测技术的发展,使得排水设施的运营更加精准和高效,进一步提升了系统的应急响应能力和长期稳定性。

第二章 排水系统的基础知识

排水工程作为城市基础设施的重要组成部分,涉及多个领域的技术与知识。排水工程的基础理论和应用技术,对于保证排水系统的正常运行至关重要。排水系统的设计不仅仅是为了确保排水的流畅性,还要考虑管道系统的类型、材料选择、施工方法以及后期维护管理等因素。流体力学是排水工程设计中的核心学科之一,它对排水管道的流量、流速以及管道布局的合理性具有重要影响。合理的管道布置可以避免排水系统的堵塞和损坏,因此其设计必须充分考虑地形地貌、排水量需求以及管道的经济性和安全性。本章将深入讨论排水系统的基本设计理论,详细介绍排水管道系统的类型与材料选择,探讨流体力学在排水系统中的应用,并分析排水管道的布置与布局方法,深入分析这些内容,为设计和施工提供必要的理论支持与实际指导。

第一节 排水系统的基本设计理论

一、排水系统的工作原理

排水系统作为现代城市基础设施的重要组成部分,在多个关键领域发挥着不可或缺的作用,其核心目的是通过一套高效、封闭的管道网络,完成城市中各类水资源的排放与调节。排水工程的基本任务涵盖污水的排放、雨水的排除等多个方面,目的是确保城市的水资源在不同区域得到有效分配与管理,同时避免水污染、内涝等问题的发生。排水系统的工作原理在设计与运行过程中,严格依赖于管道系统的封闭性、流动性与高效性,这些因素相互交织,共同保障了整个水利工程系统的顺畅运行与稳定性。

　　排水系统的基本功能依赖于一系列精密设计的工程措施，这些措施并不局限于管道系统本身，还涉及水源、泵站、阀门、配水设施等各个环节。自来水的输送通常通过高压水泵将水从水源地抽取，经过净化处理后，通过加压设施输送到用户端。污水排放部分则依赖于地势的自然坡度和适当的排水设备，确保城市中的生活污水、工业废水等能够被有效排放，并最终输送到污水处理厂进行处理。雨水排放系统则针对降雨时的水流量进行调节，采取合理的管道布局和排放口设置，防止城市内涝现象的发生。所有设备和设施的协调性是系统运行的前提，任何一个环节的缺陷或设计不合理，都可能导致系统的故障或效率低下。

　　排水系统的设计与运行必须基于流体力学的基本原理。在系统设计阶段，水流的流速、压力、流量等参数都需要经过精确计算与预测，确保水流能够在管道中畅通无阻，避免由于流速过快或过慢导致的管道冲刷或沉积现象。管道的直径、材质、坡度、接头设计等，都需要充分考虑水流的动态特性，以确保整个系统在长期使用中的稳定性与耐久性。特别是在污水排放系统中，流体的黏度、密度和流动阻力等因素对系统的影响更为显著，因此，设计人员需要根据水的特性合理选择管道材质和管径，并在关键节点设置检修口和调节阀门，以便在出现故障时能够及时处理。

　　在实际应用中，排水系统的协调性和兼容性对于保障其正常运行至关重要。各类组件之间的良好衔接不仅能提高系统的工作效率，还能减少潜在的故障发生。排水系统的各个环节，如泵站、阀门、过滤器等，都需要根据实际需求进行精准配置，并确保各组件的选型和功能设定能与整个系统的工作模式保持一致。若设计阶段未能充分考虑系统各部分之间的互动与协调，可能会导致水流不畅、泵站压力不稳定等问题，进而影响系统的整体表现。

　　排水系统的工作原理不依赖单一的管道输送功能，它是一个系统工程，需要对水源到终端的全过程进行全面考虑。在设计过程中，除了流体力学原理的应用外，还必须考虑系统在不同负荷、不同工作条件下的适应性和灵活性。随着城市化进程的推进，排水系统所面临的挑战日益增加。人口密集区域和工业集中的地段对排水设施的要求更为苛刻，特别是在强降雨和季节性洪水等极端天气条件下，如何确保排水系统的有效运作，已经成为设计过程中必须重点考虑的问题。

为了提高排水系统的可靠性和持久性，现代工程设计趋向于智能化、自动化方向。智能监控系统、自动化控制设备和远程调度平台的应用，使得排水系统的运行更加高效和精准。通过数据采集与分析技术，系统能够实时监控水流量、水压、管道状态等关键参数，并在出现故障或异常时自动报警，指示维修人员及时进行调整或修复。这种智能化管理方式，不仅提升了排水系统的管理效率，还能确保在突发情况下迅速做出响应，避免由于人为操作或故障延误而造成更大的损失。

二、排水系统的基本功能要求

排水系统作为现代城市基础设施的重要组成部分，其设计不仅关乎日常生活的顺利进行，还直接影响到城市的环境质量和公共安全。在城市排水系统的设计中，最为基本的功能要求是能够高效地收集并排放雨水和污水，以保证城市各个区域的排水需求得到满足。城市的排水设计不仅要考虑现有的排水需求，还需预见未来可能出现的变化，如人口增长、土地使用变化以及气候条件的改变，从而确保系统的长期可持续运行。

有效的排水系统必须具备适应不同气候条件的能力。在排水系统的设计中，雨水的排放尤为重要。降雨量的变化、暴雨的频繁发生和突发性的极端天气事件，使得排水系统的负荷发生剧烈波动。因此，排水系统需要有足够的冗余能力，以应对这些极端天气情况。设计者需要通过对城市历史气候数据和未来气候趋势的综合分析，合理预测排水需求的变化，并据此选择适当的设计标准。合理的设计不仅能有效排放常规雨水，还能在极端天气条件下保证系统的安全运行，防止因排水不畅引发的城市内涝、洪水等自然灾害。

排水系统的排水能力是设计中的关键因素之一。该能力直接决定了系统能否及时有效地排除暴雨后积水，避免水浸对城市造成的直接损失和间接影响。在排水能力的设计过程中，需要充分考虑城市的地理特征、排水流域的面积、土壤类型以及现有的排水管网设施等因素。设计者需要根据不同区域的排水需求进行合理规划，确保系统能够在各种使用场景下稳定运行；在设计时还应综合考虑人口密度、土地利用形式以及建筑类型等因素，因为这些因素会影响排水流量的大小和排水系统的运行负荷。

为了满足排水系统的基本功能要求，设计中还必须考虑污水的有效排放。在现代城市中，污水排放问题不仅是环境治理的一个重点，也是影响公共卫生的一个重要方面。污水的排放设计需要保证污水能够及时、安全地输送到污水处理厂，避免污水在城市内积聚并对环境造成污染。在设计时，不仅要确保管道的流量和流速能够应对高峰期的污水流量，还要考虑到污水管道的布局、管道材质的选择以及防止污水管道堵塞的技术措施。通过合理的管道规划和科学的污水处理设计，管理者可以最大限度地减少污水排放对城市环境的影响，提升公共卫生水平。

在一些特殊地形和环境条件下，排水系统设计面临着更为复杂的挑战。例如，地下水位较高的区域往往难以通过传统的排水方式有效排水，因此对此类地区的排水设计，需要采取更为灵活的解决方案，如增加泵站的建设或采用雨水收集和再利用的技术手段。这些特殊情况要求设计人员能够根据具体的地理条件进行科学合理的规划，以确保排水系统能够在各种环境下发挥其应有的功能。

排水系统的维护和管理同样是确保其基本功能得以实现的关键环节。排水设施的运行依赖于其初期设计，后期的管理、检查与维护同样至关重要。随着智能化技术的应用，排水系统的实时监控和自动化故障预警将极大提高排水系统的管理效率。通过监测系统的支持，管理人员可以实时获取排水设施的运行状态，及时发现潜在的故障风险，并根据数据分析调整运行策略。有效的维护管理不仅能提高排水系统的使用寿命，还能大大降低系统故障和事故发生的频率。

三、排水工程的设计要点

排水工程的设计是一项复杂的系统性任务，涉及水资源的合理利用、环境保护以及工程技术的可行性。在现代城市化进程中，排水工程作为基础设施的核心组成部分，承载着保障城市居民生活质量和社会正常运转的重要职责。因此，在设计排水系统时必须充分考虑雨水和污水的分离，同时还要注重节水、环保和成本控制等多方面的因素。设计要点的多重性要求工程师在规划阶段对各种因素进行全面考量，并通过科学的技术手段实现各项目标的平衡。

排水工程的设计需要根据所在城市的水资源需求来进行合理规划。城市用水量受多种因素影响，包括人口规模、工业发展、气候条件以及社会经济活动等。因此，在设计阶段，必须全面评估水资源的总需求，合理预测各类用水需求的变化趋势，并制定科学的水资源分配方案。对于不同区域的水需求，设计者应结合地理位置、人口密度和生活习惯等因素，采取差异化的设计策略。例如，商业和工业区的排水需求往往较高，而住宅区则需考虑节水的长期效果。科学的水资源规划，不仅能确保满足各个区域的排水需求，还能为未来的城市发展提供有效的支撑。

节水不仅是解决城市供水紧张问题的重要手段，也有助于降低供水与排水系统的能耗。因此，排水系统设计要特别注重水的回收利用与高效排放。例如，雨水收集与再利用系统的设计，可以有效地减少对自来水的依赖，并为绿化、清洗等非饮用水需求提供保障。设计者应通过合理配置这些节水设施，并结合智能监控系统对排水量进行实时跟踪，进一步提高水资源的使用效率。

在环保方面，排水工程设计必须遵循环境友好的原则。这不仅仅意味着在排放方面严格控制污染物的含量，更包括对水处理设施的设计与运行效率的提升。随着环保要求的不断提高，污水处理技术和设施的创新已成为排水工程设计中的一项重要任务。设计者应关注如何高效地处理工业、生活污水，确保水质达到排放标准，避免对周边水体造成污染。污水再生利用的技术也在逐步发展，并逐步应用到一些先进的城市排水系统中。设计者应评估污水再生技术的适用性，并结合实际需求进行合理的技术选择与系统配置，以实现水资源的循环利用，进一步推动城市的可持续发展。

成本控制是设计过程中不可忽视的另一大目标。排水工程的建设和运行费用通常占据城市基础设施投资的较大比例，因此，设计者必须综合考虑施工成本、维护成本及运营成本。合理的设计不仅能减少工程建设的初期投资，还能降低系统的长期运营成本。例如，管道的选材与布置方案的优化，能够在保证工程质量的前提下，减少施工难度与材料浪费，进而节省成本。此外，系统的高效运行能够减少维护和修复的频率，降低长期的运营费用。设计者应运用系统工程思想，综合考虑短期与长期的成本效益，力求设计出一个经济、实用、可持续的排水系统。

在技术方面，排水工程的设计必须遵循一定的工程规范与标准，以确保系统的安全性与长期稳定性。排水工程的设计应考虑可能发生的极端天气、地质变化等因素，采取适当的防灾减灾措施，以避免系统受到突发事件的影响。管道的选材与布局应符合相关规范，确保其在长期使用过程中不发生腐蚀、漏水等问题，保障水质的安全与系统的可靠运行。此外，系统的维护便利性也是设计所需要重点关注的方面。设计者应考虑排水设施的检查、清理、维修等操作的方便性，以便延长设施的使用寿命，降低维护成本。

四、排水系统设计的技术规范与标准

排水系统的设计是一个复杂的工程技术任务，要求设计人员不仅要精通工程技术，还要全面了解与之相关的技术规范和标准。为了确保排水系统在功能上能够满足城市的需求，同时在结构上具有足够的可靠性和持久性，设计过程中必须考虑多方面的因素。排水系统的设计涉及多个环节，包括管道的选择、布局、坡度的设置、流量的控制等，而这些环节的设计都需要严格遵循相应的技术规范和标准。

在排水管道的选择方面，首先需要根据管道的承载能力、流量需求以及施工条件来合理确定管道的材质、管径和壁厚。管材的选择直接影响到排水系统的耐久性与抗腐蚀性，而这些因素往往决定了排水系统的长期稳定性和运行成本。不同的材料具有不同的物理和化学性能，在面对不同环境条件时，其适用性也有所不同。例如，某些区域可能由于土壤性质或水文条件的特殊性，对管道的抗腐蚀性和抗压强度提出更高要求。因此，设计人员在选择管材时，必须综合考虑材料的耐久性、施工方便性、经济性以及对环境的适应性。常见的管材如聚氯乙烯、高密度聚乙烯、钢筋混凝土管等，每种管材的适用范围和优势特点都有所不同，设计人员必须根据具体的工程背景来做出最合适的选择。

管道的布局是排水系统设计中另一个至关重要的方面。布局的合理性直接关系到排水系统的整体运行效率和经济性。排水管道的布置要考虑到地形、地质条件以及现有基础设施的分布。城市排水系统往往涉及复杂的地形条件，其设计需要考虑不同地形下的排水要求，确保排水系统能够高效地引导雨水或污水流向预定的排放口或处理设施。在管道的布置过程中，坡度的设计尤为关键。坡度设计必须根据水流的速度、流量以及管道的材料特性来合理选择。如果坡度过缓，水流可能会出现滞留，从而导致管道堵塞或设施的沉积物积聚；如果坡度过陡，则可能导致水流速度过快，带来对管道的冲刷和损坏。

除了管道的选择和布局外，排水系统的流量设计也需要遵循一定的技术规范和标准。排水系统的设计流量是依据城市排水的需求来确定的，而这一需求通常受到降水量、城市规模以及排水区域的具体情况的影响。流量设计不仅要考虑到一般的降水情况，还需要预留足够的余量以应对极端天气事件，如突发性的大雨天气。排水系统的流量必须保证在高峰流量期间，系统仍能稳定运行，不会发生溢流或堵塞现象。

排水系统的设计还必须考虑到环境保护的要求。随着人们环保意识的增强，排水系统的建设不再仅仅是为了实现排水功能，更要减少对周围环境的负面影响。排水系统在运行过程中可能会对水体、水源、土壤等造成污染，因此，其设计必须遵守相关的环保法规和标准。在系统设计过程中，要注重减少污染物的排放，并采取必要的措施进行水质净化处理。特别是在污水处理系统的设计中，需要考虑到污水处理的效率和处理设施的适应性，确保排水系统对水体的污染降到最低。此外，设计人员还应关注排水系统的绿色化建设，采用雨水回收、再利用等先进理念，减少水资源的浪费，并促进城市生态系统的可持续发展。

五、排水系统设计中的可持续发展原则

在当今全球面临环境问题日益严峻的背景下，可持续发展已成为各类基础设施设计的核心理念。排水系统作为城市基础设施的重要组成部分，其设计必须适应这一发展趋势，不仅要考虑系统本身的功能性和效率性，还要对环境影响、资源利用和生态保护等方面进行全面评估和优化。随着城市化进程的推进，传统的排水系统设计逐渐暴露出一系列弊端，尤其是在应对极端天气、减少环境污染以及实现水资源再利用方面的不足。因此，现代排水系统设计逐步转向可持续性原则，以应对日益增长的城市排水需求，并实现生态、经济与社会的三重效益。

可持续发展理念的引入使得排水系统设计必须充分考虑对环境的长远影响。传统的排水设计往往侧重于管道的铺设和雨水的快速排放，忽视了雨水径流对生态环境的潜在压力。在这种背景下，绿色基础设施和低影响开发技术成为现代排水系统设计中的重要组成部分。低影响开发技术主要通过一系列生态友好的方法和手段，如雨水花园、透水铺装、雨水收集与储存等措施，来减少雨水的快速径流，促进雨水的自然渗透与消散。此类技术能够有效减轻排水系统的负担，避免城市洪涝灾害，同时为城市绿化提供新的空间，提升城市的生物多样性和生态环境质量。

雨水管理的模式也发生了深刻变化。过去，排水系统的主要功能是将雨水迅速排入水体，而现代设计则强调"源头控制"和"雨水渗透"策略。通过雨水的就地滞留、渗透与回用，排水系统不仅能降低暴雨时段的排水压力，还能减少污染物随雨水流入河流、湖泊等水体的现象。这一设计理念不仅满足现代城市对水资源可持续利用的需求，还在很大程度上减少了对城市排水基础设施的过度依赖。通过有效管理雨水径流，城市能够在应对极端天气的同时，提升水资源的自给自足能力，进一步推动水资源的循环利用。

排水系统设计中的可持续性还强调资源的节约与循环利用。在传统的排水设计中，雨水往往被视作一种负担，快速流失的雨水不仅带走了潜在的水资源，也增加了城市水体污染的风险。而在可持续发展的排水设计中，雨水的再利用成为核心目标之一。通过雨水回收系统，雨水不仅能被储存并用于满足灌溉、清洗、景观绿化等非饮用水需求，甚至可以在一些特殊条件下用于工业生产。这种设计不仅优化了城市的水资源利用效率，还为城市提供了应对水资源短缺的有效途径。

在规划排水设施时，设计者需要特别关注排水系统与城市自然环境的互动。自然环境的生态功能对于提升排水系统的可持续性具有重要作用。湿地、城市绿地以及人工生态系统等自然要素在排水系统中扮演着至关重要的角色。湿地作为天然的过滤器，能够有效净化雨水中的污染物，并通过自然水循环调节区域的水位。而城市绿地则可以通过植物的蒸腾作用增加空气湿度，改善微气候，同时通过植被的根系促进雨水的渗透，减轻城市硬化表面对雨水的排放压力。

排水系统的设计应注重与城市整体规划的协调性。现代城市的排水设计不再局限于单纯的功能实现，而是要融入城市生态系统的总体设计中。排水设施不仅要考虑传统的排水要求，还要兼顾与城市绿地、湿地和其他自然景观的有机结合，以优化城市水循环系统的整体效能。这种综合设计不仅能减少排水设施建设对生态环境的破坏，还能通过生态恢复和景观设计增加城市的绿化面积，提高城市的宜居性。

随着气候变化对城市排水系统带来的挑战愈加严峻，排水设计必须考虑对未来气候的适应性。极端天气事件，特别是强降水和频繁的洪涝灾害，要求排水系统具有更强的应急响应能力。传统的排水系统通常以应对正常降水为主，而现代的可持续排水系统设计则强调应对未来可能出现的极端天气事件。这要求设计师在进行排水系统规划时，不仅要考虑目前的降水量，还要预测未来的气候变化趋势，确保排水系统具有足够的调节能力，以应对未来可能出现的极端天气和水资源压力。

排水系统设计中的可持续发展原则，还体现在对技术创新的不断追求上。随着科技进步，新型材料和技术手段的不断涌现为排水系统设计提供了更多可能。例如，创新型透水材料、低能耗水处理技术、智能水网监测与管理系统等，均为提升排水系统的效率与环境适应性提供了有力支持。这些技术的应用不仅提高了排水系统的智能化水平，还能有效降低排水设施的运营成本，提高其长期运行的可持续性。

在可持续发展的背景下，排水系统的设计不仅要满足基础功能的需求，更要将环境、社会与经济效益融为一体。设计者需要从全局出发，综合考虑不同因素的影响，通过绿色设计和创新技术，打造适应未来发展需求的排水系统。这不仅是对当前城市排水问题的有效解决，也是应对未来气候变化、资源短缺及生态保护挑战的重要策略。通过实现排水系统的可持续发展，城市将更好地保护生态环境，提高生活质量，并为未来的城市发展奠定更加坚实的基础。

第二节 管道系统的类型与材料选择

一、管道系统的类型

在排水工程中,管道系统的设计与选择扮演着至关重要的角色。管道系统不仅是城市基础设施的核心组成部分,也是确保水资源高效、可靠传输的关键环节。管道系统的类型通常根据其功能和用途的不同来进行划分,主要包括污水管道、雨水管道及复合型管道等,每种管道系统的设计目标、功能要求及其所使用的材料和施工方法都有着显著的差异。污水管道系统承载着城市中各类污水的输送任务,污水管道的设计要求与供水管道有所不同。污水管道不仅要具备较好的耐污水腐蚀能力,还需具备较强的抗沉积能力。这是因为在污水管道中,污水通常包含大量的固体颗粒和有机物,这些物质会在管道内沉积,导致管道堵塞或流动不畅。污水管道的设计需考虑管道的坡度、流速以及流量的变化,以避免沉积物的积累。污水管道常采用聚乙烯、聚氯乙烯或钢塑复合管等耐腐蚀性强的管材。这些材料能够有效地抵抗污水中的腐蚀性物质,并保证管道在高负荷情况下长期稳定运行。

雨水管道系统的设计要求则主要集中在能够承受较大水流量和冲击力方面。雨水管道的功能是收集并排放城市降水,防止城市内涝的发生。与供水和污水管道不同,雨水管道所面临的压力和流量波动较大,尤其是在暴雨或极端天气条件下。因此,雨水管道需要具备较大的流量输送能力,并且能够承受突发的强水流冲击。雨水管道通常采用强度较高、抗冲击性好的管材,如钢管、铸铁管等。同时,雨水管道的设计还需要考虑排水系统的防堵能力,特别是在城市中,由于垃圾、枯叶等杂物的进入,容易造成管道堵塞,从而影响排水效果。因此,雨水管道在设计时常采用自清洁结构或者配备有效的过滤系统,以确保其在长期运行中的顺畅性。

复合型管道系统是近年来在排水工程中逐渐推广的一种新型管道系统。复合型管道系统通常是指结合多种功能于一体的管道系统,例如同时承担供水和排污功能的管道。在一些特殊的应用场合，如城市地下管网密集的区域，复合型管道可以在减少施工占地的同时，提供多功能的水资源输送和处理服务。这种管道系统的设计要求更为复杂，不仅需要满足不同功能的技术要求，还需考虑不同管道之间的协调性及抗干扰能力。复合型管道的材质选择通常结合不同类型管道的优点，例如，管道内层使用耐腐蚀的聚乙烯或聚氯乙烯，而外层则使用钢管或玻璃钢，以增强管道的承压能力和耐久性。

管道系统的类型决定了其设计、施工和维护的复杂性。在进行管道系统的选择和设计时，必须考虑到具体工程的使用环境、地理条件以及水文情况等多个因素。不同管道系统所使用的材料、施工技术及其连接方式等都应根据其承载的功能进行量身定制。在现代城市建设中，地下管网的密集性以及管道系统的老化问题使得管道系统的优化设计变得尤为重要。例如，在考虑管道的铺设方式时，不仅要考虑管道的受力状况，还要兼顾其抗震能力、抗压能力以及在极端天气条件下的稳定性。随着技术的发展，新型管材的出现为管道系统的设计提供了更多选择，这些新型材料在提升管道系统性能、延长使用寿命以及减少维护成本方面具有显著优势。

二、管道材料的选择标准

管道材料的选择在排水工程中具有至关重要的作用。它直接关系到系统的运行效率、使用寿命和维护成本。不同的管道材料具有各自独特的物理和化学性能，合适的材料选择能够最大限度地提高管道系统的可靠性和耐久性，确保其长期稳定运行。因此，合理的管道材料选择不仅涉及工程设计中的技术需求，还需要综合考虑多方面的因素，如工作环境、经济性、施工难度等。

在实际应用中，不同类型的管道材料因其各自的特点适用于不同的环境与条件。钢管作为传统的管道材料，其坚固性和承载能力使其在高压、高强度的管道系统中得到广泛使用。钢管的强度较高，适用于需要承受较大内部压力的排水系统。其抗冲击能力和稳定性在大多数工业环境中表现优秀。然而，钢管的防腐性能较弱，尤其在潮湿或有腐蚀性介质的环境中容易发生锈蚀。因此，钢管在使用过程中常常需要涂防腐层，或者采用更为复杂的防腐处理方法，以延长其使用寿命。

铸铁管则常用于中低压力的排水系统。其最大的优点是具有良好的耐久性和良好的抗腐蚀性能，尤其是在土壤中应用时，铸铁管能够承受较为严苛的环境条件。铸铁管的内壁平滑，水流阻力较小，能够有效减少能量损失。然而，铸铁管的重量较大，施工和搬运难度较高，需要较为精细的施工工艺。铸铁管脆性较大，容易在外力作用下断裂，且一旦发生裂缝，修复难度较大，因此在选择时需要特别考虑环境的影响。

PVC管（聚氯乙烯管）是近年来在排水工程中应用较为广泛的管道材料。它具有较高的抗腐蚀性，尤其适用于化学腐蚀较强的环境。PVC管轻便、施工方便，能够有效降低施工成本和难度。在耐磨性和抗老化性能方面，PVC管表现出色，能够承受较长时间的使用而不发生明显的性能退化。然而，PVC管也存在一定的局限性，其在高温环境下耐性较差，且对紫外线较为敏感，容易发生老化和脆化，因此在一些极端环境下的应用受限。

HDPE管（高密度聚乙烯管）因其具有较高的抗腐蚀性、良好的柔韧性和较长的使用寿命，成为近年来广泛使用的一种管道材料。HDPE管特别适合用于地下敷设，能够有效抵抗土壤中的腐蚀性物质，且耐低温性能较好，在寒冷地区的使用效果也很理想。HDPE管的柔韧性使得其在遭遇地面沉降或其他外力影响时具有较强的适应性，能够有效防止管道的断裂或损坏。与此同时，HDPE管也具有较低的水流阻力，能够提高管道系统的运输效率。然而，HDPE管在高温环境下容易软化，且对紫外线耐受性较差，因此通常需要在外层进行特殊的防护涂层处理，防止紫外线照射导致材料老化。

管道材料的选择不仅需要考虑其物理和化学性能，还需要结合具体的工程条件和环境因素进行综合评估。例如，若管道系统用于传输腐蚀性较强的化学物质或污水，管道的耐腐蚀性能将成为最重要的选择标准。在这种情况下，选用具有较强抗腐蚀性的材料，如PVC管或HDPE管，将有效延长管道的使用寿命，降低管道维护和更换的频率。土壤条件是另一个决定管道材料选择的重要因素。对于地下管道系统，土壤的湿度、酸碱度及其对材料的腐蚀性将直接影响管道材料的性能表现。在腐蚀性土壤或地下水位较高的区域，传统的钢管可能会由于防腐层的损坏而迅速被腐蚀，导致系统早期故障。而HDPE管和PVC管则由于具有优良的耐腐蚀特性，通常能在此类环境中表现出更长的使用寿命。

施工难度也是管道材料选择时必须考虑的因素。不同材料的重量、可加工性和连接方式会直接影响施工的复杂性与成本。钢管需要较高的焊接技术，并且施工过程中的管道接头处理较为复杂，施工周期较长。铸铁管虽然耐久性好，但由于其较大的重量和脆性，施工时需要更多的人力和机械支持。相比之下，PVC管和HDPE管因其重量轻、连接方式简单，施工效率较高，适合大规模应用，并能够有效降低施工难度和成本。

三、管道材料选择对系统维护的影响

管道材料的选择对于排水系统的长期维护和管理具有深远的影响。每种材料在不同的使用环境中展现出不同的物理特性、化学稳定性以及对外界因素的适应能力，这直接关系到管道的耐久性、维护成本以及整个排水系统的运行效率。随着城市化进程的加速，排水系统面临着越来越复杂的使用条件，因此其材料选择必须从多维度综合评估，以确保管道系统在长期使用中的稳定性与经济性。

管道材料的耐久性是影响排水系统维护周期和成本的关键因素之一。不同材料在长时间暴露于自然环境中，尤其是在潮湿、腐蚀性或高温等极端条件下的表现各不相同。某些材料，如传统的钢铁或铸铁，虽然在强度上具有优势，但容易受到腐蚀的影响，特别是在与水流接触的内部表面，腐蚀会导致管道逐渐变薄，最终影响其承载能力。腐蚀不仅减少了管道的使用寿命，还会增加额外的维护与修复工作，这无疑增加了系统的运营成本。相比之下，塑料材料，如聚乙烯（PE）和聚氯乙烯（PVC），虽然具有较好的抗腐蚀性，能够抵御大多数化学物质的侵蚀，但在高温或紫外线辐射较强的环境下，其物理性能可能会显著下降，导致材料的老化和脆化，进而影响管道的整体稳定性。

管道材料的抗老化能力对于长期运行中的维护管理具有决定性作用。随着时间的推移，管道材料会因多种因素而发生老化现象，尤其是在长期暴露于阳光或大气中的环境中，紫外线、温度变化、氧化等因素会加速材料的降解过程。例如，某些高分子材料在初期具备较低的安装成本，但其抗紫外线能力差，容易受到阳光照射的影响，导致分子结构发生变化，使管道表面逐渐失去弹性，变得脆弱，甚至出现裂纹和破损。随着时间推移，这些材料可能会需要更频繁的更换或修复，增加了系统的维护成本，反而削弱了其经济效益。因此，材料的选择不仅需要考虑初期的投资，还必须评估其在长期使用过程中的抗老化性能和可持续性。

管道的维护周期也与其材料的物理特性密切相关。不同材料的管道在遇到外界压力时的表现差异较大。某些材料的管道可能对外部的机械冲击、土壤压力或交通负荷具有较高的抵抗力，而有些材料则在这些外力作用下容易发生变形或破裂，进而需要进行频繁的检查、修复和更换。管道的设计和施工质量当然也是影响维护周期的因素之一，但材料的本身特性仍然在很大程度上决定了管道的耐用性。例如，钢管和铸铁管因其高强度而能够承受较大的外部负荷，但也由于其较差的抗腐蚀能力，容易受到外界环境的影响而发生腐蚀性损坏，导致管道寿命缩短。相较而言，塑料管材在承受外部压力方面的性能较差，但其质轻、抗腐蚀性强，维护周期较长，适合在不受重负荷影响的环境中使用。

管道材料的易维护性也是选择的重要考量因素。在排水系统的日常管理中，管道的维护频率和修复难度直接关系到系统的运营效率和成本。某些材料的管道一旦发生故障，可能需要较为复杂的检测和修复程序，这无疑增加了维护的复杂性和成本。例如，钢管发生腐蚀性损坏时，往往需要进行整体替换或局部加固，而铸铁管在破裂后则可能面临难以修复的困难。相较而言，塑料管材由于具有较好的抗腐蚀性，在出现问题时修复工作较为简单，而且由于管道表面光滑，水流不易堵塞，清理起来也相对容易，这无形中降低了管道系统的维护成本。

综合考虑上述因素，管道材料的选择应当以长期经济效益为导向，权衡短期投资与长期维护成本之间的关系。虽然某些材料可能在初期安装时提供了较低的成本，但如果其后期维护成本较高，或者因为性能退化导致频繁的更换需求，则可能无法达到预期的经济效益。反之，虽然某些高性能材料的初期投入较大，但如果其耐久性强，维护周期长，从长远来看，其经济效益将远远超过初期的投资。此外，随着科技的进步，新型管道材料的研发不断推进，未来可能会有更多具备高耐久性、低维护成本的材料进入市场，这将为排水系统的管道选择提供更多的选项。

第三节　流体力学在排水系统中的应用

一、流体力学的基本概念与原理

流体力学是一门专门研究流体在不同条件下流动规律的学科。流体在物理学中被定义为能够持续变形的物质，通常包括液体和气体。在排水工程中，流体力学的原理与方法是设计、施工和运行管理的核心内容之一，起着决定性作用。通过应用流体力学的基本原理，工程师可以科学地预测和控制流体在管道系统中的行为，从而确保排水系统的稳定性与高效性。

流体力学的基础理论建立在连续介质假设的基础上。连续介质假设认为流体是由微小的粒子组成的，每个粒子在不断的运动中保持一定的密度和温度，流体的整体行为可以通过这些粒子的平均表现进行描述。这一假设使得流体在流动过程中被视为连续介质，能够被数学模型精确表示。尽管在微观尺度上流体的运动是由分子间的碰撞和相互作用引起的，但在大多数工程应用中，这些微观行为可以被忽略，从而使流体在宏观尺度上的表现得到简化和理想化。连续介质的假设为流体力学基础方程的推导和应用奠定了理论基础。

流体的运动规律可以通过流动方程来描述，最著名的流动方程是纳维-斯托克斯方程。该方程用于描述流体的黏性流动和与流速、压力等物理量之间的关系。流体在管道中流动时，主要受三个因素的影响，即流速、流体的密度和黏度。流速决定了流体的流动量，流体的密度和黏度则决定了流动的阻力。通过流动方程，设计人员可以推算出管道系统中不同位置的流速与压力变化，设计出更加合理的排水系统。纳维-斯托克斯方程作为流体力学中最为核心的理论工具，在排水工程中广泛应用，尤其是在复杂管网系统和非稳态流动问题的分析中具有重要的意义。

压力和流速之间的关系是流体力学中的另一关键概念。流体在管道中流动时，沿管道方向的压力会发生变化，这种变化通常与流速成反比。流速较高时，管道中的压力通常较低；相反，流速较低时，压力较高。这个现象可以通过伯努利方程进行描述。伯努利方程是流体力学中的重要公式，反映了流体的动能、压强和势能之间的转换关系。在排水系统中，伯努利方程可以帮助设计人员理解管道中压力与流速之间的相互影响，从而决定管道的合理直径和布置方式。在实际应用中，利用伯努利方程的理论，工程师可以计算流体在不同管道段的流动状态，并据此选择合适的材料和管道规格，以确保排水系统的高效运行。

湍流现象是流体力学中另一个重要的研究内容，在大流量和高速流动的排水管道中尤为明显。湍流是指流体流动中的一种不规则、混乱的状态，通常表现为涡旋、旋涡等复杂流动形式。湍流的出现通常会导致流体造成的摩擦损失增加，从而影响系统的能效。在排水工程中，湍流会引发较大的能量损耗，造成管道内压力的显著波动。因此，湍流的控制与管理成为排水系统设计中的一个重要课题。设计人员需要通过合理的管道布局、适当的流速控制及管道表面光滑度的优化，来减少湍流的发生，降低能量消耗和提高系统效率。

在排水工程的设计过程中，流体力学的原理被广泛应用于管道系统的各个环节。管道的设计首先需要根据流体流动的规律合理选择管道直径。流体在管道内流动时，管径的选择直接关系到流速和压力的分布。过小的管道直径会导致流速过大，压力过低，甚至出现流动阻力过大而造成管道堵塞的情况。相反，过大的管道直径则可能导致流速过低，排水效率低下。因此，通过流体力学分析，设计人员可以根据不同地区的排水需求和实际情况，选择合适的管道直径，以保证流体在管道内的流动稳定。

排水系统中的坡度设计也是基于流体力学的原理来进行的。坡度的设计决定了水流在管道中的自然流动趋势。合理的坡度设计可以利用重力作用促进水流的顺畅流动，减少泵站等能耗设备的使用，降低系统运行成本。通过对流体的流速和压力的精确计算，设计人员能够优化坡度设置，避免水流的滞留或倒流现象的发生，确保排水系统的高效运作。

流体力学的应用并不限于管道的设计和规划，它还广泛用于排水系统的运行维护中。在系统的运行过程中，流速和压力的变化会影响到管道的运行状况，可能导致管道的老化、腐蚀或泄漏等问题。定期的流体力学分析，能够帮助工程师及时发现潜在问题，并采取有效措施进行预防和维修。流体力学的理论指导有助于排水设施的长周期运行和性能优化,确保排水系统始终保持在最佳工作状态。

二、水流动力学在管道系统设计中的应用

水流动力学在排水系统设计中的应用是该领域的一项基础且关键的技术环节。水流在管道系统中的行为受多种因素的共同作用,直接影响着排水系统的效率、稳定性和经济性。在管道设计中,水流的特性不仅决定了管道的功能是否能够有效实现,也决定了系统的能效和长期运行成本。因此,设计人员必须充分考虑水流的动力学规律,结合具体的工程需求,科学合理地进行管道设计和布局,以确保系统的高效运行。

水流的流速、流量和压力是管道系统设计人员必须精确掌握的基本参数。流速决定了水流在管道中的运动速度,这直接影响到水流是否能够顺畅地通过管道系统。如果流速过快,可能导致管道内产生过大的摩擦损失,从而增加能量消耗;而如果流速过慢,则可能导致系统积水、堵塞等问题,影响排水能力。流量是指单位时间内通过管道的水量,它通常由用水需求或排水需求来决定,直接关系到管道的截面积和输水能力。水流的压力是管道系统设计的另一重要因素,它主要受到管道内部流体的摩擦力、重力作用以及外部负荷的影响,设计时必须确保管道系统能够承受预期的压力而不发生破裂或泄漏。

在进行管道系统设计时,合理选择管道的尺寸是至关重要的。管道的直径不仅影响系统的排水能力,也影响水流的动力学特性。过小的管道尺寸可能导致流速过快,增加摩擦损失,并可能造成管道的破损;过大的管道尺寸则会造成能源的浪费,且使系统运行不稳定。在进行管道尺寸的选择时,必须综合考虑流量需求、水流特性以及系统的经济性等因素。与此同时,管道的坡度设计同样起着决定性作用。适当的坡度可以使水流在管道中顺利流动,避免水流积滞或滞后,提高排水效率。坡度的选择不仅要考虑水流的重力效应,还要考虑管道所处的地理环境和施工条件。坡度过大可能导致水流过快,产生不必要的摩擦损失,而坡度过小则可能造成水流滞留,影响排水效果。

水流在管道中流动会遇到阻力,这一阻力来源于管道内壁与流体之间的摩擦作用。摩擦损失是影响管道输水效率的主要因素之一,它不仅消耗了水流的动力,

也增加了系统的能耗。在设计管道时，设计人员必须对摩擦损失进行详细计算，并通过选择合适的管道材质、内表面光滑度以及管道的布局方式来尽量减少摩擦损失。特别是在大规模的排水系统中，摩擦损失对系统的整体效率和能效影响尤为显著，因此如何有效降低这一损失是设计中的一个重要课题。通过合理选择管道材质、优化管道的安装角度以及设置必要的流体缓冲区，设计人员能够有效降低摩擦损失，提高水流效率。

在水流动力学的应用中，液体的流动特性是一个重要的考虑因素。水流在管道中的流动并非简单的直线流动，而是具有一定的流动模式，通常表现为层流或湍流。在设计管道时，人们需要根据流速、流量和管道内径等因素判断水流的流动状态。层流状态下，水流相对平稳，流动阻力较小，但在一定流速下，层流会转变为湍流，后者会导致更大的流动阻力。因此，管道设计中需要准确预测流动状态，并通过合理调整管道的直径和水流速率等参数，确保水流始终处于理想的流动状态，以保证系统的高效运行。

水流动力学的合理应用不仅能确保管道系统的流畅运行，还能有效节省能源并减少对环境的负面影响。当前，随着节能环保理念的深入人心，如何在保证排水效果的同时降低能耗，已经成为排水系统设计中的重要课题。在这一背景下，设计人员需要充分考虑水流的动力学特性，通过优化管道布局、选择合适的管道材质和直径、设计合理的坡度等手段，最大限度地减少流动阻力，降低水流对系统的能量消耗；此外，还应通过采用先进的流体力学模拟技术，在设计阶段进行准确的水流分析，以优化管道系统的整体性能。

三、流体力学与排水系统故障的预防

流体力学作为一门研究流体运动规律的学科，在城市排水系统的设计、运行及维护管理中发挥着不可或缺的作用。它不仅仅是排水设施设计阶段的理论基础，更是在日常运营过程中对排水系统故障的预测和预防提供了强有力的支持。流体力学能够帮助工程师和维护人员通过对流体状态的监控与分析，及时发现潜在的故障隐患并采取相应措施，以确保排水系统的稳定运行。

在排水系统的运行过程中，流体流动的状态对系统的健康至关重要。流体力学的应用使得工程师能够通过分析管道中的流速、压力等关键参数，识别出系统中可能存在的异常情况。例如，管道内流体流速的不均匀性或局部区域内压力的异常升高，往往是管道内部出现堵塞或泄漏等故障的先兆。这些故障若未能及时发现和处理，不仅会导致系统运行效率的降低，还可能引发严重的水害或污染问题。因此，流体力学在排水系统中的应用，能够有效帮助设计人员和运维人员对管道流体状态进行实时监控，并在问题发生之前采取预防性措施，从而减少维修成本和系统停运时间。

故障的预防与流体力学的深入结合，使得排水系统的监控和维护工作得以更加精确和高效。通过流体力学的原理，设计人员可以预测系统中可能的压力波动和流速变化，进而优化管道布局和调整管道直径，避免因流体流动不畅而导致的故障。例如，管道内出现过高压力差往往是系统负荷过重或排水不畅的表现，这种状况如果不加以控制，可能导致管道破裂、泄漏或管道间隙扩展等问题。运用流体力学进行分析和仿真，管理者可以提前识别出这些潜在的压力波动区域，进而在设计阶段就进行调整，或者在后期的维护过程中，利用智能监测系统及时发现并解决问题，防止故障的发生。

除了对故障的预测和防范外，流体力学还能在排水系统的能效优化方面发挥重要作用。排水系统在运行过程中会消耗大量能量，特别是在水泵和排水管道的推动作用下，能量损耗尤为明显。通过合理的流体力学分析，管理者可以有效优化排水系统中的能量分配，减少不必要的能量损失。例如，管道的布局、泵站的选择以及管道内流体的控制等方面，都可以通过流体力学原理进行优化，从而实现系统运行的能效最大化。这不仅能降低运行成本，还能减少排水系统对环境的负面影响，符合当前节能减排和可持续发展的趋势。

通过对流体力学参数的监控和分析，排水系统的故障预防并不限于系统本身的健康检查，也可以延伸至整个城市排水设施的管理与优化。流体力学的应用使得排水系统的运行数据能够更加精准地反映出系统的工作状态，这为排水系统的智慧化管理提供了技术支持。结合现代信息技术，流体力学的分析可以通过传感器和实时监控系统进行数据采集与反馈，运维人员可以通过数据可视化手段实时掌握排水系统的运行状况，及时发现故障隐患并进行远程干预。这种基于流体力学的故障预防系统，不仅可以大幅度提高排水系统的运行效率，还能减少人力资源的投入，提升整体管理水平。

流体力学的深入应用不仅有助于提高排水系统的故障预防能力，还能为整个城市排水网络的优化提供理论依据和技术支持。随着城市化进程的加快，排水系统面临着越来越多的挑战，例如城市雨水径流的急剧增加和城市排水设施的老化等问题，这些都对传统排水系统提出了更高的要求。在这种背景下，流体力学的前沿技术和研究成果，能够为解决排水系统中出现的新问题提供思路和方法。通过对流体动力学的进一步研究，管理者可以更好地实现排水系统的自动化调控，提升系统对突发状况的应对能力，进而有效减少人为操作失误和故障响应时间。

第四节　排水管道布置与布局

一、排水管道布置的基本原则

排水管道的布置是城市排水工程中至关重要的环节，它直接关系到排水系统的整体性能和维护管理的复杂度。城市排水管道的设计与布置不仅仅是对技术标准的遵循，更是对城市功能与环境的深刻理解与优化。其合理性与科学性决定了排水系统能否高效运行、是否具备可持续性，并且影响到城市防洪抗涝能力的强弱。

在排水管道的布置过程中，设计人员需从多方面进行综合考虑，确保每一条管道的布设符合系统的需求并能够与城市的其他设施相协调。合理的管道布置能够有效降低系统的运行成本和后期维护的复杂度，减少管道修复和更换的频率，提高整个排水系统的经济效益。无论是在城市的老旧区域还是在新兴发展区，排水管道的布局都必须遵循一套系统化的设计原则。

管道布置必须考虑到排水需求与流量的特点，这意味着管道的尺寸、坡度和容量都应根据流域的雨水量、地形和人口密度来合理配置。在大多数城市地区，由于自然地理条件和城市建筑密度不同，排水管道的设计不能采取统一标准，而应根据具体情况制定适宜的设计方案。流域内的降水量、地势高低以及周围建筑物的布局都可能直接影响排水管道的选择和布置。针对这些因素，设计人员需精确测算管道的排水能力，确保管道能够高效处理源源不断的雨水和污水流量，以防止因设计不合理导致的城市内涝或污水回流。

除了流量和容量之外，排水管道与城市其他基础设施的协调也是管道布置的关键因素。现代城市中，地下空间已经被广泛利用，包含电力、通信、天然气、供水等多种设施。排水管道的布置必须充分考虑到这些现有设施的布局与保护要求，避免与其他管线发生交叉、干扰或冲突。精确的规划与布设，能够有效地避免排水管道与其他管道交叉或重叠，进而降低后期维护的难度。排水管道与其他基础设施的相互干扰，不仅会导致施工的复杂性增加，还可能影响其他管道系统的功能，甚至在长期使用过程中带来隐患。因此，确保排水管道与其他设施的合理分布和充分间隔，是管道布置设计中不可忽视的重要内容。

管道布置要具有可维护性。随着城市的扩张和排水需求的变化，排水系统需要具备一定的灵活性和可扩展性。设计人员应充分考虑管道的检修和维护问题，确保管道在后期使用过程中可以方便地进行定期检查、清理和修复。其选择易于检修和维护的位置，避免管道被建筑物或其他城市基础设施所覆盖，将有助于降低日后的维护成本并减少不必要的施工干扰。尤其是在老旧城区或高密度城区，排水管道的布置需要为未来可能的城市扩展预留足够的空间和接口，以便随时调整和升级现有系统。

在管道布置过程中，合理选择管道的材料与类型也是确保系统长效运行的关键。不同材料的管道具有不同的耐久性和适应性，设计者需根据土壤条件、管道压力、化学腐蚀性等因素，合理选择管道的材料类型。例如，对于土壤条件较为湿润或具有腐蚀性的地区，应优先选用抗腐蚀性强、耐磨损的材料。管道的类型和材质决定了其在使用过程中的可靠性与稳定性，因此，设计者必须考虑这些因素的长期影响，以确保排水系统的使用寿命。

排水管道的布置还必须遵循环境保护的原则。随着环保要求的日益严格，排水管道的设计不仅要考虑功能性，还需要在施工过程中减少对环境的负面影响。施工中的固体废弃物、废水等污染物的排放问题，必须通过科学规划和严格控制进行管理。合理的管道布置可以有效减少城市排水过程中对自然环境的负担，避免由于不当设计引发的污染扩散。管道的布局还应考虑到水文条件的影响，确保排水系统在极端天气条件下也能正常运行，避免因气候变化引发的水灾问题。

管道布置的原则也涉及成本效益的最大化。尽管排水管道的建设是一个长期投资项目，但其初期投入成本应与长期的运行效益、维护成本和环境效益相平衡。合理的管道布置可以有效降低建设成本，同时提高排水效率，避免由于设计不当所带来的重复施工和修复费用。在城市发展初期，尽量避免过度建设不必要的管道系统，采取合理规划和分阶段建设的方式，可以有效分散投资风险并确保资金的有效利用。

二、不同环境下的排水管道布置方案

排水管道布置是城市排水系统设计中至关重要的一环，涉及多个因素的综合考虑，尤其是在不同地理环境和土壤条件下，管道布置的方式需根据具体情况进行优化。不同环境下的排水管道布置方案不仅要确保排水的高效性和经济性，还要保证系统的长期稳定运行，避免对周围环境和建筑造成不利影响。因此，管道布置设计必须对地形地貌、土壤结构、水文条件以及城市规划等多方面因素进行详细分析，以确定最合适的排水方案。

在山区或斜坡地带，排水管道布置尤为复杂，这些区域的自然地形变化较大，坡度较陡，水流的自然流向受地形影响较大。在这样的地形条件下，管道布置需要精准设计坡度与排水流量的关系，以避免水流因坡度过缓或过急而导致积水或反流的情况。坡度是影响排水效果的关键因素之一，过于平缓的坡度可能导致排水流速不足，水流滞留在管道中，长时间积水则可能导致管道淤塞或腐蚀。而过陡的坡度则会增加管道的冲击力，进而对管道造成损伤，影响其长期稳定运行。因此，山区排水管道的设计需要确保适当的坡度，以使水流平稳、顺畅地排出，同时避免对管道造成过大的压力。在设计过程中，还应充分考虑可能的土壤滑坡、泥石流等地质灾害风险，采用抗压、抗滑等措施提高管道的抗灾能力。

城市密集区域的排水管道布置则面临另一个挑战，空间的紧张性使得管道布置必须更加合理。在这些地区，现有的市政设施布局往往非常复杂，管道与供水、电力、燃气、通信等其他基础设施需要协调布置，避免出现管道交错、重叠或干扰的情况。随着城市化进程的推进，许多原有的建筑物和道路可能已不具备大规模改建的条件，新的排水管道往往需要在现有空间中进行改建或增设。此时，如何优化管道的布置位置，最大限度地利用有限的空间，同时确保排水系统的高效运作，成为设计中必须面对的重要问题。城市密集区域的排水系统还需要特别关注管道的维修与检修通道的预留，以确保日后的管理和维护工作能够顺利进行。

地下排水系统的布置在不同环境下则面临更为复杂的挑战，特别是在涉及土壤性质和地下水位的影响时。地下土壤的种类和物理特性对管道的稳定性有着直接影响。不同的土壤类型（如沙土、黏土、岩土等）会对管道的承载能力、抗压能力以及防渗性能产生不同的要求。沙土等松散土壤容易导致管道位移，甚至出现断裂，而黏土等湿润土壤则可能因水分过多导致管道外部腐蚀加速，影响排水设施的寿命。因此，土壤的理化性质和水文特征应作为排水管道布置方案的重要依据。设计人员需要根据土壤的压实度、承载力以及渗透性，选择合适的管道材料和铺设方式。例如，对于松软土壤，可以考虑使用加强型管道材料，或者采用加固措施，增加管道的稳定性和承载能力；而对于岩土层较为坚硬的地区，管道的铺设深度和支撑方式也需要进行相应的调整，以确保管道在长期使用中的稳定性。

地下水位对排水管道布置的影响也非常重要，特别是在低洼地区或靠近水源的地方，地下水位可能对管道的设计和布置产生显著影响。在高地下水位区域，管道可能会受到水压的影响，造成管道变形或损坏。在此类区域布置排水管道时，设计人员需综合考虑地下水位的变化范围，并采取适当的加固措施，如提高管道的抗浮力或增强管道的结构强度。地下水位变化较大的地区可能需要对排水管道进行更深的埋设或增加排水管道的防水处理，以保证管道在运行中的稳定性和长期安全性。设计人员还需考虑到地下水对管道周围土壤的影响，避免地下水渗透和管道外部的腐蚀。

周围建筑物的影响也是排水管道布置方案中需要特别关注的因素。特别是在城市化进程较为密集的地区，管道布置往往与建筑物、桥梁、地下停车场等密切相连。它们的存在可能会限制管道的布置空间，也可能因建筑基础的沉降或位移对管道造成压力或损害。因此，在进行排水管道布置设计时，必须充分评估建筑物对管道的影响，确保管道的布设能够与周围建筑物的基础设施进行有效协调。此外，管道的布置位置还需要考虑未来建筑扩建或地下开发的可能性，以确保在城市发展过程中不会造成排水管道的布局冲突。

三、排水管道布局中的可维护性与扩展性考虑

在城市排水系统的设计与布局中，考虑管道的可维护性与扩展性是确保系统长期稳定运行的关键因素。随着城市化进程的不断推进，排水系统的需求和功能不断变化，原有设计可能无法满足未来的扩展需求。因此，排水管道布局除了要满足当前的使用需求，还必须预见未来可能的扩容、技术升级以及维护需求。这种前瞻性的布局不仅可以避免未来因系统容量不足而引发的诸多问题，还能有效降低后期改造和扩建时的成本和施工难度。

随着城市规模的不断扩展，排水系统将面临更加复杂和多样化的挑战。城市排水管道的布局只有具有足够的灵活性和适应性，才能应对城市发展过程中人口增多、建筑密度提高以及自然条件变化等多方面因素所带来的压力。这就要求排水系统在设计初期就充分考虑未来可能的容量需求和技术发展，使管道系统具备足够的冗余空间，以便在未来进行扩展或升级。合理预留空间，不仅可以为新管道的铺设提供便利，还能避免因突发需求增加而进行大规模拆除与重建，节省了大量的经济成本和社会成本。

在排水管道的布局中，必须综合考虑现有基础设施的影响。城市的基础设施日益密集，排水管道往往需要穿越或依赖于其他城市设施，如电力、通信、交通等系统。为了避免在排水管道的维护和扩展过程中对现有设施造成不必要的干扰，其设计应尽量避免与其他基础设施发生冲突。管道的走向和深度需要经过精确规划，确保其与其他设施的间距符合安全规范，同时也要考虑到未来维修的可行性。例如，管道走向的规划应尽可能避开交通繁忙区域，以减少施工和维修对交通的干扰，并为未来的维护提供更加便利的条件。通过合理的布局，排水管道的建设和维护可以更加顺利地进行，同时降低对城市运行的干扰。

在实际操作中，管道的可维护性设计还应考虑到维护过程中可能出现的各种问题。例如，排水管道在长期运行过程中可能出现的腐蚀、堵塞或损坏等情况，

需要通过科学的设计和布局，确保在发生问题时能够迅速定位并加以解决。为了提高管道的维护效率，应在关键节点设置检修口，以方便工作人员对管道进行检查和清理。此外，管道系统的监测设备也应与管道布局紧密结合，工作人员通过传感器、流量计等设备，实时监测管道运行状态，及时发现故障或异常，保证系统的稳定运行。在设计时，应特别注意管道的接入方式和检修点的设置，确保这些点位于易于接近的位置，以便在发生故障时可以快速调动人力和物力进行修复，避免因维护不及时而导致的系统瘫痪或环境污染。

排水系统的可维护性不仅仅体现在管道本身的设计上，还涉及整个管理系统的优化。随着信息技术的发展，越来越多的智能监控和自动化技术被应用于排水管道的监测和维护中。建立智能化的监控系统，可以实现对排水管道的实时监测和数据分析，及时识别出管道运行中的异常情况，从而帮助人们提前采取措施，避免故障的发生。此外，信息化技术的应用能够提高排水系统的管理效率，优化资源配置，减少人工巡检的频率和成本。排水管道的布局和维护工作因此能够更加精准和高效，进一步提高排水系统的稳定性和可靠性。

排水管道的扩展性同样是布局过程中必须充分考虑的因素。随着城市人口的增加和经济活动的不断扩展，排水系统的负荷将逐渐增加。如果排水系统的扩展性设计不到位，可能会导致原有系统无法承载过多的污水和雨水流量，进而影响整个排水系统的运行效率，甚至导致城市内涝等灾害。因此，排水管道的布局不仅要满足当前的排水需求，还应根据城市未来发展的趋势，合理预留空间和规划管道走向，为后期的扩容和技术升级提供条件。这就要求设计者在规划管道时，必须对未来的城市发展进行充分的预估，准确预测不同区域未来的排水需求，并通过灵活的管道设计应对这些需求的变化。

第三章　排水工程建设的施工方案与质量验收

排水工程建设的施工方案主要包括三个方面。首先，排水工程的建设是一项涉及多个环节的复杂工程，其规划与设计是整个项目成功的基础。在建设初期，合理的规划能有效避免后期施工过程中遇到的技术难题，确保各项工作能够高效、有序进行。其次，施工协调在工程建设中也扮演着至关重要的角色。排水工程通常涉及多个单位的合作与协调，如何在各方力量的共同努力下，确保各个环节的顺利推进，是项目管理中的一项重大挑战。最后，在工程建设过程中，严格的质量管理与验收标准同样不可忽视，它们直接影响排水系统的使用寿命和运行效率。本章将围绕排水工程建设的施工方案展开讨论，分析排水工程规划与设计，探讨施工协调问题，并强调相关工程质量与验收标准的执行与重要性。通过本章的探讨，读者能够更全面地理解排水工程建设的整体流程，并掌握高效推进项目的关键技术与管理方法。

第一节　排水工程的规划与设计

一、工程需求分析与系统布局

在排水工程的规划与设计过程中，需求分析与系统布局的合理性对工程的可持续性与高效运作至关重要。需求分析的首要任务是对城市未来发展的各项需求进行详细预测与评估。人口的增长直接影响着水资源的需求量，随着城市化进程的加速，人口密度的增加将导致用水量和污水排放量的大幅上升。因此，预测未来的排水需求，既要考虑到城市人口增长的速度，也要参考社会经济的变化趋势以及城市产业结构的调整。除人口增长外，还需要评估现有水资源的储备状况和供水系统的运行能力，避免由于供水不足或排水能力不足而导致出现社会问题。

排水系统的需求分析同样不容忽视。随着城市规模的扩展和建筑密度的增加，排水需求不仅涉及单纯的污水处理问题，还涉及雨水排放的能力和防洪要求。特别是在城市化加剧的背景下，雨水排放系统往往面临更大的压力。需求分析需要综合考虑不同季节的降水量变化、城市的雨水径流特征，以及各类废水的产生量等多方面因素，确保排水系统的设计能够应对各种极端天气状况和特殊排水需求。为此，工程设计者需要利用现代气象模型、流域分析技术和水文数据，对不同区域的排水需求进行精确预测，从而为系统的设计提供科学依据。

在完成需求分析后，接下来的任务是系统布局的合理规划。排水系统的布局应当充分考虑城市的地形地貌和气候条件，以实现资源的高效利用和系统的长远可持续性。地形的变化对于排水系统的布局具有直接影响，特别是在一些地势较低的区域，排水系统必须具备足够的排水能力和应对汛期的防洪功能。此外，气候条件也会影响排水系统的设计，尤其在极端天气频发的地区，需要考虑到气候变化对水源的影响以及水质的变化，从而提高系统的适应性。

同时，现有基础设施的整合是系统布局中不可忽视的重要环节。在城市中，不同类型的管网系统、供电设施、交通网络等基础设施已经构成了复杂的城市网络，排水系统的设计应当考虑到这些现有设施的整合与协同工作。特别是在老旧城区的改造和新城区的开发中，如何将新的排水系统与现有基础设施进行无缝连接和高效融合，是设计中的一个重要挑战。通过对现有管网设施的评估，管理者可以确定是否需要进行改造或者扩容，优化资源的使用，避免重复建设和资源浪费，从而最大化基础设施的使用效益。

为了实现系统的高效运行，设计者还需要结合不同区域的具体需求进行分区规划。城市内的不同区域在排水能力和水质要求等方面存在差异，系统布局应当根据这些差异进行定制化设计。排水系统的布局应根据各区域的污水产生量与雨水径流特征，设计合理的管网分布与设施配置，避免出现某一地区排水能力不足而导致的积水问题。

智能化技术的应用逐渐成为现代排水系统设计中的重要趋势。随着物联网、传感器网络、大数据分析等技术的快速发展，设计者可以借助这些先进技术来实现对排水系统的实时监控与数据分析，通过对系统运行数据进行实时采集与分析，更加精准地预测系统的负荷变化和潜在问题，并及时进行调整和优化，从而提高整个系统的运行效率与可靠性。在需求分析阶段，基于大数据的精准预测和模拟也能为系统的布局提供更加科学的依据，确保设计方案的可行性与长远性。

二、水质与水量的计算与控制

水质与水量的计算与控制是排水工程设计方案的核心内容之一。水量和水质的预测与调控不仅影响排水系统的日常运行，还涉及环境保护、节水措施的落实等诸多问题。

排水系统的设计需要对污水量、流量以及水质进行详细计算和控制。污水排放的量和流速是排水系统设计中的重要参数，科学计算这些参数能够确保排水系统能够在高效运行的同时，避免造成环境污染。对污水量的计算，除了考虑居民生活排放的污水量外，还要考虑工业废水、商业排水等特殊污水源的影响。由于不同地区的用水习惯和污水排放量存在较大差异，因此需要进行当地的水量统计与预测，确保排水系统能够应对未来人口增长和经济发展的需求。同时，流量的计算需要综合考虑排水管网的流动特性以及污水的排放速度。在此过程中，排水管道的布局设计与管径的选择是影响流量计算的重要因素。管道的布置需要确保污水能够在最短的时间内流向处理设施，避免因排水不畅导致的局部积水和水体污染。

在水质控制方面，排水系统的设计同样需要对污水水质进行预测与监控。污水中通常包括有害物质，如重金属、化学污染物、病原微生物等，这些成分的浓度直接影响到污水的处理难度及排放标准。因此，排水系统的设计必须预先评估污水的成分，结合不同类型的污水采取相应的处理措施。随着技术的进步，污水处理工艺不断更新，采用了更多高效的处理技术，如生物膜技术、膜分离技术、紫外线消毒等。这些技术可以有效去除污水中的有害物质，确保处理后的水质符合国家和地区的排放标准，减少对水体和环境的负面影响。未来，排水系统的设计将更加注重智能化与自动化的应用，通过实时监测与数据分析，精准调控排水系统的运行状态，以实现水质和水量的最佳平衡。

三、施工图设计与项目预算编制

在城市排水工程的建设过程中，施工图设计与项目预算编制是确保工程顺利进行的关键步骤。施工图设计作为工程实施的前提，必须在完成规划和系统设计后，深入细化每一个技术细节，确保施工过程中的各项要求得以精准执行。施工图纸不仅仅是对设计方案的具象化表达，它还承担着将抽象的设计理念转化为实际可操作的建筑蓝图的责任。图纸上需要明确标示排水管道的具体布局，管径、管材的选择，管道与设备的连接方式等，这些细节直接关系到整个排水系统的有效性与长期运行稳定性。在施工图设计过程中，设计人员还需要考虑到地理环境、地质条件、城市规划、交通流动等多方面的因素，确保施工图在实际操作中能够无缝对接所有相关环节。

对于排水系统的施工图设计而言，每一个节点的位置、尺寸及安装要求都必须精确无误，任何一个小小的偏差都可能影响排水系统的运行效果。因此，设计人员必须与现场施工团队、设备供应商等各方密切合作，确保所有施工图中的细节与现场条件相匹配。同时，图纸中对于管道的排布及设备的设置，还需充分考虑到后期维护的便利性，以便在系统运行过程中，能实现高效的检修与更新。在设计过程中，合理的布局不仅要满足排水系统流量的要求，还需要注重经济性和可持续性，避免过度设计或因地形、场地限制而带来不必要的建设成本。

与施工图设计相辅相成的，是项目预算的编制工作。项目预算是工程项目管理中的核心部分，它为整个工程的资金安排提供了清晰的框架。预算编制不是对材料、人工和设备的简单估算，而是对整个项目财务可行性的一次全面审视。预算编制需要考虑到设计方案的具体需求，结合市场价格、材料采购情况、施工队伍的劳动力需求、设备采购与安装费用等多个因素，形成一份详细且精准的预算报告。设计人员不仅需要根据技术要求编制预算，还要预见可能出现的变更和不可预见的风险，如施工中的突发地质情况、设备采购延误等，从而为项目的顺利推进提供财务保障。

预算编制的过程中还必须考虑到项目的现金流情况，确保工程在执行期间各阶段的资金需求能够及时得到满足。项目预算的合理性和准确性，不仅影响到整个工程的顺利推进，还直接关系到后期资金的管理与使用。为了确保项目能够按时按质完成，预算中必须设置适当的预留费用，以应对不可预见的风险因素。设计人员需要与项目管理团队、财务部门以及各相关供应商紧密配合，确保预算的编制过程中信息的传递与沟通无障碍，避免因预算编制错误或遗漏导致的资金短缺或项目延误。

在预算的执行阶段，设计人员和项目管理团队要密切跟踪项目资金的使用情况，并根据实际施工进展及时调整预算安排。施工图设计和项目预算的编制，是实现高效管理和控制成本的基础，两者相辅相成，缺一不可。施工图的细致设计为工程提供了可操作的蓝图，而合理的预算则为项目的财务管理提供了保障，两者共同构成了工程项目管理的核心支撑，确保项目能够在既定的时间、预算和质量要求下顺利完成。

施工图设计与项目预算编制的工作，要求设计人员不仅具备深厚的专业知识，还要有较强的综合管理能力和协调能力。图纸的每一处细节，都需要设计师在理论知识的基础上，结合实际施工中的可操作性，做出科学合理的设计决策。预算编制则不仅是对经济成本的控制，更是对工程质量、施工进度和后期维护的一种保障。设计人员必须深入了解项目的各个环节与需求，确保施工图和预算编制能够真实反映项目的复杂性和多样性，从而为工程的顺利实施奠定坚实的基础。

四、城市排水管道的设计

城市排水管道的设计主要包括污水管道设计、雨水管道设计与雨水口设计，若下穿通道管道或交叉路口等需要设置倒虹吸，埋深较大处还需设置提升泵站，并确保设计合理性。市政道路排水管道中污水管道主要作用是将上游污水进行传输，并收集道路两侧的污水，与污水处理效果有着直接的关系。雨水口能及时收集道路路面雨水，确保路面不积水，保证行车安全。雨水管道能收集上游雨水及本段雨水口雨水，并及时将雨水就近排放，防止内涝发生。

在进行市政道路污水管道设计时设计人员应对区域内的人口数量及实际面积等进行充分的了解，对排水管道参数进行核对时可以将污水量设计标准、变化系统等作为依据,同时对上游与下游污水管道现状进行调查,以此来控制管道直径、标高及衔接方式;应明确污水管网布置模式、布置原则、管道走向、管道坡度、管道埋设深度、管道尺寸、管道材料、管道衔接方式、管道基础位置、管道施工方式及管道最小流速等;如有需要,还应做好倒虹吸管、跌水井、提升泵、消能井等特殊构筑物设计。

在进行雨水管道设计时设计人员应对原有的雨水管道系统进行了解,然后划分排水区域,计算汇水面积,再根据径流系数、设计重现期、集水时间等参数,求得各管段的设计流量及确定各管段的管径、坡度、流速、管底标高和管道埋深值等,同时还应对主管道参数、所选择的管道材料及基础施工等进行合理的设计与标注,在进行雨水管道设计时由于所处地区不同所以采用的设计标准也有所区别,可以选用暴雨重现方式,明确雨水排放口水体正常位置、标高位置及洪水来袭时的位置,起到泄洪排涝的作用。当出现暴雨情况时就会产生大量的积水,直接影响到城市交通,这主要是道路雨水口无法对大量的雨水进行收集,所以,在进行雨水工程设计的过程中应重点关注雨水口设计、选型及布置问题,根据道路纵横坡道及断面、积水面积等进行分区,对雨水口数量进行计算,控制雨水管道检查井的距离,若道路为低洼或交叉路口可以适当增加雨水口数量,有必要时可以采用侧沟来增加雨水收集强度。

五、管网系统的优化

管网系统作为排水工程的基础设施,承担着流体输送的核心任务。在管网设计过程中,合理的管道选择与布局对于保障系统的高效运行至关重要。在管网系统的设计过程中,必须考虑到系统的扩展性,特别是城市化进程加速的背景下,城市排水和供水需求不断增长。设计人员应确保管网系统具备一定的可调节性和灵活性,便于未来的扩展与升级。这要求管网设计不仅要满足当前的使用需求,还要根据城市未来发展趋势预测负荷变化,留有足够的空间来应对新的建设项目和居民增加带来的水量需求。在这一过程中,合理的管网布局至关重要,合理的管道走向不仅能优化管网运行效果,还能有效降低维护成本。对管网布置进行精细化设计,可以减少不必要的管道交叉,避免因施工和维修带来的重叠工作,同时减少不规则布局对管道压力与流量分布的影响。

抗腐蚀性和抗震性能是管网设计中不可忽视的因素，尤其是在地震频发地区和水质较差的地区。排水系统的长期运行过程中，管道的腐蚀现象不可避免，腐蚀会逐渐减弱管道的承载力，导致管道破裂或渗漏，严重影响排水效果。因此，设计人员需要根据环境条件选择具有良好耐腐蚀性能的材料，并对管道进行必要的防腐处理，如涂覆防腐层、选择耐腐蚀性强的管材等。此外，在抗震设计中，考虑到地震活动可能对管网造成的冲击，管网系统需要具备足够的韧性和适应性，以减少震后损坏对系统功能的影响。特别是在地下排水管道的设计中，管道的连接方式、支撑系统以及管道与其他建筑结构的关系都需要充分考虑，以保障系统的安全性和稳定性。

在排水管网的设计中，雨水与污水的管网分离或合流设计是一项关键考虑因素。传统的排水管网大多采用污水与雨水合流的设计方式，这种设计简化了管网的布局，节省了建设成本，但也存在一些潜在的问题，如雨水量过大会导致污水溢流，污染水体，影响环境卫生。因此，现代城市排水系统越来越倾向于采用雨污分流系统，即将污水与雨水分别引导至不同的管道系统中，从而避免污水与雨水交汇带来的污染问题。雨污分流系统能够更好地调控雨水与污水的流量，减少污水管网的负担，避免因暴雨期雨水流量过大而引发的管道堵塞或溢流问题。

排水管网的优化布局是降低运营和维护成本的有效途径。合理的管网布局不仅能有效提高水流的通畅度，降低能量损耗，还能减少后期的维护和修复工作。优化布局需要充分考虑城市的地形地貌、排水流向，以及周围建筑的功能特点等因素。例如，在选择排水管道的走向时，应避免与其他市政设施相交叉，减少施工时的复杂度与成本，并确保排水系统能够高效处理不同季节、不同气候条件下的水流。同时，管网布局的优化也需要综合考虑维修和检修的便利性，便于未来可能的设备更换或管道维修。

第二节　排水系统建设中的施工协调

一、多方协调与项目管理的复杂性

城市排水系统的建设是一个涉及多个领域、多方利益的复杂项目，涵盖了设计、施工、管理、环保等多个环节。项目的成功不仅依赖于各种技术的支持,还高度依赖于不同职能部门和单位之间的协调与配合。在这一过程中,设计单位、施工单位、地方政府、环保部门等各方的角色和职责明确,但也存在着跨领域合作和资源调配方面的挑战。如何有效地管理这些关系,确保各个环节的顺利衔接与高效运行,成为排水系统建设项目中不可忽视的关键因素。

设计单位与施工单位的沟通与协调是排水系统建设过程中最为基础的环节之一。设计单位负责排水系统的整体规划与方案设计,而施工单位则根据设计图纸进行具体的实施。然而,设计方案在实际施工过程中往往需要根据现场条件做出调整和优化,这就要求设计和施工单位在项目推进中保持密切的联系与沟通。项目经理在此过程中扮演着至关重要的角色,需要确保设计与施工之间的信息畅通无阻,及时解决设计变更所带来的施工问题,确保方案的顺利执行。在这一过程中,设计单位的技术支持和施工单位的执行密切结合,才能有效保证排水系统的施工质量与进度。

施工过程中的协调工作同样不可忽视。大型排水项目往往涉及多个施工队伍的共同参与,各施工队伍之间的分工与协作决定了工程的整体进度与质量。例如,不同队伍可能负责管道铺设、设备安装、混凝土浇筑等多个环节,如何合理安排这些施工环节,避免不同队伍之间产生冲突,进而影响整体施工进度,是项目经理面临的挑战之一。施工协调要求各施工队伍明确职责分工,各司其职,避免重复工作或遗漏环节。与此同时,施工现场的资源调度也非常重要。项目经理需要精确调配人力、设备和材料,确保每个施工环节能够顺利进行,不会因为资源缺乏或调度不当而造成工期延误或成本超支。

地方政府、环保部门和其他相关单位的参与,使得排水系统建设的协调工作更加复杂。排水项目不仅仅是一个工程建设项目,它还涉及城市规划、环境保护、公共安全等多个领域。地方政府在项目中扮演着审批和监管的角色,需要在保证项目符合法规的前提下,推动项目的顺利开展。环保部门则主要负责确保排水系统建设过程符合环保法规,尤其是在排水设施的排放标准和污水处理能力方面,需严格控制施工过程对环境的影响。这就要求施工单位和相关部门在整个项目中保持高度的合作与沟通,确保排水设施的建设不仅满足使用需求,还符合环保要求。

在项目管理的复杂性中，时间和质量的双重压力也是不可忽视的因素。排水系统建设通常需要在规定的时间内完成，并且要确保设施的功能性、可持续性和环保性。然而，项目建设往往会受到多种因素的影响，包括天气、地质条件、材料供应等外部因素，以及内部协调、技术问题等。这些问题不仅影响工程进度，还可能对工程质量造成负面影响。项目经理需要根据实际情况调整施工计划，及时应对各种突发问题，避免出现工期延误或质量不达标的情况。合理的时间管理和质量控制，不仅能提高工程的效率，还能有效降低项目成本。

排水系统的建设还涉及资金的合理调配与预算管理。大型基础设施项目的建设往往需要巨额的投资，这就要求项目管理者在项目初期制定合理的预算，并确保在项目实施过程中，资金的使用符合预算要求。资金的合理调配不仅关系到项目是否能够顺利推进，还涉及项目的长期可持续性。如果项目资金不足，可能导致施工停滞或质量下降，进而影响排水设施的最终效果。因此，项目经理需要对资金的使用进行精细化管理，确保各项资金的合理分配与使用，提高资金的使用效率。

在这一系列复杂的协调与管理任务中，信息化技术的引入发挥了重要的作用。通过信息化管理系统，项目经理可以实时跟踪各个施工环节的进展，进行资源调配和调度，及时发现并解决施工过程中出现的问题。信息化技术使得各方协调更加高效，沟通更加顺畅，为项目管理提供了强大的数据支持。在未来的排水系统建设中，信息化技术将进一步深化其应用，并不限于施工过程的管理，还会在整个项目生命周期内发挥更大的作用，从设计、施工到运营管理，都能够借助先进的信息技术实现智能化、高效化的管理。

二、现场施工与资源调配的协调

在城市排水系统的建设过程中，现场施工与资源调配的协调扮演着至关重要的角色。项目的顺利推进不仅依赖于高质量的设计和技术方案，更与施工过程中资源的合理配置和高效利用密切相关。资源调配的关键在于如何根据施工进度和阶段的具体需求，对各类资源进行精准调度，以确保施工过程的流畅性和高效性。

施工现场的资源包括物资、设备和人力，每一项资源都必须根据实际情况进行科学调配，以便在最需要的时刻提供必要支持，从而保障施工进度的顺利进行。

施工物资的合理调配至关重要。排水设施建设所需的施工物资种类繁多，涵盖了从基础原材料到特殊施工工具等多个方面。施工物资的调配不仅要求各类材料的及时到位，还要求施工中使用的所有材料符合相关的技术标准和质量要求。为了避免物资的短缺或过度储备，项目经理需要精确掌握每个施工阶段所需的物资数量与种类，通过与供应商的紧密合作，确保物资供应的及时性和准确性。此外，施工物资的储存与使用需要严格管理，避免因管理不善而造成浪费或过期。通过建立完善的物资管理系统，施工现场能够实现高效的物资使用，进而确保整个项目的成本控制和资源利用最优化。

施工机械设备的调配同样是影响施工效率的关键因素之一。在排水系统建设中，各类机械设备的使用具有较强的专业性和针对性。不同施工阶段对设备的需求差异较大，某些阶段可能需要大量的土方机械和吊装设备，而其他阶段则可能需要小型的清理设备和精细操作工具。因此，项目经理需要根据施工阶段的具体情况和任务安排，合理调配各类设备。科学的调度可以最大限度地减少设备空闲和重复使用的情况，提高设备的使用效率，减少因设备管理不当而导致的资源浪费。此外，设备的维修和保养也必须纳入资源调配的范畴。为了确保设备的高效运转和减少故障率，项目团队应当制订详细的设备保养计划，确保设备在高效运转的同时，能够减少因设备问题导致的施工延误。

施工人员的合理配置对于排水系统建设的顺利实施起着决定性作用。施工队伍的构成和人员的调度需要根据项目的具体要求和施工进度灵活调整。在项目的不同阶段，可能需要不同技能和经验的施工人员。例如，在初期阶段，土方工程和基础设施建设可能需要大量的工人参与，而在后期的精细化施工阶段，则可能需要更多的技术人员和专业操作工来完成细节工作。因此，项目经理需要根据工程进度、施工特点以及人员技能要求，合理配置施工队伍，避免出现人力资源过剩或短缺的现象。精确的人员调度，可以最大限度地发挥人力资源的作用，确保各项施工任务能够按时完成。

施工现场的资源调配还要求施工人员与机械设备之间的协调配合。施工人员在操作设备时，需要根据现场实际情况和施工进度进行及时反馈和调整。设备和人员之间的协同工作能够有效提升施工效率，避免因不协调而导致的时间浪费和资源浪费。例如，在进行排水管道安装时，施工人员必须与吊装设备密切配合，确保管道能够在最短时间内准确地完成安装工作。同时，施工人员的安全管理也是资源调配中不可忽视的一环。施工现场环境复杂，施工人员需要在机械设备和物资的协同下，有效避免安全事故的发生。合理的人力资源配置和设备调配，可以在保障施工进度的同时，确保施工现场的安全性。

在排水系统建设中，现场施工资源的合理调配不仅仅是管理者的责任，更需要各个施工环节的紧密配合和团队的协同工作。一个高效的施工团队能够最大限度地利用现有资源，避免资源浪费，降低成本，同时确保项目按时完成。通过精确的资源管理，施工现场能够实现设备、人力、物资的最佳配置，从而提升整个项目的效率与质量。

现代信息技术的应用也为现场施工资源的调配提供了新的机遇。通过数字化管理平台，项目经理能够实时监控各项资源的使用情况，并根据施工进度做出灵活调整。这种智能化的资源调配方式能够有效提高施工现场的响应速度和决策效率，使得资源管理更加科学和精细。在未来，随着信息技术的不断发展，资源调配将趋向更高效、更智能的方向，从而推动排水设施建设项目的全面优化和高效实施。通过科技手段的辅佐，施工团队能够实现精确的资源管理，为项目的成功提供强有力的保障。

排水系统建设中的现场施工与资源调配的协调性是项目能否顺利进行的重要因素。对物资、设备和人力进行精确调度与合理配置，能够有效提高施工效率，减少资源浪费，并保证项目按时完成。随着技术的不断进步，现场资源调配的精细化管理将成为未来排水系统建设中的重要趋势。

三、施工安全与质量监管的同步进行

在排水系统建设中，施工安全与工程质量的监管必须同时进行，以保障项目顺利完成并达到预期的使用效果。施工安全直接关系到人员的生命安全和社会稳定，而工程质量则是项目能否顺利投入使用、实现其功能和效益的根本保障。两者相辅相成，缺一不可。在排水系统的建设过程中，施工单位必须在充分重视施工安全的同时，确保质量管理贯穿于项目的各个环节，从项目初期的设计阶段到竣工后的运营维护，始终保持对安全和质量的高度关注。

排水系统建设常常涉及复杂的地理环境与多样的施工条件，这对施工安全提出了更高的要求。施工现场可能存在多种潜在危险因素，如地下管线碰撞、机械设备操作不当、恶劣天气等，这些因素都可能对工人和周边环境造成威胁。因此，施工单位在开工前必须制订详细的安全管理计划，包括现场安全防护措施、事故应急预案、人员培训等内容，确保每一位施工人员都能熟知安全操作规程，并具备应对突发状况的能力。在施工过程中，必须配备专业的安全管理人员，定期检查施工现场的安全设施和施工人员的安全防护措施，及时消除隐患，防止事故发生。同时，施工单位应加强对施工设备的管理，确保机械设备的良好运行状态，防止因设备故障引发的安全事故。

除了施工安全外，排水系统建设的工程质量同样需要严格把控。质量管理贯穿排水项目的每一个环节，从设计图纸的审查、施工材料的选择、施工工艺的实施，到施工过程中的质量控制、验收标准的执行，都必须严谨落实，以确保最终建成的排水系统能够有效满足城市排水需求。设计阶段的质量把控至关重要，设计图纸必须符合国家和地方的建筑规范，充分考虑排水系统的负荷、流量、排放标准等技术指标。在施工过程中，施工单位必须严格按照设计要求进行施工，材料的采购与使用必须符合质量标准，施工工艺必须规范操作，尤其是在管道安装、接头处理等关键环节，必须通过详细的质量检测与检验，确保所有部件无缺陷，连接稳固，排水功能达到预期。

工程质量管理不仅仅依赖于施工单位的自我检查与控制，还需要第三方监督和验收。项目在不同阶段应进行严格的质量检查，确保每个施工阶段符合规范要求。在施工完成后，专业的质量检测机构应对排水设施进行全面检测，检查其是否达到设计和使用要求，尤其是对于排水管道的耐压、抗腐蚀等特性进行严格的验收。第三方的监督和检测，能够最大限度地确保排水系统建设质量的可靠性。质量控制工作不仅仅是在施工阶段进行，在工程竣工后，施工单位仍然需要提供一定的维护与保修服务，确保排水设施在投入使用后的持续稳定运行。

施工安全与质量管理的同步进行，不仅是对项目本身负责，更是对社会公众的责任。排水系统作为城市基础设施的一部分，其建设质量直接影响到城市的排水能力和防洪排涝能力。若排水设施在使用过程中因质量问题发生故障，可能引发严重的城市内涝、环境污染等问题，带来无法估量的经济损失和社会影响。因此，施工单位必须树立"安全第一、质量为本"的理念，将安全管理和质量管理作为建设项目的核心任务，不仅要在施工过程中确保安全和质量，更要通过有效的监管手段保障工程的后期运行，确保排水设施能够在其生命周期内稳定、高效地运行。

在推进排水系统建设的过程中，施工安全与质量管理的双重保障将促进项目建设的顺利实施。施工单位应加强与各监管部门的沟通与合作，确保施工全过程符合相关法规和标准的要求，通过加强施工过程中的安全教育与质量培训，强化安全与质量检查机制，有效降低事故发生的风险，提高排水设施建设的整体水平。此外，随着技术的不断进步，越来越多的新技术、新材料将被应用到排水系统的建设中，这些技术的应用将进一步提升工程的质量和施工的安全性，为未来的排水设施建设提供更多保障。

排水系统的建设不仅仅是一个技术工程，更是一个系统工程，涉及多个环节的综合管理。施工安全与质量的同步管理是保障排水设施建设成功的关键，只有在施工安全得到充分保障的前提下，质量控制才能更为高效。未来，随着建设理念的更新与管理模式的创新，施工安全与质量管理的协同作用将更加突出，推动排水系统建设向更加高效、安全和可持续的方向发展。

第三节　排水工程质量体系与验收

一、质量控制体系的建立与实施

排水工程的质量控制体系在确保项目顺利实施和最终达到预期功能方面起着至关重要的作用。该体系的核心目标是保证工程的设计、施工和运营各个环节符合规定的技术标准、设计要求以及质量规范，以确保最终项目能够满足功能、环保和安全等多方面的需求。为了实现这一目标,质量控制体系需要覆盖工程的各个阶段,从设计的审查、施工的过程控制,到竣工后的质量验收和后期运营管理,都必须建立起严格的质量保障机制。

在项目的设计阶段,质量控制体系的建立至关重要。这一阶段的核心任务是确保设计方案的合理性与可行性,避免由于设计缺陷而导致的后期工程问题。因此,设计审查环节尤为重要,设计团队需要依据相关规范和标准进行细致的计算和分析,确保方案的科学性和精准性。设计审查并不限于技术层面的讨论,还应考虑环境保护、资源节约和可持续发展等方面的要求,以满足社会、环境以及使用者的综合需求。设计阶段的质量控制,实际上是对后期施工质量的前瞻性把控,是质量控制体系的根基。

施工过程中的质量控制是质量体系的重要环节。施工阶段的质量控制主要通过严格的监督与检查确保施工按计划执行,并达到预定的技术标准。这一阶段的质量管理涵盖了多个方面,包括材料的采购与检验、施工工艺的规范执行、设备的安装质量、管道的布局与固定等。每一项工作都需要专门的技术人员进行监督和检查,确保施工过程中没有任何疏漏或偏差。施工材料的质量检验尤为关键,因为不合格的材料将直接影响工程的整体质量,甚至危及排水系统的正常运行。因此,材料的采购和入场时的检测程序必须严格,任何不符合标准的材料都应坚决淘汰。此外,施工工艺和设备安装也需要根据工程的具体要求,使用专门的检查工具进行多次复核,确保每项施工工序都符合设计要求。

在施工完成后,质量评估和验收工作是质量控制体系的最终环节。这个阶段的核心任务是对工程的各项指标进行全面检查,评估项目是否符合质量标准,并确定是否能够投入使用。质量评估不仅仅是对施工质量的检查,还需要对排水系统的功能性进行验证。比如,管道的密封性、排水系统的流量控制、设施的稳定性等,都是验收时必须考察的内容。在评估过程中,相关专家或技术人员会根据设计方案与实际施工效果进行比对,检查项目是否存在设计与施工的偏差,是否达到了项目初期设定的质量标准。如果发现问题,施工单位需要及时进行整改,确保工程质量达到预定要求。

质量控制体系不仅仅是一个静态的管理框架,它还要求在项目的整个生命周期内，工程各方都能持续关注和完善质量管理工作。施工单位、设计单位、监理单位等多方责任主体需密切配合，共同确保质量控制体系的顺利执行。尤其是在施工过程中，各环节的质量检测工作至关重要。项目经理需要确保质量控制体系的有效实施，确保每个环节都严格按照既定的质量标准进行操作。为此，项目管理团队应组织定期的质量检查和技术培训，确保施工队伍充分了解质量要求，并且能够及时发现和纠正施工中存在的质量问题。

在质量控制的实施过程中，信息技术和智能化手段的运用正变得越来越重要。传统的质量控制方式往往依赖于人工检查和抽样检测，但随着信息化技术的进步，智能监控系统、数据分析工具和实时反馈机制正在成为质量控制的重要手段。使用信息化手段，可以实现对施工质量的实时监控，帮助人们提前发现施工过程中潜在的问题，从而及时采取纠正措施，避免重大质量事故的发生。现代化的质量控制体系要求不仅仅依赖人工经验和定期检查，还要通过技术手段加强过程的实时性、精准性和可追溯性，从而确保质量管理的全面性和高效性。

随着建筑行业技术的不断进步，质量控制体系的构建也在不断发展和完善。当前的质量控制体系已经从单一的技术质量控制逐步向全生命周期管理转变，涵盖了从项目立项、设计、施工到后期维护、运营的全过程。特别是在排水系统的长期运行阶段，如何进行有效维护和管理，保证系统在使用过程中的持续稳定性，已经成为质量控制体系不可忽视的重要问题。排水设施的长期稳定性不仅仅依赖于初期建设时的质量控制，还包括对设施运行状态的持续监控和后期维护工作。因此，质量控制的核心不仅是解决工程建设中的即时问题，更是在后期维护中实现全生命周期的质量保障。

排水工程的质量控制体系在保障项目顺利进行和实现预定功能方面具有决定性作用。从设计审查到施工过程中的质量检查，再到竣工后的质量评估与验收，质量控制体系涵盖了项目实施的各个环节，并与施工质量、设备安装、材料采购、功能实现等因素密切相关。只有通过严格的质量控制，才能确保排水设施的长期稳定性和安全性，最终实现排水工程的功能要求与社会效益。

二、验收标准的设定与执行

在排水设施的建设过程中，验收标准的设定与执行至关重要。工程验收结果不仅是工程建设质量的重要标志，它也直接关系到设施能否顺利投入使用，并在长时间的运营中维持良好的运行状态。验收标准的设定是一个系统化的过程，涉及多个方面的要求，且这些标准的执行直接决定了项目的最终质量和功能实现。

在验收标准的设定过程中，首先需要依据相关的国家和地方性法规。法规为整个工程验收提供了一个框架和基本要求，确保建设过程中遵循统一的规范和标准。例如，排水设施的设计、施工和验收要符合环保法规的要求，确保排放标准和水质处理等方面的合规性。此外，相关法规还规定了各类设施的技术规范和质量要求，这些都成为制定验收标准的基础。

与此同时，验收标准的设定还需要充分考虑设计图纸和工程的具体要求。设计图纸不仅反映了工程的整体构思与具体布局，还包含了关于管道布局、设备安装、材料选择等方面的详细说明。对于工程验收来说，设计图纸是判断施工质量是否符合预期的核心依据。验收标准必须确保施工单位按照设计图纸中的各项要求进行施工，任何偏离设计的行为都可能影响到设施的最终使用效果。因此，在验收时，除了审查施工单位是否遵循法规的规定外，还应详细审查设计图纸的具体内容，确保设计与施工的一致性，以此为基础来判断设施是否符合使用要求。

工程验收的一个关键内容是施工质量的评定。施工质量包括多个维度，如施工过程中的工艺控制、材料质量、设备安装的规范性等。在验收过程中，施工质量的核查通常会包括对所有工程环节的检查与测试。例如，排水管道的铺设是否按照设计要求的坡度和深度进行，排水设备的安装是否符合相关的标准规范，以及所有焊接接头是否达到预定的强度要求等。施工质量检验不仅要求工艺的精细和材料的优质，还要求每个施工环节能够达到规定的技术标准。验收标准必须对这些施工细节进行全面规定，并且明确验收过程中采用的检测方法和标准，以确保施工质量符合预期。

设备性能的检验是验收过程中不可或缺的一部分。排水设施往往包含多个技术设备，如水泵、阀门、传感器等。这些设备的性能直接影响到整个系统的运行效果。验收标准需明确设备的技术规格、性能测试指标以及设备在正常条件下的运行要求。在进行设备性能验收时，通常会依据设备的性能参数，如对水泵的流量、扬程，阀门的密封性，传感器的灵敏度等进行详细检测与评估。设备的性能验证确保了设施在投入使用后能够达到设计要求的运行效果，避免了设施使用中可能出现的性能不稳定或失效等问题。因此，设备性能的检验不仅关乎设施的投入使用，更关乎日后的长期稳定运行。

环境保护要求也是验收标准中必不可少的一部分。现代排水系统的设计与建设不仅要考虑技术和经济因素，还必须将环境保护纳入重要考量。验收标准应明确排水设施的环保要求，包括排放标准、噪声控制、生态影响等方面。在排水设施的验收过程中，通常会对设施的水质、废气排放量、噪声等环境因素进行检测，确保其在符合环保法规的前提下投入使用。这一部分的验收标准尤其重要，因为环境保护问题日益受到社会各界的重视，任何不符合环保标准的设施都可能在投入使用后面临整改或处罚。因此，验收标准必须详尽地规定相关环保要求，并对照实际运营情况进行严格评估。

系统运行的稳定性是一个需要重点关注的方面。排水系统不仅是单一设备的集合，它是由多个相互依赖、协同工作的设备、管道和设施构成的复杂系统。在进行验收时，除了单个设备的性能检查外，还需要对整个系统的协调性和稳定性进行测试。系统运行的稳定性包括设备之间的兼容性、管道的畅通性、系统负荷的承受能力等方面。验收标准应确保系统在长期运行过程中能够稳定、高效地完成排水任务，避免因系统故障或设备损坏造成的停运或服务中断。在验收过程中，可能需要进行负荷测试、试运行等一系列操作，确保系统在不同工作状态下的稳定性。

在验收标准的执行过程中，施工单位的配合至关重要。施工单位应在施工前详细了解并严格按照验收标准进行施工，确保每一个环节都符合标准要求。验收的顺利通过不仅依赖于标准的科学性和合理性，更取决于施工单位的执行力。只有在施工过程中严格把关，确保每项工作都符合设计要求，工程才能在最终验收时顺利通过。因此，施工单位应将验收标准作为指导施工的依据，并在每个施工环节进行自检，确保质量不留死角。

验收标准的设定与执行是确保排水设施达到设计要求并顺利投入使用的关键步骤。它不仅涵盖了施工质量、设备性能、环保要求和系统运行稳定性等多方面内容，而且对施工单位的工作提出了明确要求。在严格遵循相关法规和设计要求的前提下，验收标准的合理设定与严格执行将为排水设施的高效、安全运营提供坚实的保障。

三、验收内容及步骤

排水工程验收主要是按照相关规范和标准，通过检查、测量、试验和评定等方式，对排水工程的施工质量进行检验和评定。排水施工中的验收环节对于确保工程质量和系统长期稳定性具有至关重要的作用。排水系统的建设是一个涉及多个专业领域的复杂工程，每一个施工环节都可能影响系统的整体效果。因此，在施工完成后，对排水管道的各个环节进行的严格检查和验收，不仅是对工程质量的必要验证，更是对未来系统可靠性和安全性的保障。验收的内容涵盖了从管道的铺设到系统的试运行等多个方面，必须在每一阶段和每一个环节上都确保达到设计要求和技术规范。

1.验收内容

施工图纸审核：对排水工程施工图纸进行审核，确保工程设计符合国家标准和规范要求。

基础验收：对排水工程的基础施工进行验收，检查基础土质、回填情况、基础平整度等。

管道验收：对排水管道的安装质量进行验收，检查管道的材质、接口质量、施工技术等。

排水设施验收：对排水工程中的雨水箅子、雨水口、检查井等设施进行验收，检查设施的安装位置、高度、缺陷等。

施工工艺验收：对排水工程的施工工艺进行验收，检查施工过程中是否存在违规操作和施工质量问题。

防水验收：对城市排水管道的防水措施进行验收，检查防水层厚度、材质、施工质量等。

竣工验收：对排水工程的竣工质量进行验收，检查工程质量是否符合规定标准、验收流程是否完整等。

2.验收步骤

验收准备阶段：施工单位完成工程施工后，申请施工质量验收。验收单位组织验收前的准备工作，包括整理验收文件、召集验收人员、安排验收检查时间等。

验收资料准备：验收单位收到施工单位提交的验收申请后，组织人员对施工过程的验收记录、施工图纸、质量检测报告等资料进行审查。

验收现场检查：验收单位组织验收人员前往排水工程现场进行检查，对基础、管道、设施、工艺、防水等方面进行全面检查，并记录发现的问题和缺陷。

验收资料汇总：验收人员将现场检查的结果整理成验收报告，记录排水工程的各项问题和改进意见，并提交给验收单位。

验收意见反馈：验收单位对验收报告进行审查，提出改进建议和整改要求，并与施工单位协商确定整改措施和完成时间。

验收结果确认：施工单位按照验收单位的要求进行整改，验收单位组织人员前往现场进行复验，确认整改情况并出具验收结论。

四、需要注意的验收项目

在排水管道的检查过程中，管道的倾斜度是一个至关重要的检查项。排水管道的坡度直接影响其排水能力，如果倾斜度不符合设计标准，就可能导致水流不畅、排水效率低下甚至管道的积水和堵塞。因此，检查人员需要确保管道的安装符合设计中的坡度要求，避免因施工误差导致的排水不畅问题。与此同时，管道连接处的密封性也是不容忽视的。排水管道的连接点是易发生渗漏的部位，渗漏不仅影响排水效率，还可能导致地下水污染或周围土壤的破坏，因此，严格检查管道连接的密封性至关重要。在检查过程中，工作人员利用专业的检测工具对接头部分进行压力测试或浸水试验，能够有效发现潜在的漏水问题，确保系统的密封性符合设计要求。

除了管道的结构和连接，施工质量的整体监控也是检查与验收中的一个重要环节。施工过程中，施工人员应严格按照设计图纸和技术规范操作，任何不符合要求的施工行为都可能对排水系统的性能造成影响。例如，管道的接头是否按照规范进行焊接或黏结，管道的支撑是否牢固，所有这些都可能影响排水系统的安全性和稳定性。在验收时，必须对施工过程中的所有细节进行仔细检查，以确保每个环节的质量都符合标准，避免后期出现质量问题。

为了确保排水系统能够在实际使用中达到预期效果，施工完成后还需要进行一系列的测试。这些测试包括但不限于水压试验、渗漏检测、管道通畅性测试等。通过这些测试，人们可以在设施正式投入使用之前及时发现并修正系统中的潜在问题。例如，水压试验可以模拟排水系统在实际使用中的运行压力，确保管道和连接部分能够承受长期的水流压力；渗漏检测能够及时发现管道是否存在微小裂缝或不密封的接头，避免排水系统在投入使用后出现渗漏问题；而通畅性测试则有助于检查管道是否存在堵塞或不通畅的情况，保证排水系统在使用中的高效运作。

排水系统的验收不仅仅是一个形式化的检查过程，更是确保工程长期稳定运行的关键环节。系统验收合格后，排水设施将投入使用，进行后续的运营和维护。因此，在验收阶段的工作不仅是对项目的最终检验，更是对未来运营的有效预防。通过细致的检查和严格的验收，管理者不仅能发现和解决施工过程中存在的隐患，还能从源头上确保排水系统的长期稳定性和高效性，防止由于隐性缺陷带来的后期维修成本和潜在风险。

排水系统的验收过程中，除了技术方面的检查外，还需要充分考虑到使用过程中的运营与维护需求。排水系统的投入使用并非终点，而是新的管理和监控周期的开始。验收标准和程序不仅要确保施工质量，还需要为后续的系统维护和监测提供必要的保障。例如，验收时必须对设备和设施的维护要求进行明确规定，确保后期的维护人员能够依据明确的标准进行操作，并通过定期检测和保养，保持系统的最佳运行状态。

五、质量问题的识别与整改

在城市排水系统的建设过程中,质量问题的识别与整改是保障工程顺利完成和长期运行的关键环节。排水设施的质量直接关系到城市排水系统的功能和安全性,因此,全面且及时的质量控制是排水系统建设的基础之一。任何在施工过程中发生的隐患或竣工后出现的潜在问题,都可能对排水设施的长期稳定运行造成严重影响,因此,及时发现并解决这些问题至关重要。

在排水设施的建设中,质量问题通常表现为多个方面。例如,管道连接部位的密封性差,可能导致渗漏现象;或者施工过程中使用的材料不符合设计规范,无法满足长期承载力和耐腐蚀性的要求;再者,施工工艺不当或施工不达标,也会直接影响到排水设施的整体质量。管道连接处的密封性问题是最常见且最需要关注的质量隐患之一。若密封措施不当,不仅会造成污水泄漏,还可能导致地下水污染,进而影响周围环境的安全。因此,工程团队必须加强对管道连接部位的施工检查,确保每一接头处的密封性都符合标准,避免渗漏问题的发生。

另一个常见的质量问题是材料质量的不达标。排水系统的管道、阀门及其他设备的材料选择直接影响其使用寿命和抗腐蚀能力。施工使用不合格材料不仅会增加后期维护的成本,还可能导致排水系统功能失效。为了有效控制这一问题,项目团队在施工前必须严格审查供应商的资质,确保所采购的材料符合国家和行业的质量标准。在施工过程中,应对材料进行严格检验,确保材料符合设计要求,并能够在特定的环境条件下长期使用。

施工工艺的不当也是排水设施建设中常见的质量问题之一。在排水管道的施工中,管道的布置、铺设、连接等工序需要高度专业的技术支持。若施工未按照规范要求执行,可能会导致管道错位、管道弯曲、管道连接不牢等问题。这些问题不仅影响排水系统的通畅性,还可能在运行过程中引发故障,影响系统的长期稳定性。在施工过程中,项目团队必须严格遵守施工工艺标准,确保每一个环节都按照设计图纸和技术规范实施,同时要加强现场监督,避免施工人员因经验不足或操作不规范而导致质量问题。

质量问题的识别和整改,不仅需要工程团队在施工过程中进行严格的质量控制,还需要在竣工后进行充分的检测和评估。在排水系统竣工后的验收阶段,必须进行全面的质量检查,确保排水设施能够正常运行并符合设计要求。在这一阶段,项目团队需要组织专业技术人员,依据相关的检测标准对排水系统进行多方面的检验,包括管道的密封性、耐压性、流量检测,以及排水系统的运行效果等。通过严格的验收检测,管理者可以及时发现施工中可能未被发现的问题,确保排水系统投入使用后能够达到预期效果。

在发现质量问题后,整改措施的制定与实施是确保工程质量达标的核心环节。整改工作不仅仅是对表面问题的修复,更是对排水设施长期使用性能的全面提升。整改措施的制定需要依托专业技术团队的分析和判断,根据问题的性质和严重程度,采取不同的处理方法。例如,对于管道密封性差的问题,可能需要重新更换密封材料或调整管道连接部位的施工方法;而对于材料质量不达标的问题,可能需要更换不合格的材料,并重新进行施工,确保排水系统能够使用符合标准的设备和材料。在整改过程中,必须做到精确分析,防止单一问题引发其他潜在问题,确保整改措施的全面性和有效性。

整改过程的实施需要严格控制时间和成本,以确保不影响排水设施的整体进度和预算。在这一过程中,项目管理团队需要协调各方资源,合理安排整改工序,确保整改工作能够高效、有序地进行。同时,应注重整改后的效果验证,确保问题得到彻底解决,避免重复出现类似问题。此外,整改过程中需要做到透明化管理,确保相关部门和人员能够实时了解整改进展,保证整改工作的顺利开展。

排水系统建设中的质量问题需要得到充分重视,项目管理团队必须在施工过程中严格遵守设计规范和施工标准,加强质量控制,确保每个环节都不出现隐患,在发现问题后及时进行整改,确保工程能够顺利通过验收并投入使用。全面的质量管理和整改措施的实施,不仅能提高排水设施的安全性和稳定性,还能延长其使用寿命,降低运营成本,最终实现排水系统的高效、可持续运行。

第四章 排水设施的施工技术

排水设施的施工技术是城市排水系统顺利建成并长期有效运行的重要保障。在排水设施的施工过程中,技术方案的选择与实施是至关重要的。排水设施施工的主要工艺与步骤包括管道的铺设、连接、检查与验收等,每一个环节都需要遵循严格的施工规范与技术标准。尤其在复杂的地理环境中,排水设施施工面临着更大的挑战。地下排水管道的铺设与固定方法需要特别关注土壤条件、地下水位以及周围建筑物的影响,确保排水管道的稳定性与安全性。施工中的常见问题,如管道铺设不当、施工质量不合格等,都可能导致排水设施的使用寿命缩短或发生故障。因此,如何在施工过程中发现并解决这些问题,成为确保工程质量的关键。本章将详细探讨排水施工的主要工艺与步骤,提出在复杂环境下的排水施工解决方案,分析地下排水管道的铺设与固定方法,并提出施工中的常见问题与改进措施,通过对这些技术细节的深入分析,帮助施工单位提高排水设施建设的技术水平和施工质量。

第一节 排水系统施工的主要工艺

一、施工准备

施工准备是排水施工的基础,主要包括以下几个方面。

技术准备:熟悉施工图纸,了解工程的设计意图、施工要求以及相关的技术规范和标准;同时,制定详细的施工方案和施工组织设计,明确施工的工艺流程、施工方法、施工进度计划以及质量控制措施。

现场准备：进行现场勘察，了解施工现场的地形地貌、地质条件、周边环境等情况；清理施工现场的障碍物，如杂草、垃圾等，确保施工现场的整洁和安全。

材料准备：根据施工图纸和施工方案，提前采购所需的管材、配件、混凝土、砂石等材料；检查材料的质量，确保其符合设计要求和相关标准。

设备准备：配备施工所需的机械设备，如挖掘机、装载机、混凝土搅拌机、管道安装设备等；对设备进行检查和调试，确保其正常运行。

二、测量放样

排水工程测量放样的主要目的是为了确定工程的具体位置和各项尺寸，为随后的施工、监测和验收提供准确的技术支持。排水工程的测量放样需要使用一些专业的测量工具，包括全站仪、水准仪、GPS（全球定位系统）定位仪等。根据施工图纸和现场实际情况，进行测量定位，确定管道的轴线位置，确保管道的坡度符合设计要求。对于复杂的管道系统，还需要进行详细的高程控制和坡度调整。设置控制桩和高程控制点，作为施工过程中的参考。要对测量获取的数据进行处理和分析，确保数据的准确性和可靠性，为后续施工提供准确的测绘图纸和数据。

三、开挖沟槽

首先，根据设计要求和土壤条件，确定开挖沟槽的深度。一般来说，沟槽深度要比管道埋深多出20 cm左右，以保证管道的安全。常用的开挖方法有机械开挖和人工开挖。机械开挖效率高，适用于大规模施工；人工开挖则适用于狭窄或复杂地形的施工。

其次，根据设计要求和管道直径，确定沟槽宽度。沟槽宽度应当比管道直径多50 cm以上，以保证施工的安全和通畅。

再次，沟槽底部应当平整，没有明显的坑洼和凸起，以保证管道的安装和使用。

最后，沟槽应当按照设计要求设置坡度，以保证排水的畅通。坡度一般为1%~3%，具体根据设计要求而定。

开挖沟槽时，要根据设计要求和施工规范，确定沟槽的断面尺寸。沟槽的宽度和深度要满足管道安装、施工操作以及后续回填的要求。对于深基坑或不稳定土层的沟槽，需要进行支护，以防止沟槽坍塌。同时，要做好施工现场的排水工作，防止雨水或地下水对沟槽的影响。

四、垫层基础施工

垫层基础是管道安装的基础，其施工质量直接影响管道的稳定性和使用寿命。常用的垫层材料有砂石、混凝土等。根据设计要求和土质条件，选择合适的垫层材料。垫层施工要分层摊铺、分层压实，确保垫层的厚度和密实度符合设计要求。

先从最底层开始铺砂。砂要铺得均匀、平整。还得注意厚度，要严格按照设计要求来，厚了浪费材料，薄了又达不到排水的效果。砂铺好一部分之后开始铺砾石。砾石铺在砂的上面，铺砾石的时候也要保证均匀，砾石之间要相互嵌合，这样它们才能形成一个稳定的排水通道。

五、管道安装

管道安装是排水施工的关键工序，其质量直接影响排水系统的正常运行。

管道安装要按照设计要求和施工规范进行管道的连接。常用的连接方式有承插连接、焊接连接、法兰连接等。要确保管道连接的严密性和稳定性。对于管道接口，要进行严格的处理，以防止渗漏。常用的接口处理方法有橡胶圈密封、水泥砂浆密封等。在1安装过程中，要随时检查管道的定位情况，确保管道的轴线位置、标高和坡度符合设计要求。

六、检查井与附属构筑物施工

检查井的施工要按照设计要求和施工规范进行，包括检查井的开挖、垫层施工、井壁砌筑、井盖安装等。要确保检查井的结构稳定性和密封性。

附属构筑物施工，如雨水口、排水沟等附属构筑物的施工，要严格按照设计要求和施工规范进行施工，确保其位置准确、结构稳定

七、沟槽回填

沟槽回填是排水施工的最后一步,应在管道安装压水与验收合格后进行,其质量直接影响管道的稳定性和使用寿命。

沟槽回填前必须清除槽底及管身周围的杂物。回填时沟槽内不得有积水,严禁带水回填。凡具备回填条件,均应及时回填,防止管道及沟槽长时间暴露造成管道损坏,边坡坍塌等。

回填时要分层回填、分层压实,确保回填土的密实度符合设计要求。沟槽回填土必须分层夯实。机械夯实每层厚度不大于0.3 m,人工夯实不大于0.2 m。管道两侧和管顶以上0.5 m范围内应逐层轻夯压实,两侧压实高差不得超过0.3 m。

常用的回填材料有土、砂石等。根据设计要求和土质条件,选择合适的回填材料。回填土不得使用建筑垃圾、有机土、淤泥等不合格土质,其含水量应控制在最佳含水量附近,水压试验前,除接口外,管道两侧及管顶以上0.5 m可先回填,试压合格后及时回填其他部分。管顶上部0.5 m以内,不得回填块石、碎石砖和冻土块,0.5 m以上不得集中回填块石、碎砖、冻土块。

注意事项:第一,机械回填土时,回填用的机械不得在沟槽上行走;第二,管道接口处的回填土应仔细夯实,不得扰动管道的接口;第三,在回填过程中,要注意保护管道和检查井。避免对管道和检查井造成损伤。

八、施工安全

施工单位应制定详细的安全施工方案,加强施工现场的安全管理,确保施工人员的安全。

1.安全隐患排查

在施工开始之前,施工单位应根据施工情况和实际需要,做好相应的安全防护措施,如搭建安全网、设置警示牌等,确保施工现场的安全;同时,应对施工现场进行全面细致的安全隐患排查,确保施工现场的安全条件符合要求,包括施工材料的堆放是否合理、是否存在潜在的危险物品等。

2.施工现场处置

施工场地应根据施工项目的具体情况合理划定,并设置明显的警示标志,确保工人在施工区域内有清晰的辨识度,避免无关人员进入施工现场。

在施工现场,应设置安全通道,并保持畅通,以便施工人员和相关人员能够迅速疏散和逃生。进行高处作业时,施工人员必须佩戴安全带,并在高处设置安全网或围挡,确保施工人员的人身安全。施工过程中应注意用电安全,不得使用损坏的电线和插头,严禁使用违章电器设备,经常检查和维护电器设备的安全使用。施工现场必须保持整洁,以防止杂物和垃圾的堆积,减少跌倒和滑倒事故的发生。在施工现场,严禁擅自使用明火,以防止火灾事故的发生。

3.防护设施设置

根据施工需要,为工人提供必要的安全设施和防护装备,如安全帽、防护眼镜、安全鞋等,并设置合适的安全警示标识,提醒工人注意安全。

4.安全培训和教育

施工前,应对工人进行必要的安全培训和教育,使其了解施工过程中的安全注意事项和紧急处置方法。

特别注意,排水工程涉及电气设备及电缆线路,因此,需对操作人员进行安全用电培训,教育操作人员遵守有关电气安全的操作规范,确保设备接地可靠。

九、环境保护

有效的环境保护措施,能减少施工过程中对环境的污染和破坏。这些措施包括合理处置施工废弃物、控制施工噪声、保护施工现场的植被等。

1.垃圾处理与清理

在排水工程施工过程中,产生的垃圾和污染物需得到有效处理和清理。施工单位应根据实际情况提前准备好相应的垃圾分类和处理设施,并严格按照相关规定进行垃圾分类和处置。有害垃圾、可回收垃圾、厨余垃圾应分别投放到相应的垃圾桶中,并委托合法的垃圾处理机构进行处理。

2.水域保护

排水工程施工往往涉及河流、湖泊等水域的修复和改造。为了保护水体生态系统的完整性和水质的稳定性，施工方应采取相应措施，如搭建防护网，防止施工过程中的泥沙和渣滓进入水体；对于施工过程中被污染的水体，应使用环保型吸油设备进行处理，确保涉水工程施工符合环保要求。

3.植被保护

在排水工程施工过程中，植被保护是必不可少的环境保护措施之一。根据施工区域的不同，施工方应在施工前进行植被调查，制定相应的保护措施。在施工过程中，需要保护的植被区域应进行有效的隔离，避免施工活动对植被造成不利影响。需要移除植被的地方，应在工程结束后进行植被恢复和绿化。

4.噪声控制

排水工程施工中常常伴随着噪声污染问题。高强度的机械作业和施工设备的运作会对周边居民和环境造成噪声干扰。因此，施工方应根据规定要求，合理规划施工时间，尽量减少施工作业对周边居民生活的影响。同时，也应采取必要的噪声降低措施，如降噪设备的使用和施工现场的合理隔离。

5.施工污水处理

排水工程施工过程中产生的污水是一项重要的环境保护问题。施工方应建立相应的污水处理设施，对污水进行集中处理和排放。设计和建设的污水处理设备，应符合国家相关的环境保护标准和规定。施工现场产生的废水应先经过沉淀和过滤处理，然后经过二次处理，达到排放标准后再进行合法排放。

第二节 复杂环境下的排水施工解决方案

一、特殊地质条件下的施工挑战

在排水工程的建设中，复杂地质条件对施工的影响是一个不可忽视的关键因素。在特殊地质条件下进行排水设施的施工，往往面临一系列极具挑战性的技术难题。复杂的地质环境，如软土、岩层和地下水丰富的地区，往往对施工过程产生深远的影响，既影响工程的设计方案，给排水管道的铺设带来了显著的困难，也对施工方法、设备选择、施工时间以及最终的工程质量产生决定性作用。在复杂地质条件下，施工单位面临的挑战不仅仅是如何适应这些不利条件，还包括如何有效规避可能带来的安全风险、技术难题以及成本上升等问题。因此，在这些区域开展排水设施建设时，施工方案的制定必须充分考虑地质条件的特殊性，并有针对性地采用一系列先进的技术手段与设备，确保排水系统的安全性、稳定性及运行的可持续性。

岩土条件的差异化首先体现在土壤的物理性质和力学性质上。软土地区是排水施工中常见的特殊地质环境。软土层通常具有较低的承载力和较大的压缩性，这使得基础设施建设变得尤为复杂。软土在受压后容易发生过度沉降，这不仅会影响排水管道的稳定性，还可能对周围建筑物和道路造成结构性的危害。相较之下，砂土虽然具有较好的透水性，但其颗粒间的松散性和易流动性也使得其在排水管道施工过程中容易出现滑移现象。岩层的出现则往往伴随着高强度的施工难度，尤其是岩石的硬度较大时，传统的施工方法和设备难以满足施工要求，需要使用专门的钻探和爆破技术来突破岩层，以便进行排水管道的铺设。在面对如此复杂的地质条件时，施工单位必须采取一系列有针对性的技术手段来确保工程的顺利推进。地质勘探工作必须深入细致，不仅要了解土壤的基本成分和物理特性，还要评估土壤在不同压力下的变形规律。这一过程需要通过钻探、取样、试验等多种方式，全面分析地质结构，并结合现场实际情况进行动态调整。这种勘探与评估工作的精确性直接决定了后续设计和施工的可行性与安全性。

软土具有低强度、易变形和高压缩性的特点，这使得其在排水管道的铺设过程中容易产生沉降或发生结构变形。为了应对这些问题，工程施工中常常需要采用地基加固技术，如水泥加固或化学注浆技术，以提高土壤的承载能力和稳定性。在软土地区，排水管道的材料选择也是一个重要的考量因素，通常需要使用更加耐腐蚀和耐压的管道材料，确保其在软土中能够长期稳定地运行。在施工过程中，监测与控制土体沉降也是至关重要的一环，可避免沉降过大导致管道的位移或破裂，影响排水系统的正常工作。

在施工过程中，基础沉降监测是一个至关重要的环节。由于软土和砂土的沉降性较强，排水设施的基础结构可能随时间发生不均匀沉降，进而影响排水系统的整体稳定性。为了避免这种情况的发生，施工单位通常会采用精密的沉降监测设备，对地基沉降进行实时跟踪。这些设备能够提供准确的沉降数据，从而帮助工程团队及时发现潜在问题，并通过加固或其他补救措施加以解决。基础沉降监测还能有效预测沉降的趋势，帮助工程管理人员提前规划和调整施工策略，减少因沉降引发的安全事故。

在岩层复杂的地区，排水施工面临着不同于普通土壤的难题。岩石的坚硬性和不规则性使得施工机械的选择和操作都必须更为谨慎和精确。尤其是在硬岩层或断层带中施工时，传统的施工方法可能无法满足要求，这时通常需要使用钻孔、爆破或高效切割技术来突破岩层，以便为排水管道的铺设提供足够的空间。此外，岩石结构的复杂性也可能导致施工中出现不稳定的岩层，增加了施工过程中安全隐患的风险。在岩层地区施工时，工程团队必须提前进行地质勘察，充分评估岩层的稳定性，并采取必要的支撑措施，防止岩石崩塌或土层滑动对施工过程造成影响。

在地下水丰富的区域施工也是排水施工中的一大挑战。地下水的高水位不仅增加了排水管道施工的难度，还可能对施工过程中的土壤稳定性和管道定位产生直接影响。在这些区域，地下水的渗透性较强，施工方需要考虑如何有效降低水位，以确保施工现场的干燥和稳定。常用的技术手段包括降水井技术、排水沟渠布置以及土体加固技术等。在这些技术的辅助下，施工人员能够在一定程度上控制地下水的渗透与流动，从而为排水管道的铺设提供一个较为稳定的施工环境。地下水的变化还可能导致管道的位移或沉降，影响排水系统的长远稳定性。在地下水丰富地区进行排水施工时，必须加强施工过程中的水位监测与调整，确保施工期间水位变化不会对管道的铺设造成不利影响。

在特殊地质条件下，排水设施的施工还需要有针对性地采用特殊的施工设备和工艺。传统的排水施工设备在复杂地质环境中往往无法满足高效施工的需求，因此需要根据实际情况选用更为专业的设备。例如，在岩层较硬的地区，可能需要配备重型机械设备，如岩石钻孔机、隧道掘进机等，以实现对坚硬岩层的有效突破。在软土或地下水丰富地区，则可能需要使用专门的地下排水支撑技术和地质勘察设备，以确保施工过程中对土体稳定性的实时监控。同时，排水管道的铺设工艺也需要做出相应的调整。在岩层或水文条件特殊的地区，管道铺设可能需要采取非开挖技术、定向钻进技术等方法，避免对地表环境的破坏和减少对周围居民生活的干扰。

随着地质条件的不断变化，排水设施的施工技术也在不断创新和发展。除了传统的加固和支撑技术，近年来，许多新兴技术和材料开始应用于排水施工中，例如高性能的复合材料、耐水性强的塑料管道、智能化监测技术等。这些技术的引入，不仅能有效提高施工效率，还能大幅度提升排水系统的稳定性和使用寿命。在未来，随着地质勘探技术的不断进步以及新型施工材料的不断涌现，排水施工中的技术挑战将会得到有效缓解，工程质量将更加有保障。

在特殊地质条件下进行的排水设施建设，无论是在施工技术、设备选择，还是在工程管理上，都需要应对一系列复杂而多变的因素。排水施工不是管道铺设的简单任务，而是一个涉及地质勘探、技术创新、设备选型和施工安全等多方面的综合性工程。面对软土、岩层和地下水等特殊地质条件，排水施工团队必须具备充分的技术储备和创新能力，利用先进的技术手段解决施工过程中遇到的各种难题，确保排水设施在特殊地质环境中的顺利建设和长期稳定运行。

二、城市密集区域的施工方案

在城市密集区域进行排水施工时，施工人员面临的最大挑战之一是如何有效应对复杂的地质条件，同时避免对现有建筑物和基础设施造成任何损害。城市密集区域通常存在着各种设施与建筑物的相互交织，这使得传统的开挖式施工方法往往不可行。因此，排水施工的方案设计不仅要考虑工程技术的可行性，更需要对施工过程中的环境影响进行系统评估和优化，以确保施工能够在不破坏周围环境的前提下高效完成。

城市密集区域的排水施工面临的地质复杂性往往导致传统开挖施工方案不适用。在这些区域，由于地下已经有大量的基础设施、管线及其他隧道等设施，常规的施工方法难以直接应用。为了避免对现有基础设施的破坏以及减少对周围环境的影响，排水施工方案必须采取更加精细化的施工技术。例如，微型隧道施工法和管道顶管法等无开挖技术成为解决这一问题的关键手段。微型隧道施工法可以通过地下非开挖方式完成管道的安装，在减少地面扰动的同时，避免对上层建筑的影响。管道顶管法则可以在不破坏地面设施的前提下，通过顶进方式将管道准确地铺设到预定位置，广泛应用于城区及道路交叉等施工条件复杂的区域。

在施工过程中，排水管道的布设与周围建筑物和设施之间的关系需要被高度关注。对于城市密集区而言，施工时需特别关注建筑物的结构安全以及现有地下设施的稳定性。传统的挖掘式施工会造成周围土壤的松动，从而影响邻近建筑的基础稳定，甚至可能引发沉降等安全问题。为了避免这些风险，施工设计往往需要精细化管理和严格的安全评估。无开挖技术不仅能有效减少对土壤的扰动，还能降低因开挖导致的安全隐患，确保施工过程中周围建筑物的稳定性。

在这种复杂的施工环境下，施工技术的选择不仅要考虑技术的先进性，还要充分考虑施工过程中的环保要求。由于城市密集区域的空气质量和噪声污染已经接近饱和，施工过程必须尽量减少对周围居民生活的干扰。在这一背景下，微型隧道技术和管道顶管技术等无开挖工艺具有显著的环境优势。这些技术不仅减少了施工过程中的噪声污染，还大大降低了施工过程中扬尘的产生，有助于减轻城市空气质量恶化的压力。此外，这些技术还能缩短施工周期，从而减少对交通流量和居民生活的不利影响。对于位于繁华区域的施工项目，合理安排施工时段，避开高峰时段进行作业，也是降低对周围环境干扰的有效措施。

施工方案的优化设计还需要综合考虑施工期间可能出现的突发情况及其应对措施。城市密集区域的排水施工通常需要面临来自地下管线、电力设施等多个方面的挑战。在规划施工方案时，设计团队需事先对周围的地下管线进行全面勘察，确保施工方案能够有效避开或绕过这些管线，避免不必要的冲突。合理规划和设计，可以使管道安装的路径最大限度地避开已有的设施和建筑，减少施工时的不可预见性问题。

在施工过程中，施工队伍的操作规范和技术水平也至关重要。由于城市密集区的排水施工环境特殊，要求施工队伍具备高度的专业技能，能够在复杂的环境中采取灵活的施工方法。团队成员需要掌握先进的无开挖施工技术，熟悉各种应急预案，并能够在遇到突发情况时迅速做出调整。尤其是在施工过程中与其他工程队伍的协调配合方面，施工单位要与市政、交通、通信等部门进行充分沟通，确保各项工程的顺利进行。同时，排水施工团队还需要对施工现场进行严格的安全管理，确保工人操作的安全和施工现场的有序。

三、复杂气候条件下的施工应对措施

在城市排水设施建设中，施工环境常常受到多种外部因素的影响，尤其是气候条件的变化。极端天气现象，诸如高温、低温、高湿或多雨天气，往往对施工进度、质量以及工程安全构成巨大挑战。在这些极端天气条件下，施工材料的物理特性和施工人员的作业效率可能会受到不同程度的影响，因此，如何在复杂气候条件下保证施工的顺利进行，成为排水工程管理中的一项重要课题。

高温环境对排水施工的影响尤为显著。在极端高温的情况下，施工材料，尤其是水泥和混凝土，可能会发生早期凝固或过快干燥，从而导致其强度和耐久性下降。水泥在高温下的水化反应速度加快，过快的水分蒸发不仅影响混凝土的充分硬化，还可能导致裂缝的产生，影响施工质量。同时，酷热天气也会对施工人员的工作效率和健康造成威胁，长时间暴露在高温下可能引发中暑等健康问题，进而导致工期延误。在高温季节进行排水工程施工时，必须采取一系列适当的应对措施。选择适合高温环境的施工材料，例如耐高温的混凝土或改良型水泥，可以有效减少材料在极端温度下的性能变化。同时，施工现场的管理也应做好防护措施，确保工人的安全，避免高温环境下的中暑等事故。在施工过程中应采取适当的遮阳措施，并合理安排工人的作业时间，避开正午最热时段，确保工程在高温天气下顺利进行。

低温环境对排水工程施工的影响同样不可忽视。在寒冷的天气条件下，混凝土和水泥等建筑材料的水化反应速率会大幅下降，导致材料硬化变慢，甚至无法在低温下正常凝固。冻融作用也会对排水管道和基础设施造成影响，冻胀现象可能导致管道的变形甚至破裂，严重影响排水系统的功能。此外，低温还会增加施工人员在现场操作的难度，冰雪覆盖的施工场地会增加工人摔倒等安全隐患。为应对寒冷气候对施工的挑战，施工过程中需要选用具有低温适应性的混凝土或其

他建筑材料，并使用防冻剂等辅助材料来提高混凝土的耐寒性能。在低温环境下施工时，必须对施工现场进行加热处理，确保施工材料能够在适宜的温度下进行水化反应，从而保证施工质量。除此之外，施工人员应穿戴防寒服装，保持现场的清洁与安全，避免因低温造成的施工事故。

高湿和多雨天气对排水施工的影响同样不容忽视。高湿环境下，施工现场容易积水，导致地面湿滑，施工人员的操作难度增加，安全隐患加大。而在多雨季节，雨水可能冲刷掉未固化的混凝土或破坏未完成的基础设施，进而影响施工进度。在这种气候条件下，首先需要在施工现场进行充分的排水措施，防止降雨导致的积水问题。加强现场排水管道的布局和排水系统的疏通，是应对多雨天气的基础。此外，还可以在施工现场设置临时的防护设施，如遮雨棚，防止降水直接影响施工质量。对于施工材料的保护也应加强，防止雨水浸泡造成材料的损坏或污染，特别是对砂浆、混凝土等容易受潮的材料，必须采取防雨布覆盖等措施。在多雨天气下，施工进度的控制也应考虑到天气变化的因素，合理调整施工计划，确保雨天期间施工质量不会受到影响。

在应对复杂气候条件时，项目管理和技术人员还需要密切关注天气预报，提前预测极端天气的到来，并做好充分的准备工作。施工前期应对可能的气候变化进行全面评估，结合当地的气候特点，制定相应的应急预案。在高温、高湿或低温天气来临时，项目团队应该立即启动相应的预防措施，确保施工过程中的各项工作能够有序进行。在工程建设过程中，灵活调整施工计划和进度，结合天气变化进行动态调整，是保证施工质量和工期的重要保障。

四、施工过程中的水文变化应对

在排水工程的施工过程中，水文变化常常对工程进展和质量造成显著影响，成为施工管理中的一项复杂而关键的问题。水文变化的种类繁多，可能涉及水位的升降、地下水的波动、降水量的急剧变化等，这些因素往往具有突发性和不确定性，且直接影响施工的各个环节。施工区域的水文情况变化，若未能得到充分的预见和有效应对，可能会导致施工进度的延误、工程质量的下降，甚至会增加工程的安全风险，因此，在项目的规划和执行过程中，必须对水文变化做好科学的预测和周密的应对。

水文变化的影响往往在低洼地区、靠近水源的区域以及地下水位较高的地方尤为明显。低洼地区由于地势的原因，容易积水，并且由于排水不畅，雨水或地下水无法迅速排除，从而加剧了施工过程中的水渗透问题。这类地区的施工，常常需要采用一系列复杂的水控措施，来应对由于水位变化引发的困境。在靠近水源的区域，施工过程中尤其需要对可能发生的水文变化进行精确预测。这些地方的水位波动较大，尤其是在雨季或特殊气候条件下，水位升高的速度较快，容易引起水流冲击和淹水现象，对施工区域的稳定性带来严峻挑战。在这种情况下，工程施工必须做好充分的水位监控，采用多层次的水位控制手段，及时采取应急措施，确保施工不受影响。

为了应对水文变化带来的风险，施工人员必须提前进行详细的水文勘察工作。这一环节的核心任务是了解施工区域的水文特点，分析潜在的水文风险因素，并提出切实可行的应对方案。水文勘察不仅包括对区域地下水位、地表水流的调查，还需要评估可能受到气候变化影响的水文变化趋势。通过这些前期准备，施工团队能够掌握详细的水文资料，并据此制定相应的施工方案。例如，在可能遇到地下水涌水的地区，施工团队可以事先考虑在基础施工过程中加入地下水控制系统，或者设计相应的排水系统，以便能够及时将积水排除，确保施工安全和质量的稳定。

水文变化的应对措施通常包括临时性水控技术的应用，诸如临时排水系统、挡水墙等措施。在施工过程中，排水系统的设计尤为重要，它不仅需要保障施工期间排水的畅通，还要在长期使用中保持高效的排水能力。为了应对强降雨天气，施工区域可能需要设置临时排水通道，以便迅速导排多余的水量，避免水流滞留。与此同时，挡水墙的设置也是常见的水控手段，特别是在水位较高、容易受到水流冲击的区域。挡水墙可以有效阻挡外部水源进入施工区，从而保护施工现场的安全和设备的正常运转。在水位变化较为剧烈的区域，还可以采用地下水降压系统，通过降低地下水位，确保施工过程中基础结构的稳定性。所有这些水控措施都需要根据施工现场的实际水文条件进行精确设计，以确保其在突发水文变化面前能够发挥最佳效能。

除了临时性的水控手段外,工程项目中还需要对水文变化的长期影响进行系统评估。在设计阶段,必须充分考虑区域水文变化的长期趋势,并据此制定合理的防范措施。比如,施工前期进行的水文勘察可以帮助设计人员预测可能发生的水位波动,为后续的排水系统设计提供依据。同时,在施工过程中也需随时调整控制措施,以应对不断变化的水文环境。水文变化带来的风险不仅包括对施工本身的影响,它还可能影响到工程的后期运营和长期稳定性。因此,在整个工程实施过程中,必须始终保持对水文变化的敏感度,确保各类水文因素在设计和施工阶段都能够得到充分考虑和应对。

施工过程中的水文变化问题并非一个单一的技术难题,而是涉及多个环节、多个学科的综合挑战。为了应对这些挑战,工程技术人员需要在施工前期进行详细的水文勘察,在施工过程中采取科学的排水、挡水等临时性水控措施,并根据实时水文变化调整施工策略,只有通过全方位的水文风险管理,才能确保排水工程项目在复杂水文条件下的顺利完成,从而保证工程质量、安全和进度。在未来,随着水文监测技术的发展和施工技术的进步,施工过程中的水文变化应对将逐步走向更加智能化、系统化的方向,进一步提升工程管理的效率和科学性。

第三节 地下排水管道的铺设技术

一、管道铺设的基本步骤

地下排水管道的铺设是城市排水系统建设中的一项基础性工作,直接影响到排水设施的正常运行和使用寿命。管道的铺设不仅仅是一个技术操作过程,更是整个排水系统建设中的关键环节。其任务的核心在于确保管道的稳定性和水流畅通,因此对施工过程中的每一个步骤都必须严格把控。具体而言,管道铺设的基本步骤包括设计的准备、现场施工、质量控制和后期检查等多个环节,每一个环节都需要精确执行,以保证最终的排水效果和系统的持久运行。

在进行管道铺设之前,必须先进行充分的设计准备。设计阶段的工作包括对排水系统的全局规划,管道布局、尺寸和材料的选择,以及安装位置与坡度的计算。坡度的设计需要特别注意，因为它直接关系到排水水流的顺畅程度。过大的坡度可能导致水流过快，增加管道的压力，过小的坡度则可能导致水流不畅，甚至堵塞。为了确保设计的科学性和可行性，设计人员还需要考虑地下水位、土壤类型以及可能的自然灾害等因素，做到综合评估，为施工奠定基础。

施工现场的准备工作也是铺设管道的前提条件。首先需要进行开挖工作，这一过程应根据设计图纸准确定位，确保管道的铺设位置符合设计要求。开挖时，施工单位需要根据土壤的种类和开挖深度采取相应的支撑措施，以防止坑槽内土体坍塌。坑槽开挖后，还需对坑槽进行清理，去除杂物、松散土层及其他障碍物，以保证管道能够顺利安放。此时，施工人员必须根据现场的实际情况调整方案，确保施工安全和质量。

在管道铺设过程中，精确度是至关重要的。管道的接头处必须紧密连接，以确保管道系统的密封性和耐用性。为避免施工过程中外力对管道的影响，施工人员应特别关注管道的支撑和保护措施。管道应安放在稳定的基底上，避免因沉降或外力作用而发生变形或位移。管道接头的密封性至关重要，因为任何一个不严密的接头都可能导致渗漏，从而影响整个排水系统的效率和安全性。为了提高管道的密封性能，现代施工技术常常采用专用的连接材料和设备，确保每个接头部位都符合设计标准。

管道铺设完成后，必须进行严格的质量检查和验收。验收的内容主要包括管道的平整度、坡度是否符合设计要求，接头是否密封严密，以及管道是否存在明显的变形或损坏等问题。在检查过程中，施工人员需要使用专业的检测工具，如水准仪、激光水准仪等，对管道的安装精度进行测量。此外，施工人员还应对管道系统进行通水试验，检验其是否具备正常排水功能，并排除任何可能存在的漏水点或接头松动现象。只有经过全面的检查和试验，管道系统才能投入使用。

铺设过程中的每一个细节都决定了排水管道的质量与耐用性。施工人员需要熟练掌握相关的技术要求，并严格按照设计方案和施工规范执行。在实际施工中，还需根据不同的地质条件和气候因素，灵活调整施工方案。复杂的地下环境，如城市老旧管网区域或地下水位较高的地区，施工难度较大，要求施工单位具备较高的技术水平和丰富的经验。施工人员在操作过程中还需要时刻关注施工安全，防止发生施工事故,确保管道铺设过程顺利进行。

总之,地下排水管道的铺设是一个涉及多个环节的复杂工程,需要精确的技术操作和严格的施工管理。每一个环节的疏忽都可能导致管道系统的失效,影响排水效率和城市环境的安全。因此,施工单位应在整个施工过程中严格执行设计要求和施工标准,确保管道系统能够长期稳定地运行,满足城市排水的需求。同时,随着科技的进步,施工技术和材料的不断更新,管道铺设的效率和质量也将逐步提升,从而为城市排水系统的现代化建设提供有力保障。

二、管道的支撑与固定技术

在地下排水管道的施工过程中,管道的支撑与固定是确保系统长期稳定运行的关键环节。管道作为地下基础设施的一部分,必须承受地下环境中不断变化的压力和外力。因此,在管道铺设完成后,采用科学、合理的固定与支撑技术对于保证其结构稳定性、减少外力对管道的影响、提高使用寿命具有重要意义。合理的支撑与固定技术不仅能有效避免管道因外部压力发生位移或变形,还能提高系统对地质条件和气候变化的适应性,从而使管道在长期运行过程中保持良好的排水性能。

固定与支撑方法的选择通常需要综合考虑多个因素,包括施工现场的地质条件、管道的材质与类型、周围环境的影响以及工程的施工技术要求。在不同的地质环境中,管道可能会受到不同形式的外力作用,如土壤沉降、水文变化或地下水位波动,这些因素都会对管道的稳定性产生影响。因此,支撑和固定的设计必须具有针对性,能够有效应对这些潜在的外力。

混凝土基础固定法是常见的一种管道固定方式,它通过将管道嵌入预制或现浇的混凝土基础中,确保管道能够稳定地与地下土壤连接。这种方法的优势在于其结构的刚性较强,可以有效地固定管道,防止因地面沉降或土壤松动引起管道位置的变化。混凝土基础的强度和稳定性使其能够在较长时间内保持管道的稳定性,特别适用于需要承受较大外力或存在不稳定土质的地区。在施工过程中,混凝土基础的设计和浇筑需要严格控制质量,确保混凝土的密实性和强度,以达到预期的支撑效果。

钢支撑固定法则是一种较为灵活的管道支撑方式，常用于管道的临时支撑或需要较高承载力的管道。钢支撑的主要作用是提供管道的横向和纵向支撑，防止其在施工或运行过程中受到外力的挤压或偏移。钢支撑通常与管道外部的基础结构结合使用，能够有效分担土壤对管道的压力。在某些特殊情况下，钢支撑还能为管道提供更强的抗震能力，确保在地震等极端条件下管道的稳定性。钢支撑的设计需要考虑管道的重量、土壤的性质以及周围环境的变化，确保支撑系统的承载能力与管道的运行负荷相匹配。

在一些特殊的地质环境中，地下水位较高或土壤松软，可能需要采取更加复杂的支撑与固定方法。例如，在软土地基或沼泽地等特殊地质条件下，传统的固定方式可能无法满足管道的支撑需求。在这种情况下，常常需要采用深基础支撑或加固措施，如桩基支撑法或土壤改良技术，以增强管道固定系统的稳定性。深基础支撑法通过在地面以下打入深桩，提供更为坚固的支持，能够有效防止管道因地基沉降或土壤流动导致的位移。这种方法在软土区或地下水位较高的地区应用较为广泛，能够确保管道在恶劣地质条件下仍能保持稳定。

管道固定还需考虑环境变化对固定系统的影响。在城市化进程不断推进的过程中，地下排水管道不仅要面对自然环境的压力，还要适应城市建设带来的地面负荷变化。随着建筑密度的增加和地下空间的利用，周围建筑物的荷载和地下施工活动可能对排水管道产生影响。因此，管道的固定方式应具备一定的适应性和可调节性，能够应对城市化发展引发的外部变化。这就要求管道固定系统在设计阶段就考虑到未来环境变化的可能性，预留足够的空间和调整措施，以避免日后出现管道变形或损坏。

管道固定技术的选择与实施，还需要与管道材料的特性相匹配。不同材质的管道，如PVC管、钢管、混凝土管等，其物理性能和耐久性差异较大，因此对固定系统的要求也有所不同。对于高强度的钢管或混凝土管，固定系统需要具有较高的承载能力和抗腐蚀性，以防止管道在长时间使用过程中受到化学物质或水分的侵蚀。而对于柔性较强的塑料管材，则可能需要采用更为柔性和分散的支撑方式，以适应其弹性变形的特性。因此，合理选择和设计管道的支撑与固定系统，必须依据管道材质、外部环境及施工条件的变化，确保各项技术措施的协调统一。

三、管道铺设中的排水设计

排水管道的铺设不是一个单纯的施工环节，而是一个与城市排水系统的整体设计紧密相连的复杂过程。在这一过程中，排水管道的布局和设计对于排水系统的运行效果至关重要。管道的选型、铺设方式以及系统的规划设计，不仅要确保排水功能的实现，还要考虑到经济性、可维护性、环境适应性等多方面因素。合理的排水管道铺设能够有效提升排水系统的效率，减少运行成本，延长设施的使用寿命，同时也能够避免水涝、管道堵塞等可能对城市生活和生态环境造成的负面影响。

在管道铺设过程中，首先需要根据排水系统的需求合理选择管道的长度、直径、坡度等参数。管道的长度与直径的选择应当根据排水区域的大小、排水量的变化以及未来可能的负荷增长进行规划。过长或过短的管道都会影响排水系统的流畅性，造成水流的滞留或者流速过快，从而降低系统的排水能力。因此，合理的管道设计需要综合考虑排水流量、管道的摩擦损失以及流体的动力学特性，确保每一段管道在设计流量下能够高效运行，避免不必要的压力损失。管道直径的选择应当与流量需求匹配，既不能过小导致排水不畅，也不能过大浪费资源。因此，流量和管道尺寸之间的关系需要在设计阶段仔细计算和预测，确保管道系统的高效性与经济性。

此外，管道的坡度也是决定水流速度和排水效果的关键因素。坡度设置过缓，水流可能无法维持足够的流速，导致水体滞留和管道堵塞；坡度过陡，则可能导致水流速度过快，增加管道的磨损和冲刷，也可能引起管道系统的不稳定。在实际设计过程中，坡度的确定应根据地形、土壤的渗透性以及排水需求等因素进行综合评估，确保水流的自然流动性，以实现高效的排水效果。

除了这些技术参数外，排水管道的布置还必须充分考虑周围的环境条件。地下水位的高低、土壤类型、地质结构、气候条件等都将对管道的选择与铺设方式产生重要影响。例如，在地下水位较高的地区，管道铺设过程中可能面临水压较大的问题，要求选择抗压性强、耐腐蚀的管材，并采用合适的防护措施，以避免管道的变形、泄漏或腐蚀。而在土壤条件较为松软的地区，则需要对管道进行更加细致的支撑设计，防止土壤沉降对管道造成损害。同时，恶劣的气候条件，如频繁的冰冻或高温环境，也可能对管道的材料和铺设深度产生影响，这些因素都要求在排水管道设计阶段进行详尽的分析和精心的规划。

管道的类型选择也是排水设计中不可忽视的一环。不同类型的管道具有不同的物理和化学特性，因此在选择时应综合考虑管道的耐腐蚀性、抗压强度、施工便利性以及成本等多个因素。在某些地区，由于化学污染或环境恶劣，普通的混凝土或金属管道可能无法满足长期使用需求，此时可以选择高分子塑料管道、复合管道等更为耐用的材料。此外，管道的布局也需要考虑到今后维护和检查的便捷性。合理的管道布置可以减少后期检修的难度和成本，避免出现难以到达的死角和盲区，从而确保排水系统在整个生命周期中的可靠性和稳定性。

除了技术性的管道布置外，排水管道的铺设还应考虑到与城市发展规划的协调性。在现代城市建设中，管道铺设往往与其他基础设施建设同步进行，因此排水管道的布置必须与道路、电力、通信等其他管线系统合理分配空间。管道的布局应当充分考虑未来城市扩展的需求，避免由于城市扩展或基础设施改造而需要对已铺设的管道进行大规模的拆迁和改造。对城市总体规划进行前瞻性分析，可以避免资源的浪费和不必要的重复建设。

在排水管道的铺设过程中，施工工艺的选择同样至关重要。施工时，需要根据管道的类型、材质以及地质环境来决定最合适的铺设方式。在软土或水文复杂的地区，可能需要采用开挖法、定向钻进等技术来减少对环境的干扰，而在交通繁忙或地下管线密集的区域，则需要使用非开挖技术，如管道顶管法或气动穿越法，以减少对现有基础设施的影响。施工过程中，管道的连接方式也要严格按照设计要求进行，确保管道接口的密封性和耐久性，以防止渗漏和损坏。

在管道铺设完成后，必须进行严密的检测和测试，确保系统在投入使用前能够顺利运行。管道的检测项目通常包括水压测试、泄漏检测、流量测试等，确保每一段管道在实际使用过程中能够达到预期的排水效果。科学的检测方法，可以帮助人们及时发现潜在的隐患并进行修复，从而保障排水系统的长期稳定运行。

四、管道铺设中的障碍与克服措施

在城市排水管道的铺设过程中，面临的障碍和挑战往往是多方面的。地下障碍物、现有建筑物的干扰，以及交通线路的限制等，都会对施工过程产生显著影响。这些障碍不仅加大了施工难度，还可能对周围环境和公共安全构成潜在风险。因此，如何有效识别和应对这些障碍，成了排水管道铺设中的一个重要课题。

地下障碍物是排水管道铺设过程中最常遇到的一类问题。在城市建设中，地下埋设了大量的基础设施，如电力、通信、天然气管道等，这些设施与排水管道的施工往往存在空间重叠或冲突。如果施工单位未能有效识别并处理这些地下障碍物，可能导致现有设施损坏，甚至引发较为严重的事故。例如，在铺设排水管道时，不仅要避免破坏已有的地下管线，还必须考虑到地下水位、土壤类型以及地下结构的复杂性，这些都可能影响管道的铺设深度与路径。在这种情况下，施工单位通常会采用地面勘测和地下探测相结合的方法，借助高科技设备进行精确定位，确保在管道铺设过程中避免与其他地下设施发生冲突。

在已有建筑物的影响下，排水管道的铺设面临更为复杂的挑战。城市中的老旧建筑、商业设施及住宅区的密集分布，使得排水管道的铺设常常需要穿越建筑物基础或靠近建筑物的周围区域，这种情况下的施工不仅要考虑到建筑物的稳定性，还要尽量避免对住户和商户造成不便。在这些区域进行施工时，需要对周围建筑物的结构进行细致的调查，确保施工方案不对建筑物的安全造成影响。施工方案的设计必须考虑到建筑的承载力和抗震能力，避免振动和施工噪声对建筑物造成不可逆的损害。在这类复杂的城市环境中，采用精确的定位技术和非开挖技术，如定向钻进、微型盾构等先进施工技术，可以大大减少对建筑物的干扰和破坏。这些技术的应用使得管道铺设可以在不挖掘的情况下完成，从而最大限度地保护了周围的建筑结构。

交通线路的干扰也是排水管道铺设过程中无法忽视的重要因素。城市的交通网络繁忙，涵盖了各种道路、桥梁以及铁路等基础设施。排水管道往往需要穿越或绕过这些交通线路，这不仅给施工带来了空间上的限制，还可能导致施工期间交通的暂时中断或堵塞。尤其在城市中心区域，交通压力巨大，如何在不中断交通的情况下完成排水管道的铺设，是一个技术性和管理性的双重难题。解决这一问题的关键在于精确的施工计划和高效的施工组织。施工单位通常需要根据交通流量和施工进度，制定合理的交通疏导方案，通过分段施工或夜间施工等方式，减少施工对交通的影响。此外，采用隧道施工、非开挖技术等可以避免大规模开挖，减少施工对地面交通的干扰。

施工期间的安全隐患也是不可忽视的问题。在复杂的城市环境中，排水管道铺设往往面临着较高的安全风险，尤其是在深基坑施工和隧道施工等高风险作业中，施工人员的安全保障成了重中之重。为了有效减少事故发生，施工单位必须加强安全管理，制定严格的安全规程和应急预案。施工人员需要接受专业的安全培训，掌握安全操作规程，特别是在进行高风险作业时，要严格按照规范操作，避免出现意外事故。施工现场还应配备必要的安全防护设备和监测设施，如防护栏、警示标志、监控设备等，确保施工过程中对施工人员的安全保护达到最大化。

在应对以上各类障碍时，施工方需要进行详细的现场调查和科学的工程设计，以便为管道铺设提供科学的技术依据。详细的现场勘查能够帮助施工单位全面了解施工环境的实际情况，从而确保施工过程中的每一步都能精准把握。在设计阶段，合理安排施工工艺是确保工程顺利进行的关键。施工单位必须根据不同的环境条件选择合适的施工方法。例如，在复杂的地下障碍物较多的区域，定向钻进技术能够实现管道的精准铺设，避免直接开挖对周围环境的破坏；而在交通繁忙的地段，采用微型盾构机进行管道铺设，则可以避免大规模的交通干扰，并保证施工过程的安全和效率。

第四节　排水设施建设中的常见问题与改进措施

一、管道连接不严密

在城市排水设施的建设过程中，管道连接不严密一直是一个普遍存在且具有潜在风险的质量问题。管道系统作为排水设施的核心组成部分，其连接部位的密封性直接关系到整个系统的运行效果和寿命。如果管道接口处连接不严密，可能导致水流渗漏、系统压力不稳定,甚至引发严重的污水外泄,严重影响排水系统的正常功能,甚至对环境造成污染。排水设施在城市基础建设中起着至关重要的作用,确保管道连接的严密性不仅是施工质量控制的重要一环,也是维护城市公共安全、环境卫生的必要保障。

  管道连接不严密的问题通常源自多个方面。在施工过程中,如果施工人员未按照设计要求进行操作,或者施工环境不符合标准,管道接口的连接便容易出现松动或漏水现象。此外,使用不合格的管道材料或密封材料,亦是导致管道接口不严密的重要原因之一。排水系统中不同类型的管道连接形式多样,包括插接、螺纹连接、法兰连接等,每种连接方式都有其特定的技术要求,如果在实际施工中没有严格按照标准执行,往往会导致接口的密封性差,进而影响整个系统的稳定性和安全性。

  要解决管道连接不严密的问题,必须从管道施工的每个环节入手,确保施工过程的每一步都符合标准。严格按照设计图纸施工,确保所有管道接口的尺寸和连接方式都与设计要求一致,是保证连接密封性的重要前提。设计阶段需要充分考虑管道材料的选择及其适应性,确保选用的管道和连接配件适应所在环境的特殊要求,例如土壤的酸碱度、管道承载的压力和流量等因素。施工人员需要经过专业培训,掌握不同类型管道接口的正确连接方法,确保在连接过程中无任何疏漏。

  在施工质量的控制方面,现场监督是确保管道连接严密的关键环节。施工单位应通过建立严格的现场质量检查制度,对每一个管道连接部位进行全程监控,确保施工过程中的每一个细节都符合设计要求。在管道安装前,必须对管道接口进行检验,检查接口的尺寸是否符合设计图纸要求,连接材料是否合格,施工工具是否完好,以防在施工过程中出现因工具或材料问题引发的连接不严密。施工人员在进行管道连接时,还需注意对接缝的处理,确保每个连接部位的平整度和密封性,避免因为接缝不均匀或不对称导致管道接口出现漏水现象。

  密封材料的选择和使用是确保管道连接严密的重要环节。对于管道连接部位,必须选择适合的高质量密封材料,这些材料不仅要具备良好的密封性能,还要具有较高的耐腐蚀性、耐温性和耐压性,能够适应长期使用过程中可能面临的各种环境变化。在实际施工中,使用不合格的密封材料或错误的密封方法,常常是导致管道接口渗漏的主要原因之一。因此,在选材和施工时应特别注重材料的品质及其适配性,避免因密封材料问题影响整个管道系统的正常运行。

定期的检查与维护也是确保管道连接不严密问题得以有效解决的重要措施。管道系统建设完成后,必须定期对管道接口进行检测与维护,及时发现并修复因老化、腐蚀或外部环境变化而导致的密封性能下降。通过定期的管道检查,管理者可以提前发现管道接口处的潜在问题,避免因小故障导致大规模的管道故障和系统瘫痪。在管道运行过程中,采用现代化的检测技术,如管道内窥镜检测、超声波检测等,可以对管道连接部位进行精确的检测,确保每一个连接部位都能在长期使用中保持严密的密封状态。

除了施工阶段的严格要求外,排水系统的设计也需要考虑到管道连接的长期稳定性。设计人员应根据排水设施的具体环境和运行条件,选择合适的管道材料、接口类型及密封方案。在城市排水系统的设计中,往往需要考虑到地质条件、气候变化、土壤腐蚀等因素,这些因素都会影响管道连接的密封性。因此,设计阶段需要做出合理的技术预判,确保设计方案的可行性和系统的长期运行稳定性。

管道连接不严密的问题不仅仅是施工质量的问题,它还反映了整个排水系统建设和管理过程中对细节的把控。无论是在施工阶段,还是在日后的维护管理中,排水设施的管理者都必须高度重视管道接口的质量控制,确保每一个连接部位的密封性,以延长系统的使用寿命,提升系统的运行效率。随着技术的进步和管理手段的不断完善,排水设施的建设和管理水平将不断提高,管道连接不严密问题有望得到更为有效的解决,进而为城市排水系统的稳定运行提供坚实的保障。

二、施工进度延误

在排水施工项目中,施工进度延误是普遍存在且复杂的问题,通常会对项目的整体进度和成本产生严重影响。施工进度的延误往往源于多方面的因素,其中技术水平不足、设备故障、材料供应延迟等是最常见的直接原因。如果施工队伍技术能力不足,在面对复杂的施工环境或高标准要求时,就容易导致施工质量不达标或工期拖延。此外,设备故障和技术问题也是导致施工延误的重要因素。设备故障不仅会造成停工，还会使得修复工作占用大量时间，这进一步增加了项目延误的风险。在排水施工过程中，材料的及时供应同样至关重要。材料供应的延误会导致施工进度的停滞，特别是在特殊管材和设备需要定制时，供应链的不稳定往往使得施工进度受到严重制约。因此，项目管理者需要针对这些潜在风险，提前制订详尽的计划，建立有效的预警机制，合理安排资源，以确保施工进度的顺利推进。

为了有效避免施工进度的延误，项目管理者需要在项目开始前制订详细的施工计划，并确保计划能够覆盖施工过程中的所有关键节点。制订合理的施工计划应当基于对项目特点和施工环境的全面分析，考虑到可能的风险因素，并设立应急预案。这些预案应考虑设备故障、材料短缺、天气因素等可能导致施工延误的因素，并为此准备相应的解决方案。与此同时，合理的资源调配是提高施工效率、减少进度延误的关键。在排水施工项目中，资源包括劳动力、设备、材料以及技术支持等多个方面。项目管理者需要根据施工进度合理分配资源，确保各环节的资源供应和使用都能够高效衔接。此外，对于不同的施工阶段，要进行动态调整，确保关键资源的合理分配，避免出现资源浪费或供应不足的情况。

施工过程中，各环节的协调与管理是保证施工进度不被延误的核心。施工项目通常涉及多个环节和多方人员，施工单位、设计单位、监理单位等之间的协调与沟通直接影响项目的顺利推进。项目管理者应当加强沟通与协调，确保各方在相同的时间框架内进行作业，避免施工过程中因信息不畅、任务重叠等问题引发的延误。为了提高施工效率，项目管理者还需加强对施工现场的管理，确保现场作业的有序进行。定期的进度检查与反馈机制能够帮助管理者发现问题并及时调整施工计划。通过实时监控和数据分析，管理者能够识别施工进度中的瓶颈，及时进行干预，防止小问题蔓延成大的施工延误。

现代化施工设备和技术的应用是解决施工进度延误的有效手段。随着科技的不断发展，许多新型施工设备和技术已经被引入排水施工中，这些设备和技术能够大大提高施工效率，减少人工干预，降低施工过程中的不确定性。高效的施工设备可以显著提高作业的精度与速度，减少施工过程中出现的故障率，从而有效避免因设备问题造成的施工延误。同时，现代技术，如建筑信息模型（BIM）、数字化施工管理系统、无人机巡检等,能够帮助项目管理者实时掌握施工现场的进度与问题,并通过数据分析提前识别风险。通过运用这些技术,施工进度的管理将更加精准,项目中的任何异常情况都可以被及时发现并解决,从而减少进度延误的风险。

对于排水施工项目而言,除技术和设备因素外,施工过程中的安全管理同样与施工进度息息相关。安全事故的发生不仅会造成人员伤亡,还可能导致施工现场的停工,进一步拖延工期。为此,施工单位需要严格执行安全管理规定,对施工人员进行定期安全培训,并确保施工现场的安全防护措施到位。安全事故的预防不仅需要依赖管理者的监督,还需要施工人员本身的安全意识和责任感。此外,施工现场的环境管理同样不可忽视。恶劣的气候条件、不可抗力的自然灾害等因素往往会影响施工进度,因此在计划阶段施工单位应当充分考虑这些因素,适当调整施工计划,以减少外部环境对施工进度的影响。

施工进度延误还可能与项目的资金管理有关。排水施工项目通常涉及大量资金投入,资金的及时到位与合理使用对于施工的顺利进行至关重要。项目管理者需要确保资金流动的高效性,防止因资金问题导致施工延误。资金不到位可能会导致关键设备的采购、材料的供应以及劳动力的调配出现问题,从而影响整个施工计划的执行。为了避免这种情况,项目管理者应当建立完善的资金管理制度,确保项目各阶段的资金需求得到及时满足。

在综合管理方面,项目管理者还需高度重视排水施工中的风险管理。项目本身充满了不确定性,因此需要通过对潜在风险的全面评估和预测,及时采取措施应对风险。风险管理应贯穿于整个施工过程,项目管理者不仅要识别已知风险,还要具备应对突发事件的能力。建立健全的风险评估机制和应急管理预案,可以有效提高施工过程中的应变能力,降低进度延误的可能性。

三、施工质量控制

排水设施施工质量控制问题是影响工程长期稳定运行的重要因素之一。施工过程中质量控制的薄弱,不仅会导致排水系统的使用寿命缩短,还可能引发一系列的功能性问题,进而对城市排水能力和环境卫生带来负面影响。因此,确保排水设施建设的高质量完成，已成为当前城市基础设施建设的重要任务。施工质量控制涉及多个方面，从施工单位的管理能力到技术操作的规范性，均对最终工程质量产生深远影响。

施工单位的管理水平是影响排水设施施工质量的关键因素之一。管理不善、技术操作不当等问题往往源于施工单位对工程管理的不重视或缺乏相应的技术支持。在排水设施的建设过程中，施工单位不仅要满足各项设计标准，还必须严格按照国家与地方的法规要求执行，尤其是在施工工艺、施工材料和施工方法上，应有严格的质量控制程序。质量管理体系的健全与完善是解决这些问题的基础。在项目的各个施工环节中，必须配备专门的质量控制人员，负责对施工质量进行全程监督，确保每一项工作都在可控范围内进行。施工单位应根据项目的具体需求，结合相关的法规和标准，设计出科学合理的质量控制方案，制定详细的操作流程，并通过严格的技术交底和现场指导，确保施工人员的技术操作水平符合工程要求。

在实际施工过程中，技术操作的规范性对质量控制起着至关重要的作用。排水设施施工涉及多个工艺环节，施工过程中每个操作步骤都必须符合相关的技术标准。从管道铺设到排水口建设，从井盖设置到排水接口安装，所有操作都要根据设计要求进行，以避免因施工不当而导致的后期问题。为了确保施工操作的规范性，施工单位应对参与施工的人员进行严格的技术培训，培训内容不仅要涵盖施工流程和技术规范，还应注重施工人员对质量控制的意识培养。只有全体施工人员熟练掌握技术要点，并严格遵守操作规程，才能有效避免施工过程中可能出现的质量问题。

施工质量控制还需要依赖科学的质量检查机制。质量检查不仅包括施工完成后的最终验收，更应贯穿整个施工过程。建立分阶段的质量检查制度，在每一个重要施工节点设置质量验收点，可以有效保障在项目的各个阶段都能及时发现和纠正潜在的质量问题。施工阶段性验收可以根据施工内容的复杂性、关键性的不同，灵活调整检查频次和内容。例如，管道铺设完成后，必须进行管道的压力测试，确保其密封性和耐压能力符合标准；基础设施建设完成后，应对基础地层的稳定性和抗沉降能力进行检验。在每个施工环节设立明确的质量检查点，整个工程的质量控制可以变得更加细化和精准。验收工作应由经验丰富的专业人员负责，检查结果要有据可依，并形成详细的记录，作为后期质量追踪的重要依据。

除了常规的质量检查机制外，排水设施施工中的质量控制还需要依赖于有效的技术支持和管理工具的辅助。随着科技的不断发展，许多先进的技术和工具被逐步引入排水设施的施工过程中，极大地提升了施工质量控制的精确度和效率。例如，施工过程中的测量与定位工作可以通过激光测距仪和无人机等现代化设备进行，从而减少人工误差，提高施工精度；同时，施工过程中的数据采集和监控可以通过智能化的管理平台实现，实时反馈工程进展和质量问题，帮助管理者做出及时决策。这些技术的引入，不仅提升了施工的精度和效率，也为质量控制提供了更加可靠的技术保障。

然而，排水设施施工质量控制的难点不仅在于技术操作的执行，还在于各方协调与管理工作的细化。在大规模的排水工程中，施工单位、设计单位、监理单位以及相关政府部门之间需要紧密配合，确保工程的顺利进行。施工方需要严格执行设计要求，确保所有施工环节不偏离规范；设计方则应及时响应施工中的技术难题和设计变更，确保设计方案的可行性和现实性；监理单位则需要对施工现场进行全方位的质量监管，确保施工单位严格按照设计标准和质量要求进行操作。此外，政府相关部门的监管与检查也是施工质量控制中的重要环节，他们应对施工单位的资质、施工现场的安全和施工质量进行严格把关，确保项目的合法合规性。

排水设施的施工质量控制，还应充分重视施工后期的跟踪和维护管理。虽然大多数质量问题会在施工过程中得到发现和解决，但某些潜在的质量隐患可能在设施投入使用后逐渐显现出来。因此，在排水设施建成后，施工单位应对设施进行全面的检测，评估其使用功能是否达标。同时，设施的运营方也应建立完善的维护体系，定期对排水设施进行检查和维护，及时发现问题并进行修复，避免因质量问题而影响排水设施的长期稳定运行。

第五章　排水工程的施工管理

排水施工是建筑工程中的重要环节，直接影响着城市排水系统的建设质量与使用寿命。排水施工不仅要遵循严格的设计要求，还需要在施工过程中保障管道的完整性与安全性。建筑工程中的排水施工要求涉及管道的安装、连接、检查以及后期的防护工作。在施工过程中，排水管道的保护措施是确保施工质量的关键之一，特别是在地下施工时，管道易受到外力的影响，因此需要采取有效的保护手段。施工安全与质量管理同样是排水施工中的重中之重，施工单位需要严格遵守相关安全规范，确保施工现场的安全，同时保证工程质量达到设计要求。本章将重点分析建筑工程中的排水施工要求，探讨施工过程中排水管道的保护、施工安全与质量管理，以及排水施工中的环境保护与法律规范，通过对这些内容进行讨论，为排水设施施工提供全面的理论支持与实践指导。

第一节　建筑工程中的排水设施施工要求

一、遵循排水设施设计规范与施工标准

排水设施的设计与施工是城市基础设施建设的重要环节，其规范化程度直接关系到设施运行的效率和城市的可持续发展。设计规范与施工标准的严格遵循是排水设施从设计到运营全过程的核心保障，贯穿于每个阶段的技术方案制定与实施细节之中。在排水设计阶段，需要综合考虑建筑物的使用功能、地理环境特性、气候条件及城市未来发展的多重因素，从而制定科学合理的排水系统布局和运行方案。这一过程不仅是对设计者技术能力的考验，也是一项需要与多学科交叉协

作的系统工程,任何环节的疏漏都可能导致后期的系统运行隐患。

城市排水设施的设计要充分考量使用区域的实际需求与未来潜在变化。建筑物的功能直接决定了其排水量与水质的特性,例如生活污水、雨水、工业废水的成分与排放量差异巨大,对排水设施的材料选择、管道直径以及排放处理工艺提出了不同要求。地理环境是影响排水系统设计的重要外部因素,城市的地势高低、地下水位变化、土壤条件等都对排水管道的布设产生直接影响,需要在设计阶段通过科学的勘察与计算进行充分考量。同时,气候条件也在设计中占据重要位置,强降雨、暴雨频发等气候特征会对排水系统的运行能力和抗灾性提出较高要求,需要在设计中体现出雨水快速排放与调蓄的双重功能。以上因素必须通过严谨的计算与建模,转化为设计参数与施工图纸中的具体标准,为施工提供技术依据。

施工阶段是将设计方案转化为实际工程的关键环节,严格遵循设计规范是确保排水设施建设质量的基础。施工需要全面贯彻国家及地方排水工程相关的施工标准,涉及排水管道的安装、接口密封处理、管道坡度控制等技术要求。这些标准不仅有助于保障施工质量,也对排水系统的长期运行和维护具有重要意义。排水施工的技术要求决定了其操作过程的精细化程度。例如,管道的坡度设计直接关系到排水设施的流畅性与防堵性能,任何微小的偏差都可能在使用过程中放大为系统故障。因此,在施工过程中,所有环节都需要通过精准的测量与检验进行质量把控。

排水设施的施工还需要根据选定的管道材料进行针对性技术处理。不同材料的管道具有各自的特性,如耐腐蚀性、抗压能力以及特殊连接方式等,需要在施工中严格遵守相应的施工工艺。例如,塑料管道通常需要采用热熔或胶接技术进行连接,而金属管道则需要更加复杂的焊接或法兰连接方式,同时还需做好防腐涂层的处理。施工标准明确了这些技术工艺的操作流程,为施工单位提供了清晰的指导框架。此外,施工还必须重视细节处理,例如接头密封、管道接口强度、支撑固定等技术点,确保管道的整体性能达到设计要求。

设计规范与施工标准还体现在排水设施的检测与验收过程中。排水管道安装完成后,需要通过多种检测手段进行质量检查,例如管道密闭性测试、坡度测试及水压试验等。这些检测方法为排水设施的安全运行提供了初步保障,同时能够及时发现施工中的潜在问题,避免系统投入使用后因质量问题导致运行障碍。验收阶段是对整个施工过程的最终检验,验收规范涵盖了排水设施的每一项技术指标与操作细节,验收结果不仅反映了施工质量,也决定了排水设施能否投入正式运行。

在排水施工的全过程中,规范化管理也是确保设计与施工标准得到严格遵循的重要手段。从设计到施工再到验收,所有环节需要制定明确的管理制度,确保技术人员、施工人员及管理人员各司其职,严格执行标准化操作流程。管理制度的完善性与执行力度直接影响到施工的最终质量。在施工现场,技术监督人员需要对每个施工环节进行实时检查与记录,确保工艺流程与施工标准一致。同时,还应通过引入信息化管理手段,对施工数据与质量监测结果进行系统性记录与分析,以便在后期运营与维护中追溯施工细节,为设施的优化升级提供可靠依据。

遵循排水设计规范与施工标准不仅是完成项目建设的基本要求,也是保障设施长期运行稳定性的重要基础。设计阶段的科学性决定了施工方案的合理性,而施工过程中的规范化操作则直接关系到设施的运行效率与耐久性。全面贯彻设计规范与施工标准,不仅可以提高排水设施的建设质量,还能在后期运营中降低维护成本,为城市的可持续发展提供可靠的基础设施支持。

二、排水系统的功能与性能要求

排水系统在城市基础设施中扮演着至关重要的角色,其功能和性能要求直接影响到城市的生活质量和环境健康。排水系统的首要任务是确保城市污水和雨水能够顺畅地排放,以维护公共卫生与安全,减少水体污染和积水现象的发生。为了达到这一目的,排水设施的设计与施工需要充分考虑到多个因素,以确保其在长期运行中能够维持良好的功能状态,并有效应对不同情况下的负荷需求。

排水系统的设计首先要考虑其流动性能和压力适应性。管道的流动性能决定了污水和雨水能否顺利排出,特别是在高峰负荷期间,管道的流动能力尤为重要。在进行系统设计时,不仅需要根据建筑物的规模、使用性质以及排水需求,精确计算排水管道的尺寸和坡度,还需要综合考虑管道材料的选择,确保其在不同的工作条件下能够保持足够的流量和畅通无阻的排放效果。压力适应性则是指排水系统在遭遇外界压力或内部压力波动时，能够维持稳定运行的能力。压力适应性对于地下排水系统尤其重要，考虑到地下环境的复杂性，系统设计必须具备较强的抗压能力和韧性，以防止因外界压力过大而导致的管道破裂或变形。

在建筑工程中，排水系统不仅要满足常规排水负荷的需求，还需能够应对突发的极端天气或系统故障。极端天气条件下的暴雨、台风等自然灾害可能导致大量的雨水涌入排水系统，这时排水系统的应急能力将直接影响到城市的防洪能力。因此，排水系统设计必须预留足够的应急排水能力，以应对短时间内的排水需求激增。应急排水措施的设计不仅涉及雨水的快速排放，还需考虑到污水的处理与排放能力，以避免污水倒灌和污染环境。在排水系统中还需要预设合理的安全溢流装置或备用管道，以便在主排水通道发生故障或负荷过重时能够启动备用排水通道，保证系统在极端情况下依然能够发挥作用。

排水系统的性能要求不仅要考虑排水能力的强弱，还需要考虑系统的长期稳定性和耐用性。在长期的使用过程中，排水系统会受到多种因素的影响，如管道老化、沉降、堵塞、腐蚀等，这些因素可能会导致排水系统的性能下降，进而影响排水效果。因此，排水设施的设计应注重管道的耐久性，选用具有较长使用寿命的材料，特别是在容易受到化学腐蚀或物理冲击的区域，管道材料的选择尤为重要。同时，排水管道的布局应充分考虑到管道的维修和更换便捷性，以便于定期检查和维护，确保排水系统在长期使用中能够保持其应有的性能和稳定性。

排水系统的布局也是影响其功能和性能的重要因素。在设计排水系统时，设计人员需要综合考虑城市的地形、建筑布局以及排水负荷等因素，合理规划管道的走向和尺寸。管道的布局不仅要满足日常使用中的排水需求，还应充分考虑极端情况下的排水能力。例如，在城市中心区域或低洼地带，可能存在排水负荷较大的情况，因此需要设计更大容量的管道来应对这些区域的高排水需求。同时，系统应具备足够的灵活性，以便在未来城市扩展或排水需求变化时，能够通过调整或增设管道来满足新的需求。此外，管道布局还需考虑到与其他城市基础设施的协调，避免与电力、通信等设施的交叉影响，确保排水系统能够在复杂的城市环境中稳定运行。

排水系统的功能和性能要求还包括节能环保方面。随着环保意识的增强和城市可持续发展目标的推进,排水系统的设计逐步向低能耗、低排放的方向发展。在排水设施的运行过程中,如何减少能源消耗、降低对环境的负面影响,成为设计中的一个重要考量因素。应用合理的管道设计和流体控制技术,可以有效提高水流的传输效率,减少能量的浪费。排水系统还需要配备先进的水质净化和污水处理设施,确保排放的污水能够达到环保标准,以减少对水体和环境的污染。

三、施工的时间管理与协调要求

在现代城市建设中,排水系统的施工是建筑工程不可或缺的一部分。与其他建筑子项目如基础设施施工、电气安装、土建施工等的并行施工,要求排水施工具备高度的时间管理能力和精准的协调机制。排水系统的施工通常涉及多个环节,包含管道的铺设、接驳、验收等工作,而这些工作往往需要与其他施工项目交叉进行,因此,如何有效地规划和协调各个施工环节,避免因工期冲突而造成工程延误,是排水施工中一项重要的挑战。

排水施工中的时间管理首先要求施工单位具备良好的前期规划和合理的工期安排。每个项目都需要在开工前制订详细的施工计划,明确各项任务的时序安排,并为可能出现的技术难题和外部干扰因素预留足够的时间。这不仅能确保排水施工的有序进行,还能保证在出现问题时,施工单位迅速采取措施进行调整,以避免影响整体工期。排水施工的时间管理并非孤立存在,而是与其他子项目的施工时间紧密关联。因此,排水施工单位需与其他施工单位进行密切沟通与协作,确保排水管道的施工与其他设施的建设同步推进。只有通过合理安排各工序的时序,才能确保不同施工队伍之间的顺畅衔接,进而提高整体施工效率。

施工时的协调工作同样至关重要。在多工种并行施工的环境下,各施工单位之间的合作与信息共享显得尤为重要。由于排水系统通常需要与土建、电气等其他系统紧密配合,排水施工单位必须根据整个工程的施工进度,合理调整自身的工作计划。比如,排水管道的安装可能需要与地下电缆、电气设施的布置相协调,若电气施工未能按时完成,排水施工也将受到影响。施工单位需要进行有效的时间衔接与信息沟通,以确保排水施工不因其他工种的延误而受到拖累。这种跨部门的协调,不仅要求各方对工程整体进度保持敏感,还要能够根据实际情况灵活调整，避免出现时间上的冲突和资源的浪费。

在排水施工过程中，常常需要处理施工中突发的情况，如天气变化、材料供应不及时、设备故障等问题。这些因素可能导致排水施工的延误或质量问题，因此，需要通过精细化的时间管理来应对不确定因素。在实际施工过程中，排水施工单位应与供应商、设备厂家等进行有效沟通，确保所需材料和设备能够及时到位。同时，对于可能出现的施工障碍和困难，排水施工单位应提前做好应急预案，并在施工过程中随时调整施工安排，确保排水设施的施工进度不受影响。在此过程中，施工管理人员的决策能力和应变能力将直接影响排水施工的顺利进行。

在排水施工的协调管理中，质量控制和工期进度的平衡也极为重要。为了确保排水设施的质量，施工单位往往需要对每个施工环节进行严格的质量检查和验收。然而，质量控制和施工进度之间常常存在一定的冲突，过度强调质量检查可能导致工期延误，过度压缩工期则可能导致施工质量问题。施工单位需要在协调排水施工的时间管理时，平衡好质量与进度的关系，合理安排质量检查和施工进度，确保排水施工能够在保证质量的前提下，按时完成任务。

第二节　施工过程中的排水管道保护

一、管道材料的选择与防护措施

排水管道的选择与防护措施是确保城市排水系统长期稳定运行的关键环节。管道材料的选择直接关系到排水系统的耐用性、稳定性及维护需求，而施工过程中的防护措施则是保障管道完好、延长其使用寿命的重要措施。在管道建设的早期阶段，正确的材料选择尤为重要，能够最大限度地提高排水设施的性能和系统的整体经济性。

排水管道的主要材料包括聚氯乙烯（PVC）、高密度聚乙烯（HDPE）、钢管、铸铁管等，每种材料的物理性能和适用环境不同。PVC管材因其轻便、耐腐蚀、施工简便以及成本较低等优点，广泛应用于市政排水系统中。其抗化学腐蚀的特性使得PVC管道在污水排放中表现出较高的稳定性，但对于温度的敏感性较高，尤其是在高温环境下容易发生软化变形。因此，PVC管道更适用于温度相对稳定、腐蚀性较低的环境。与之相对，HDPE管材具有更好的韧性和抗压性，适应性较强，能够抵御外界的机械冲击，且在腐蚀性强的土壤和水环境中，HDPE管材具有显著的优势。HDPE管材的耐腐蚀性能使其适用于多种复杂的施工条件，但由于其相对较高的成本，通常用于对耐久性要求较高的排水工程。根据不同的环境要求，工程设计人员需权衡材料的性能、成本以及施工难度，选择最合适的管道材料。

然而，管道材料的选定仅是排水管道建设的一部分，施工过程中的防护措施同样至关重要。在排水管道的运输、存储和安装过程中，外界的物理冲击、环境因素以及操作失误都可能导致管道的损坏，影响后期系统的使用效果。运输过程中，管道受到的撞击和摩擦可能导致表面划伤或裂缝，影响管道的密封性和耐久性，因此管道应当在专门的保护措施下进行搬运。例如，管道需要用软质材料包裹，以防止其在运输途中发生碰撞。另外，管道在存放时应放置于干燥、平整的地面，避免长期暴露在阳光下，减少因紫外线照射而导致的材料老化，特别是在使用PVC管材时，过度的紫外线照射会显著降低其机械性能。

在排水管道的安装过程中，正确的操作尤为重要。在施工前，地面应经过严格的检查与处理，避免因地基不稳或环境湿润导致管道变形或损坏。管道的安装应保持适当的坡度，确保排水流畅，不出现积水现象，这不仅有助于提高排水效率，还能有效减少因水流滞留而引发的腐蚀问题。另外，管道连接需要严格按照设计要求进行，管接头部位的密封性必须得到保障，否则即便管道本身没有问题，也可能由于接头处的渗漏而影响整个系统的运行。在此过程中，应采取适当的密封技术，使用高质量的密封圈或黏合剂，以确保每一段管道连接的牢固性和密闭性。此外，管道在铺设过程中还需要考虑到可能的地质沉降、土壤膨胀或收缩等问题，这些因素可能会对管道产生不均匀的压力，因此在施工前对土壤进行详细的分析和勘察至关重要。管道在铺设时需要避免直接与尖锐物体接触，防止因施工不当而造成管道的刮伤或破裂。

在排水管道的维护过程中，防护措施同样不可忽视。随着时间的推移，管道可能会受到外界环境的影响而发生老化或腐蚀，这需要通过定期检查与维护来确保其正常运行。特别是在一些腐蚀性较强的环境中，管道的防腐处理显得尤为重要。对于 PVC 和 HDPE 等管材的定期清洁和检查可以有效避免泥沙、垃圾等物质的积聚，防止管道堵塞。在排水系统的使用过程中，若发现管道外部有裂纹或变形，应及时进行修复或更换，以防止系统泄漏或排水功能的失效。

此外，随着技术的发展，新的防护措施也在不断被引入排水管道的建设与管理中。例如，采用现代高分子材料进行管道的内外防护层处理，能够显著增强管道的耐腐蚀性和抗压能力，延长管道的使用寿命。同时，一些具有自修复功能的涂层和涂料开始应用于管道的表面处理，通过微观结构的修复来应对长期使用中的轻微损伤。这些新技术的应用，无疑为排水管道的防护提供了更加高效和持久的解决方案，进一步保障了排水系统的稳定运行。

二、管道安装中的防护措施

在排水管道的安装过程中，防护措施的有效实施是确保管道系统长期稳定运行的关键。管道的安装不是简单的连接工作，而是涉及管道定位、固定、支撑等一系列技术环节，任何环节的疏忽都可能导致后期系统运行的不稳定，甚至引发运行故障。管道安装中的防护措施尤为重要，尤其是在地下管道施工过程中，面对复杂的土壤环境和外部压力，如何科学合理地进行防护，直接关系到排水系统的长期使用效果。

管道的正确定位和固定是保证排水系统功能的重要前提。在安装过程中，管道必须严格按照设计图纸进行铺设，确保其位置和方向符合设计要求。管道安装的过程中，尤其需要对管道的坡度、接头和接口的精确度进行控制，以确保排水流畅，避免由于坡度不合适导致的积水或堵塞现象。为了确保管道不发生沉降或位移，人们通常会使用支撑架、固定夹等防护设备进行支撑和固定。这些支撑装置的作用不仅是防止管道在施工过程中发生位移，还能有效减少外力作用下对管道产生的压力，使得管道在使用过程中能够保持其初始设计状态，避免因外部环境变化导致管道的变形或损坏。

地下管道施工时，土壤的稳定性和沉降是需要特别关注的问题。土壤沉降对管道的影响是长期存在的，这种沉降会随着时间的推移对管道施加压力，可能会导致管道发生形变，严重时甚至会造成管道破裂或堵塞。管道安装应特别注意土壤条件的变化，尤其是在软土或松散土壤环境中，管道的稳定性问题尤为突出。为避免土壤沉降引起管道形变，施工过程中通常会采取加固措施，如设置支撑层、加强周围土壤的压实度等手段。这些加固措施能够有效抵抗土壤沉降的影响，为管道提供一个更加稳定的环境。

在管道的周围环境中，地质条件的变化也是影响管道稳定性的重要因素。在地下管道施工时，不仅要考虑到施工前的土壤状况，还要对施工过程中可能遇到的土壤变化进行预测和评估。例如，在施工过程中，可能会遇到地下水位波动、地下空洞或不均匀的土层等情况，这些都会对管道的稳定性产生直接影响。为了应对这些潜在的风险，施工人员应根据土壤勘察报告采取相应的防护措施，确保管道在施工完成后能够承受长期使用中的各种外部压力和环境变化。

管道接头和接口的防护同样不容忽视。管道接头是排水系统中最为薄弱的部分之一，若接头处的连接不牢固或出现松动，容易导致渗漏或排水不畅等问题。因此，在管道安装时，接头和接口的连接必须严格按照规范进行，采用合适的密封材料，确保接头处的紧密性和牢固性。接头处的防护措施还包括对管道接口周围的土壤进行加固，避免因外部土壤的沉降或松动而影响管道接头的稳定性。接头的防护不仅仅是物理上的支撑，还需要考虑到土壤、管道与外部环境之间的综合作用，以确保整个排水系统的密封性和持久性。

另外，排水管道的长期运行也需要进行定期的检查与维护。即使在施工过程中采取了有效的防护措施，随着时间的推移，管道也可能会受到环境变化、使用负荷等因素的影响，逐渐出现损坏或老化。因此，管道安装后还需要通过定期检查来确保防护措施的有效性。检查内容包括管道的形变情况、接头的密封性、土壤的沉降程度等，及时发现潜在问题并进行维修和加固，是保证排水系统长期稳定运行的必要环节。对于那些处于特殊环境或高风险区域的排水管道，可能需要进行更加频繁的检查，以防止因外界因素导致的损害。

三、施工期间的安全保护与事故预防

在排水管道施工过程中,施工现场的安全管理和事故预防是保障工程质量和施工顺利进行的关键因素。随着城市化进程的加速,排水管道的建设需求不断增加,但与此同时,施工过程中的安全问题也日益复杂化。在施工现场,尤其是在进行管道开挖等高风险作业时,必须高度重视周围环境的安全稳定性。管道施工不仅是一个技术性强的工程项目,也包含了大量的人员、设备和材料的管理,因此,如何在保障施工质量的同时预防各类安全事故,成为施工管理中的重要课题。

施工现场的安全保障首先需要从土壤稳定性入手,特别是在进行深度开挖时,必须评估开挖深度和周围土壤的类型、密度以及水文条件等因素。开挖过程中,若土壤松散、湿润或存在其他隐患,极易发生坍塌事故,给施工人员带来极大的安全威胁。在这种情况下,施工方需要采用支护结构,如临时支撑、钢管桁架或护壁设施等,来确保土壤稳定,避免开挖作业对周围环境造成破坏。同时,施工单位应采取专业的土壤检测手段,确保施工区域土壤的承载能力和稳定性,实施科学合理的开挖计划。

此外,施工人员的个人安全防护是保证施工顺利进行的重要工作之一。为了有效减少施工中的安全隐患,施工人员必须穿戴符合标准的个人防护装备,包括安全头盔、防护手套、作业服以及防护靴等。这些防护装备能够在意外发生时最大限度地保护施工人员的生命安全。除了个体防护外,施工现场应设置清晰的安全标志和警示标志,以提醒人员避免进入高风险区域,减少事故发生的概率。定期进行安全教育与培训也是必不可少的,这不仅有助于提升施工人员的安全意识,还能让他们掌握应急处理技巧,及时应对突发情况。

排水管道施工现场的设备管理同样不容忽视。施工机械设备如果存在操作不当或管理疏漏,可能导致施工不稳定或直接造成设施损坏。为了避免这类问题,施工单位应严格遵守机械设备的操作规范,确保设备在使用前经过全面检查与调试,确保设备处于良好的运行状态。与此同时,施工设备的操作人员应具备相应的资质和技能,能够熟练掌握设备的使用方法,并能在作业过程中避免对管道及其周边环境造成损害。施工过程中,设备的定期维护和检修也是确保安全的有效

手段，尤其是对于长期使用的机械设备，其磨损和老化的情况需要及时处理，避免因设备故障引发的安全事故。

施工现场材料堆放和物料管理的规范性也直接关系到排水管道施工的安全性。建筑材料、管道及其他施工用具的堆放应遵循安全标准，确保堆放区域的整齐有序。材料堆放不当可能会导致材料倾倒或滑动，进而造成施工人员受伤或管道损坏。施工单位应合理规划材料堆放区域，确保材料的稳定存放，并采取必要的防护措施，避免天气变化等外部因素对材料造成影响。尤其在雨雪等天气条件下，施工材料更容易出现位移或破损，因此需要对堆放区域进行加固和防护。此外，施工现场的通道要保持畅通，避免材料堆放妨碍施工人员的正常进出，防止因工作环境不合理而引发的安全问题。

机械操作、材料搬运等环节的安全管理也同样需要严格规范。施工机械通常伴随着较高的操作风险，尤其是在排水管道施工现场，使用的机械设备多为大型起重机、挖掘机等，它们的操作需要严格按照规定的程序进行。在操作机械设备时，必须确保设备周围没有非作业人员，以防发生操作失误或设备故障时造成人员伤害。此外，施工过程中对机械设备的维护保养也是至关重要的，设备一旦出现异常或故障，应及时停机检查，确保不带故障作业，从而降低事故发生的概率。

在排水管道施工中，风险管理和事故预防应贯穿整个施工过程。施工单位必须为各类风险制定详细的预案，明确应急处理程序，一旦发生事故，能够迅速反应并采取有效措施。在施工过程中，定期组织安全检查与隐患排查也是减少事故发生的有效途径。通过对施工现场各类安全隐患的全面排查，施工人员能够及时发现潜在问题并采取纠正措施，从而避免因管理不善或疏忽而导致的事故。

第三节 排水设施的施工安全与质量管理

一、施工安全管理的规范化

排水设施施工安全管理的规范化是确保工程顺利进行、施工人员生命安全及周围环境安全的重要保障。随着城市化进程的加快，排水设施的建设成为提升城市基础设施水平、改善城市环境质量的关键环节。然而，排水设施施工过程中，面临着复杂的施工环境和多样化的施工技术，这对安全管理提出了更高的要求。因此，排水施工安全管理不仅仅依赖于技术措施的完善，更需要通过一系列规范化管理手段进行系统化的保障。

在排水设施施工的安全管理过程中，最为基础的前提是施工前的安全培训和风险评估。对于排水施工项目来说，工程施工现场通常存在较为复杂的环境和多种潜在的安全隐患。例如，排水管道的开挖作业需要进行地下作业，而地下作业常伴随着通风不良、塌方和有毒气体积聚等危险，因此，施工人员必须接受全面的安全培训，明确了解可能的安全风险和防范措施。这些培训不仅要求对排水设施施工技术的掌握，还需强调对施工现场各种潜在风险的识别和防范能力，特别是如何处理高空作业、地下作业以及有毒有害物质的防护措施等。

风险评估则是施工前安全管理的重要组成部分。通过科学的风险评估，施工单位可以有效识别出排水施工过程中可能遭遇的危险因素，并对这些风险进行等级划分，从而制定有针对性的安全控制措施。这种评估不仅要求结合施工现场的实际情况进行细致分析，还要综合考虑工程周期、气候变化、周围环境、作业方法及施工机械等各类因素的影响。在完成风险评估后，应制定详细的安全操作规程，明确施工过程中必须遵循的安全规范，确保施工人员能在明确的指导下进行操作。

施工安全的规范化管理离不开对施工现场的严格监控和管理。施工现场的安全警示标识和作业区域的划定，是有效管理和保障施工安全的重要措施。施工现场应设有明显的安全警示标识，特别是在高风险区域，如深基坑、隧道作业区等，需要通过明显的标识提醒施工人员保持警惕，避免未经授权的人员进入危险区域。作业区域的明确划定不仅有助于防止施工人员进入危险区域，还能合理规划施工流程，确保施工活动有序进行。设置围栏、警告标志和安全隔离带等手段，可以有效降低不必要的安全事故发生概率。

排水施工现场的安全管理还需涵盖施工人员的个人防护措施。施工人员应佩戴适当的防护装备，如安全帽、防护服、手套和安全靴等，以确保其在面对施工过程中可能出现的意外情况时，能够获得必要的保护。这些个人防护措施不仅有助于减少工伤事故，还能有效降低由于人员疏忽大意引发的安全隐患。对于高空作业和深坑作业的施工人员，除常规防护措施外，还应配备专门的安全带、生命线等装备，以应对突发的危险情况。安全管理部门应定期检查施工人员的防护装备使用情况，确保其处于良好的使用状态。

在施工过程中，强化施工现场的安全监控同样至关重要。安全管理人员需要对施工现场进行不定时的巡查，确保安全措施的落实情况；对施工人员的操作规范进行监督，及时纠正不规范的作业行为，防止因疏忽或违反操作规程而引发的事故。此外，安全监控系统的使用也能够增强安全管理的实时性和有效性。例如，现代排水设施施工项目广泛使用视频监控和传感器技术，通过实时监控系统，可以对施工现场的安全状况进行24小时不间断监控。一旦发现异常，系统能够及时报警并采取相应措施，防止事故的发生。

施工安全管理的规范化不仅仅依赖于技术手段和物理设备的保障，还需要通过组织体系和人员的协作来实现。在排水设施施工项目中，项目经理、安全经理和施工人员的密切配合至关重要。项目经理需要负责统筹整个施工安全管理的实施，确保安全管理措施得到贯彻落实。安全经理则负责具体的安全监督工作，及时检查施工现场的安全状况，评估和分析潜在的安全风险，并提出预防和应对措施。施工人员应当积极配合安全管理工作，遵守操作规程，定期参加安全培训，不违反安全操作要求。这种全员参与、层层落实的安全管理体系，可以有效提高施工安全的规范化水平。

排水设施施工安全管理的规范化，必须贯彻到每一个环节，确保各个层级的安全管理措施能够落实到位。除了一线施工人员的培训和风险评估外，还需要加强管理人员的安全意识，特别是对施工过程中可能出现的突发事件和特殊情况的应急处理能力。通过不断完善和规范化施工安全管理，施工单位可以有效避免和减少排水设施施工中的安全事故，提高施工效率和质量，为城市排水设施的建设提供有力保障。在未来的发展中，随着技术的不断进步，施工安全管理将更加智能化、信息化，施工安全的监控与管理将更为精细化和系统化，为建设更加安全、高效的排水系统奠定坚实基础。

二、施工质量的控制与检测

施工质量控制与检测在排水设施建设中具有至关重要的作用，它直接影响到排水系统的长期稳定性和运行效果。为了确保施工过程中各个环节的质量符合设计标准和技术要求，质量管理工作贯穿于项目的各个阶段。从施工前的准备工作到施工过程中的实施，再到施工后的验收和维护，每一个环节都需精心安排与严格执行。

在施工准备阶段，所有参与排水设施建设的设备、材料和施工工艺都必须经过全面而严格的质量检测。这一阶段的工作不仅要求设备和材料具备足够的质量保证，还应符合相关技术标准与规范。材料的选用必须考虑到材料在长期使用中的耐久性和适应性，设备的性能应满足排水系统对功能的要求。与此同时，施工工艺的确定应综合考虑施工环境、工艺成熟度、施工技术的可行性及经济性等因素。施工前的质量把控工作是一项基础性工作，它为后续施工过程的顺利进行奠定了坚实的基础。

施工过程中，质量控制的核心在于现场的监督与管理。为了确保每项施工工艺都严格按照设计图纸执行，并且符合技术规范的要求，现场质量管理人员需具备丰富的经验和专业的技术知识。管理人员不仅要对施工操作进行监督，确保施工工艺与技术标准相一致，还需要对现场施工环境、人员操作及施工设备的状况进行全面检查。现场的质量管理应当贯彻到每一项具体作业中，包括管道的铺设、连接、密封以及防渗漏措施等，每个环节都不能忽视。施工人员的操作规范、设备的合理使用以及材料的正确存放和保管，都会对最终的施工质量产生直接影响。因此，现场质量监督不仅仅是对施工进度的管理，更是对施工质量的全方位保障。

在施工过程中，定期对管道系统进行抽查和检测是质量控制的重要手段。抽查和检测的目的是及时发现和解决施工过程中可能出现的问题，防止隐患的积累。对于一些关键部位，尤其是涉及承重、耐久性和防渗漏的部件，应重点关注。在抽查时，质量管理人员应对施工细节进行详细核查，确保所有施工操作都符合设计要求。对于管道的焊接、连接、接口的密封等关键工艺环节，检测应覆盖施工全过程。管道的质量检测不仅仅是对施工质量的检验,也是对施工技术人员操作规范性的一种验证。通过抽查和检测,施工单位可以及时发现问题并进行调整和修正,避免问题积累导致系统性能的下降或工程质量的隐患。

在排水设施的建设过程中,隐蔽工程的管理尤为重要。隐蔽工程指的是施工过程中无法直接观察和检查的部分,如地下管道的铺设、管道的连接和密封等,随着施工的完成,这些部分将变得不可见,其未来的维护和检查将极为困难。因此,隐蔽工程的质量管理不仅仅是施工阶段的工作,更关系到后期设施的维护和使用。隐蔽工程的质量管理应当在施工过程中严格控制,并在施工完成后进行详细记录与验收。这些记录和验收资料将为未来的维护与修复工作提供重要依据,确保一旦出现故障,能够快速定位问题并进行修复。此外,在隐蔽工程完工后的验收工作中,相关部门应要求对隐蔽部分进行专项检查,确保施工质量符合相关要求。隐蔽工程的管理要求严格,并且应与其他阶段的质量管理紧密结合,形成系统化的质量控制链条。

为了确保施工质量,排水设施的建设应当采用先进的质量控制手段和检测技术。随着技术的发展,各种新型检测设备和技术手段已逐渐应用于排水设施的建设中。例如,管道的内部检测技术、无损检测技术等可以在不破坏管道结构的情况下,精准检测管道的内外部质量。这些技术手段不仅提高了检测的精度,还能大大提高工作效率和安全性。通过应用现代科技手段,施工质量的检测变得更加高效和全面,问题也能够在第一时间被发现并得到处理。质量控制不仅仅是人为的操作,它还需要依赖于先进的技术和方法来实现更高效、更精确的监控。

排水设施的建设质量与后期的运营管理息息相关。施工质量直接影响到排水系统的使用寿命、排水效率以及维护成本。一个质量过硬的排水系统能够在长时间内保持高效稳定运行,而施工质量不过关的排水系统则可能出现频繁故障,导致运营成本的大幅上升。因此,施工质量的控制不是一次性的工作,它还涉及长期的系统效能和经济性。通过全面加强施工质量管理,采用科学的检测手段和严谨的工作流程,施工单位可以有效提高排水设施的整体质量,保证其在实际应用中的稳定性与高效性。

三、工程验收与质量追踪管理

工程验收与质量追踪管理是排水设施建设过程中的重要环节，贯穿整个项目生命周期的始终。排水设施的质量管理并不局限于施工阶段，验收后的质量追踪同样是保障设施功能和安全性的关键环节。验收作为排水设施建设过程中的最后一道工序，其核心目的是确保排水系统能够按照设计要求投入使用，并具备长期稳定运行的能力。工程验收不仅是对建设成果的最终评估，更是对排水设施质量保障体系的完善和后续维护管理工作的起点。

在工程验收过程中，首先需要进行详细的现场检查。这一环节的主要任务是检查排水设施的实际建设情况是否符合设计图纸的要求，确认各项设计指标是否达标。这不仅包括对排水管道铺设情况、附属设施安装状况的检查，还涉及设备的安装是否按照相关标准进行，系统是否具备正常运行的条件。验收人员需要深入现场，逐一核对施工图纸与实际建设之间的差异，尤其是在结构、管道连接和配件安装等关键环节上，要确保施工过程中没有因技术问题或人为失误导致的隐患。此外，验收还需要对施工过程中使用的建筑材料进行详细的测试和检验，确保所用材料符合国家标准或行业规定的质量要求，避免因材料不达标引发的质量问题。

性能验证是工程验收过程中不可或缺的一个环节。排水设施的设计通常考虑到各种运行条件和外部环境影响，因此在验收过程中，需要通过多种测试手段，验证设施在实际使用中的性能表现。对于排水管道系统，测试内容通常包括水流通过性、排水能力、压力承受力等指标，确保系统能够在预期的使用条件下正常运行。对于雨水收集系统、污水处理设施等附属设施，验收人员要进行设备性能的检测，包括处理能力、净化效果、自动化运行等方面的验证。通过性能验证，施工单位可以及时发现设计或施工中可能存在的问题，并在问题发生之前进行调整和修正，确保排水设施在使用中的高效性与安全性。

验收合格后，排水设施进入日常使用阶段，质量追踪管理随之开始。这一阶段的质量管理工作不同于验收时的集中检查，更加注重的是系统的长期稳定性与可靠性。排水系统的质量追踪管理是一个持续的过程，目的是确保排水设施在长时间运行中始终能够满足设计要求,并且在发生故障时能够及时得到修复。在这一过程中,定期巡检是质量追踪管理的核心。巡检不仅包括对设施外观和表面状况的检查,还应通过先进的检测技术对设施内部进行深入检查,及时发现潜在的问题。定期巡检的频次和内容应根据排水设施的类型、使用环境以及运行状况进行合理安排,确保能够及时发现隐患,防止由于设施老化或故障导致的安全事故。

与巡检相伴随的还有对排水设施运行状态的实时监控。随着智能化技术的不断发展,越来越多的排水设施开始采用监控系统对其运行状态进行实时跟踪。通过安装传感器、监控摄像头等设备,管理人员可以远程获取系统的运行数据,包括水流量、管道压力、设备工作状态等。这些数据不仅可以用于判断系统的运行是否正常,还能帮助管理人员发现潜在的故障隐患。例如,若排水管道的压力出现异常变化,或设备的运行状态不稳定,实时监控系统能够及时发出警报,让管理人员采取必要的措施进行处理。实时监控为排水设施的质量追踪提供了精准的数据支持,能够有效提高排水系统的管理效率和应急反应能力。

除了巡检与监控,排水设施的质量追踪还需要建立完善的档案管理制度。每次巡检、维护和修复的详细记录都应作为设施质量追踪的一部分进行存档,并定期对档案资料进行整理和分析。通过对历史数据的归纳总结,管理人员能够更清晰地了解设施的运行趋势和常见问题,及时发现可能存在的系统性问题,并有针对性地进行改进。此外,排水设施的质量追踪管理还应包括对设施运行过程中各类数据的收集与分析。通过建立完善的数据库,管理部门可以利用大数据分析,对设施的运行效率、故障发生频次等指标进行长期跟踪,进而优化设施的运行策略,提高排水系统的管理水平。

排水设施的维护管理也是质量追踪管理的重要组成部分。在设施投入使用后,维护工作应及时开展,以确保排水系统的正常运行和延长其使用寿命。设施的维护管理不仅包括对日常小故障的修复,还涉及对系统的全面性检查和升级改造。例如,随着使用时间的增加,排水管道可能会出现老化、腐蚀等问题,这时候就需要对管道进行定期清理、修补或更换。维护工作还包括对排水设施运行过程中的各类设备进行检查与保养,确保设备的持续高效运行。同时,维护管理还应注重节能减排,探索通过优化运行模式、技术改造等方式,提高排水系统的运行效率，减少能耗和资源浪费。

质量追踪管理的目标是确保排水设施在整个生命周期内始终处于良好的运行状态，避免系统故障和安全事故的发生。通过全面的质量追踪管理，施工单位能够发现潜在的质量问题并及时解决，确保排水设施在使用过程中的安全性、可靠性和持续性。随着管理技术的发展和设备的智能化，未来排水设施的质量追踪管理将更加高效和精准，进一步推动城市排水系统的优化与可持续发展。

第四节 排水设施施工中的环保与法规要求

一、环保要求与施工中的绿色建筑实践

在排水设施施工过程中，环保要求的严格遵循是确保项目顺利推进和社会责任履行的重要环节。随着全球对可持续发展和环境保护的日益重视，排水设施施工不仅是技术工程，更是对生态环境的一次深度考验。施工单位需要高度关注施工过程中可能产生的各种环境影响，采取有效措施减少对周围环境的负面作用。具体来说，施工活动中的噪声、空气污染、土壤污染以及废水排放等因素，都可能对环境造成长期且难以修复的损害。因此，环境保护措施应贯穿整个施工过程，从项目立项到施工结束都需严格遵守相关的环保法规和技术标准。

在项目初期，施工单位必须对周围环境进行全面评估，识别和预判施工可能带来的生态负担。这一过程涉及对施工区域的环境现状、周围居民的生活质量以及生态环境的敏感度进行详细调查。通过对这些因素的深入分析，施工单位能够识别潜在的环境风险，并根据实际情况制定切实可行的环保方案。在这一阶段，环保评估报告成为决策的依据，它不仅帮助施工单位明确可能的污染源，还为施工过程中采取相应的预防措施提供指导。例如，在噪声污染方面，施工单位可以在施工现场周围设置隔音围挡，减少噪声扩散对周围居民的干扰；在空气污染方面，采取控制扬尘的措施，如洒水降尘、使用密闭的运输工具等，可以有效降低施工现场尘土飞扬对大气质量的影响。

排水设施施工过程中，噪声问题常常是最突出的环保挑战之一。施工机械的

使用和重型设备的操作通常会产生较高的噪声，这给周围居民生活带来较大困扰。为了有效缓解这一问题，施工单位应优先选择低噪声、低污染的施工设备和工艺，尽可能减少设备在高噪声状态下的使用时间。此外，施工单位还可以通过合理安排施工时间，避开夜间施工时段，减少噪声对周边环境的影响。与噪声污染相关的，还有施工过程中产生的振动，尤其是在地下管道铺设和地面开挖等环节，施工设备的振动会对周围建筑物造成潜在的损害。因此，在这些环节中，振动监测和控制技术的应用显得尤为重要，施工单位需要采取有效的措施，如降低设备的运行频率、增加减振设备等，以减少对周围环境的影响。

空气污染是排水设施施工中不可忽视的环境问题。施工现场的尘土、烟雾以及废气是空气污染的主要来源。施工单位应通过严格的环保措施，减少粉尘的扩散和有害气体的排放。有效的控制措施包括采用湿法作业、封闭施工区域以及定期洒水等方法，可降低施工中扬尘的传播范围。施工中使用的机械设备可能排放有害气体，对空气质量造成影响。为此，施工单位应确保所使用的机械设备符合国家环保标准，定期进行设备检查和维护，确保排放达到环保要求，从而避免对空气的进一步污染。

土壤污染也是排水施工中需要关注的环境问题之一。施工过程中，建筑材料的堆放、化学品的存储和废弃物的处理不当，都会对周围土壤造成潜在的污染。因此，施工单位需要在材料堆放和废弃物处理方面采取有效的控制措施。建筑材料应按照种类和用途进行分类存放，并确保不直接与土壤接触，特别是对易污染环境的有害物质，应采取封闭储存的方式，避免渗漏到土壤中。此外，施工过程中产生的废弃物也应及时清理并妥善处置，避免堆积或乱丢，确保施工区域的环境整洁，以防废弃物对土壤的污染。

排水设施施工中的废水排放也是一个关键环保问题。施工过程中产生的废水包括施工用水、冲洗设备用水以及雨水等，这些废水如果不加以处理，将直接影响周围水体的水质。施工单位需要设置专门的废水处理设施，对施工废水进行有效的处理和排放。在废水处理过程中，应根据废水的成分进行分类处理，确保各类废水达到相关环保标准后排放。施工过程中还应特别注意防止施工废水与雨水交汇，以免造成环境污染的扩散。在废水处理方案的设计和实施过程中，施工单位还需要根据当地的水环境保护法规和标准，确保所有排放符合规定的排放限值，防止对生态环境造成负面影响。

绿色建筑实践的核心在于通过技术创新和管理优化，最大限度地降低建筑施工和运营过程中对环境的负面影响。在排水设施的施工过程中，绿色建筑理念的落实体现为环保技术的使用与材料的选择。施工单位应考虑使用环保材料和低能耗设备，从源头减少施工过程中的资源消耗和环境污染；在施工后的建筑使用阶段，还应关注排水设施的长期运维，以确保其能持续高效地服务于城市排水需求，进一步减少资源浪费和环境负担。绿色建筑实践不仅仅是一次环保措施的实施，更是从项目全生命周期出发，考虑如何在施工、使用及后期维护阶段实现资源的高效利用与环境保护，最终实现可持续发展目标。

二、法规遵循与合规性要求

排水设施的建设与维护是城市基础设施建设的重要组成部分，对于保障城市正常运转与提升居民生活质量具有至关重要的作用。随着城市化进程的推进和环境保护意识的提升，排水设施的建设逐渐被纳入更为严格的法律和规范框架之中。为了确保排水设施的质量、环保性与可持续性，施工单位必须严格遵循相关的法律法规及合规性要求，确保在项目的各个阶段都能依法合规地进行。排水设施的施工活动不仅仅是工程技术的落实问题，更是与公共安全、环境保护及社会责任紧密相连的系统工程。

在中国，关于排水设施施工的法规体系涵盖了多个层面。国家层面有一系列的法律法规，如《建设工程安全生产管理条例》《城镇排水与污水处理条例》等，明确规定了排水设施建设中的各项技术要求、安全标准及管理流程。这些法规不仅仅涉及工程施工的具体操作规范，还强调了环境保护和资源节约等方面的内容。施工单位必须依据这些法规，确保在施工过程中采取合适的技术措施和管理手段，以避免施工过程中的环境污染、资源浪费以及安全事故的发生。

排水设施建设的合规性要求并不局限于施工过程中的技术和管理，还涵盖了项目审批与各类检验环节。根据相关法规，排水设施的施工活动需要经过严格的审批程序。在项目开工之前，施工单位必须提交详细的设计方案，并通过相关主管部门的审查与批准。在施工过程中，项目各个阶段都需要接受相应的检查与监督，确保每一个环节都符合标准与要求。这些审批和检查流程，既是对施工单位的约束，也是保障排水设施质量与安全的有效手段。每一项工程决策和技术措施，都需要充分考虑相关法规的指导，确保所有建设行为都合法合规。

施工单位在执行排水设施建设时，必须与政府相关监管部门保持密切的沟通与协作，确保所有活动都在合法框架内进行。项目的实施不仅依赖于工程师和管理人员的技术能力，也需要法律和政策的保障。在施工过程中，施工单位不仅要遵循设计方案的技术要求，还要确保所有工序的合法性与合规性。所有施工活动的合规性，不仅仅体现在对法定程序的遵守上，还体现在施工过程中对安全、环境、质量等多方面要求的执行。只有合规操作，才能确保排水设施的建设达到预期效果，最终满足社会公共利益的需求。

排水设施的合规性并不限于施工阶段，还延续至设施的验收与运行管理。在排水设施建设完成后，相关部门会对工程进行验收，确保其各项技术指标符合标准，系统能够正常运行。这一阶段的验收工作也是合规性的最后一道关卡，只有通过验收，工程才能正式交付使用。而在设施投入使用后的日常管理过程中，排水设施的运行依然需要遵循一系列法律法规，确保设施能够长期稳定运行，符合环保要求和安全标准。这要求运营管理部门持续监控系统的运行状态，定期进行设备检查与维护，确保任何潜在的隐患都能得到及时解决，从而防止设施出现故障、污染或其他安全事故。

法规遵循与合规性要求不仅仅是排水设施施工的"硬性规定"，更是对社会责任和可持续发展的深刻体现。在现代城市建设中，排水设施作为城市环境管理的重要组成部分，直接影响城市生态环境的质量和居民的生活品质。排水设施的不合规建设或运营，不仅会导致水质污染、地下水源受损等环境问题，还可能导致重大的安全事故。因此，遵循相关法律法规，不仅是每一个施工单位应尽的责任，也是整个社会共同推动可持续发展的基础。

随着国家对于环保、资源节约与绿色发展的重视，排水设施建设和运营中的法规遵循逐渐向着更加严格的方向发展。越来越多的地方政府对排水设施的施工与运营设置了更加详细的法律要求，涵盖了从项目立项、设计审批到施工管理、验收和后期运营的全过程。施工单位和相关管理部门必须适应这些变化，强化合规意识，确保工程项目在技术标准、环保措施和安全保障等方面达到法规要求。同时，这些合规性要求也促使整个排水行业向更加高效、环保和智能化的方向发展，推动着排水设施的技术创新与管理升级。

三、排水设施施工中的生态保护与可持续发展

在现代城市化进程中，排水施工不仅要满足城市日常排水需求的基本要求，更应关注生态保护和可持续发展的目标。随着环境问题的日益突出，排水设施施工中的生态保护已成为建设项目中的核心问题之一。施工单位在开展排水设施施工前，必须进行全面的环境影响评估，以确保施工活动不会对周围生态环境造成不可逆的损害；这一过程需要通过科学的评估手段，充分考虑排水设施施工可能引起的土壤、水体、大气等方面的污染风险，并采取有效的防控措施，确保环境的长期安全。

在施工过程中，采用可持续材料和技术已成为重要的施工原则之一。传统的建筑材料和施工技术往往存在资源消耗大、废弃物排放量高的问题，而可持续材料和绿色施工技术则能够有效减少资源浪费和环境负担。现代排水设施施工中，采用环保型建材和先进施工工艺，可以减少对自然资源的依赖，同时提高施工效率并降低成本。这些新型材料不仅具备更高的耐久性和更低的环境影响，而且在施工过程中对生态环境的破坏相对较小。与传统材料相比，绿色建材能够在满足排水功能的基础上，更好地保护自然生态，促进资源的循环利用，降低环境污染。

除了材料的选择外，排水施工中对水源的保护也应引起高度重视。施工废水和污水的处理、排放标准是确保施工过程不会对周围水体造成污染的重要措施。排水施工过程中，常常伴随大量的土方工程、混凝土浇筑及机械设备的使用，这些活动可能产生大量的废水、废弃物和有害气体。如果不采取有效的水源保护措施，这些污染物可能进入附近的河流、湖泊等水体，对水环境产生严重影响。因此，在排水施工现场，必须建立完善的废水收集与处理系统，并确保所有废水和污染物经过处理后，达到相关环境标准再排放。这一系列环保措施，可以有效防止施工过程对水源的污染，确保水体的健康与安全。

排水设施建设本身应与城市的绿色发展目标相契合，这是现代城市发展理念中的重要组成部分。随着全球环保意识的增强，城市建设愈加注重绿色低碳发展，排水设施建设同样需要服务于这一目标。绿色排水系统不仅是对城市环境的保护，也是推动社会可持续发展的关键环节。排水设施的设计与建设应融入生态环保的理念，采用环保的材料、施工方法和管理模式，以降低对环境的负面影响。实施绿色排水设施，不仅能提高城市的水资源利用效率，还能改善城市的水质状况，减少水污染和生态破坏。在其建设与实施过程中，施工单位需与设计单位、环保部门密切合作，确保每个环节都符合可持续发展的标准。

从更宏观的角度看，排水施工中的生态保护与可持续发展，不仅仅是单一项目的要求，它还关系到整个社会和城市系统的长远利益。在现代城市的水循环管理中，排水系统的建设与维护是一个复杂而长期的过程，任何阶段的失误都可能对生态环境造成深远影响。因此，生态保护和可持续发展在排水施工中的实施，不仅是为了减少当前的环境负担，更是为了维护城市生态系统的长期稳定性和健康性。施工单位不仅要在项目建设过程中考虑生态影响，还应在项目完成后持续关注设施的运行与维护，确保排水设施能够在不造成环境破坏的前提下长时间稳定运行。

随着技术的不断进步，排水设施施工中的可持续性也在不断提高。例如，利用先进的水处理技术和绿色建材，可以将施工对环境的影响降到最低；使用智能化管理系统，可以实现排水设施的高效运行，进一步节省资源和降低能耗。在排水设施建设的每一个环节，从设计、施工到后期的维护管理，都应融入可持续发展的理念，确保项目的环境、经济和社会效益能够长期共存。

第六章　排水处理设施的运行与管理

排水处理设施是城市排水系统的重要组成部分，其主要功能是处理污水与雨水，确保其达标排放并符合环保要求。排水处理设施的类型多种多样，包括污水处理厂、雨水收集与处理设施等，而每种设施的设计、建设和运行管理要求也有所不同。设施的运行技术指标与维护要点直接关系到其工作效率与处理能力，因此，如何通过科学管理来提高排水处理设施的运行效益，是城市排水系统管理中的核心问题之一。定期的设备检修与保养可以有效延长设施的使用寿命，并确保设施在运行中的高效性。面对运行过程中可能出现的问题，如设备故障、处理能力不足等，及时发现并采取有效的应对措施，保证设施持续稳定运行，是管理者必须重视的环节。本章将分析排水处理设施的功能与分类，探讨设施运行中的技术指标与维护要点，详细介绍处理设备的定期检修与保养方法，并分析设施运行过程中可能出现的常见问题及解决措施。

第一节　排水处理设施的功能与分类

一、排水处理设施的基本功能

排水处理设施在现代城市基础设施中扮演着至关重要的角色，其基本功能在于保障城市水环境的安全与可持续发展。随着城市化进程的加速，人口密度的增加及工业化水平的提高，城市排水系统面临着前所未有的压力，排水处理设施的功能和作用也愈加显得不可或缺。排水处理设施的核心任务是对城市中产生的污水和雨水进行有效的处理，使其符合国家和地方的排放标准，从而最大限度地减少对环境的负面影响，促进水资源的循环利用并改善城市生态环境。

从技术层面来看，排水处理设施的功能体现在多方面。排水处理设施通过多重物理、化学和生物处理过程，去除水中的悬浮物、污染物、溶解物以及有害物质。这些污水中的污染物通常包括有机物、无机盐、重金属、病原微生物等多种复杂成分。为了实现污水的有效处理，排水设施采用了物理方法、化学方法，以及生物降解等手段，在不同的阶段对污水进行不同性质的净化。物理方法通常通过沉淀、过滤等方式去除水中的大颗粒悬浮物，化学方法则通过添加化学药剂与污染物发生反应，生成可沉降的物质或通过氧化还原反应分解有害物质。而生物处理过程则通过微生物的代谢活动，将水中的有机物转化为无害的物质，从而实现污染物的降解和去除。

排水处理设施的功能并不限于水质净化，还包括对水量的调节和对雨水的有效利用。在现代城市排水系统中，雨水不仅是降水的自然现象，更是水资源管理中的一个重要组成部分。通过设置雨水处理和回收设施，排水系统能够有效地收集、存储和利用雨水，减轻城市污水处理设施的负担，同时缓解城市内涝问题。雨水通过初期的沉淀和过滤处理后，可以用于灌溉、道路清洗等非饮用水用途，从而实现水资源的循环利用。这不仅提高了城市水资源的使用效率，也减小了城市污水的排放压力，为建设可持续发展的城市环境提供了技术支持。

排水处理设施在减少环境污染、保护水体质量方面具有重要意义。随着全球水资源短缺和水污染问题日益严峻，保护水环境已经成为各国政府和社会各界的共同目标。排水处理设施的有效运行能够有效地防止水体污染，确保城市排放的水不对周边生态环境造成破坏。通过去除水中的有害物质，排水设施不仅保障了城市水体的清洁，还能减少水体富营养化现象的发生。富营养化是指水体中营养物质浓度过高，导致水体生态系统失衡的现象，这一现象常常伴随水华的发生，严重影响水质和水生生态系统的稳定。排水设施通过强化对有机物和氮、磷等营养盐的去除，有助于减缓富营养化的进程，恢复水体的生态功能。

排水处理设施对于城市生态环境的改善作用同样显著。随着城市化进程的加速，城市环境面临着空气污染、噪声污染、水污染等多重挑战。水体污染不仅影响人们的生活质量，也会对生态系统造成长期性损害，甚至威胁到生物多样性。

排水处理设施通过去除水中的污染物，恢复水体的清洁度，改善水环境，为城市居民提供更加健康的生活条件。同时，清洁的水体对维持城市生态系统的平衡具有重要意义，能够支持水生动植物的生存，为城市绿地和生态公园的建设提供生态保障。提升排水处理设施的运行水平，能够有效推动城市生态环境的可持续发展，进一步提升城市的生态服务功能。

排水处理设施还具备调节城市水文循环的能力。在传统的城市排水模式中，过量的污水和雨水往往直接排入城市河流或水体，造成水量过载，甚至引发洪涝灾害。排水处理设施通过集成雨水和污水的双重处理功能，能够在暴雨等极端天气情况下，采取灵活的调节措施，避免过量水流造成的灾害。同时，排水设施还可以根据水量的变化，自动调节水流速率和储存容量，以适应不同的降水强度和水体污染水平。这一功能不仅保障了排水系统的稳定运行，还为城市的防洪减灾工作提供了技术支持。

排水处理设施在城市水资源管理、环境保护以及生态建设中发挥着不可替代的作用。通过物理、化学和生物等多种处理方式，排水设施能够有效去除水中的各类污染物，保护水体质量，防治水污染，改善城市生态环境。同时，排水设施也在雨水利用、水资源循环等方面发挥着积极作用，推动城市向绿色、可持续发展方向迈进。未来，随着技术的不断创新和管理水平的提高，排水处理设施的功能将进一步拓展，成为城市基础设施中的重要支柱，为实现环境保护、资源节约和生态可持续发展做出更大贡献。

二、污水处理设施的分类

污水处理设施是现代城市基础设施的重要组成部分，其主要功能是去除污水中的污染物，保护水环境和公共卫生。污水处理的过程复杂且多样，涵盖了物理、化学和生物等多种处理手段。基于污水处理的不同方式，污水处理设施可以进行多种分类，每种分类方式都有其独特的适用场景和优势。根据处理方式的不同，污水处理设施通常分为物理处理设施、化学处理设施和生物处理设施，这些设施各自承担着不同的处理功能，并在污水处理的不同阶段发挥作用。此外，污水处理设施还可以按照规模和设计形式进行分类，分别包括集中式污水处理设施和分散式污水处理设施。不同类型的污水处理设施在设计、建设、运营和管理等方面有着不同的技术要求和实施难度，了解这些分类能够为实际应用提供重要的指导。

物理处理设施主要利用物理方法去除污水中的悬浮物和固体污染物，通常通过沉淀、过滤、吸附等方式进行处理。该类设施的基本工作原理是通过物理作用使固体物质与水分离，从而减少水中的悬浮颗粒和污染物。沉淀池是最常见的物理处理设施之一，广泛应用于初期污水处理过程中。通过物理分离，沉淀池能够有效去除水中的大部分悬浮物和泥沙，减少水体的浑浊度。除了沉淀池，过滤装置也是物理处理设施中常见的设备，通过滤网或滤床的作用，将污水中的细小固体颗粒滤除。吸附法则主要利用吸附材料的表面特性，通过吸附作用去除污水中的一些溶解性污染物，尤其在处理水质较复杂的污水时具有重要意义。

化学处理设施则依赖于化学反应来去除水中的有害物质。这类设施主要通过添加化学药剂，与水中的污染物发生反应，生成不溶物质或能被进一步处理的化合物。化学沉淀法是一种常见的化学处理方式，通常用于去除水中的重金属离子和某些溶解性污染物。通过添加化学沉淀剂，如石灰或铁盐，水中的有害离子与沉淀剂反应生成固体沉淀，从而被去除。另一种常见的化学处理方法是氧化还原反应，使用强氧化剂将水中的有机物或其他有害物质转化为无害的化合物。化学处理方法具有去除污染物的高效性，尤其适用于那些物理和生物方法无法处理的复杂污染物，然而，化学药剂的使用也需要谨慎，以免引入新的污染问题。

生物处理设施是污水处理中的核心技术之一，主要依赖于微生物的代谢作用去除水中的有机污染物。这类设施的设计理念基于自然生态的原理，通过模拟自然环境中的有机物分解过程，将污水中的有机污染物转化为无害物质。活性污泥法和生物膜法是生物处理常用的两种技术。活性污泥法通过培养大量的微生物（即活性污泥）在污水中降解有机物，经过沉淀后，微生物的剩余部分被去除。生物膜法则通过将微生物附着在载体上，形成生物膜，通过生物膜与污水中的污染物接触，降解其中的有机物。生物处理设施的优点在于能够高效地去除污水中的大部分有机物，且操作相对简单，运行成本较低。然而，生物处理的效率受到多种因素的影响，包括水温、pH值、溶氧量等，因此需要严格控制运行参数。

根据设施的规模和设计形式，污水处理设施还可以分为集中式污水处理设施和分散式污水处理设施。集中式污水处理设施通常服务于大范围的城市或工业区，能够处理大量的污水。其特点是处理能力强、规模大、投资较高，适用于城市化程度较高的地区。集中式污水处理设施一般设计为集中的处理池和机械设备，能通过一套完整的处理工艺，去除污水中的多种污染物。集中式污水处理设施需要较高的技术水平和较长的建设周期，但其规模化效益使其能够有效降低单位水量的处理成本，适合大规模应用。与之相对的是分散式污水处理设施，这类设施通常适用于偏远地区或人口稀少的乡村。分散式污水处理设施处理规模较小，主要特点是灵活性强、投资较低，建设周期较短。分散式污水处理设施的设计一般会考虑到现场环境特点，通过就地取材和采取分布式处理技术，进行小规模的污水处理。虽然分散式污水处理设施在处理能力上无法与集中式设施相比，但它能够为特定区域提供高效、低成本的解决方案。

每种类型的污水处理设施在不同的使用场景中具有不同的优势和挑战，设计时需要综合考虑污水处理的技术要求、经济成本、建设周期等因素。物理处理设施通常用于前期的初步净化，化学处理设施适合处理复杂的水质问题，而生物处理设施则常常作为污水处理的核心技术，广泛应用于各类污水处理厂中。集中式与分散式污水处理设施则根据服务区域的大小和污水量的不同，分别为不同地区的污水处理提供解决方案。随着科技进步和环保意识的增强，未来污水处理设施将更加注重多种技术的集成与创新，提高处理效率的同时，减少对环境的负面影响，进一步推动可持续发展的目标。

三、复合型排水处理设施的功能整合

复合型排水处理设施的功能整合，体现了现代城市排水系统对多重挑战的响应，包括环境保护、城市水资源管理以及极端天气应对能力的增强。随着城市化进程的加速，传统的单一排水系统已经逐渐无法满足日益增长的水污染治理需求以及对雨水有效管理的迫切需求。在此背景下，复合型排水处理设施的功能整合逐渐成为主流发展趋势。这些设施通过结合污水和雨水处理的多种技术，最大限度地提高了排水系统的综合效能，不仅解决了单一排水问题，还有效提高了系统的适应能力和抗干扰能力。

复合型排水处理设施的设计思路,源自对水处理技术不断创新与优化的需求。污水和雨水处理的功能融合,不仅能实现高效水质净化,还能通过多元化的处理手段提升处理后的水质,确保排放符合越来越严格的环保标准。复合型排水处理设施通过集成先进的膜技术、人工湿地等多种处理方式,充分发挥各项技术的优势。膜技术通过物理过滤、反渗透等原理,能够有效去除水中的悬浮物、细菌、有害化学物质等污染物,确保水质达到排放标准。人工湿地作为一种生态型水处理技术,利用植物的生物过滤作用,在水体净化过程中发挥着重要的作用,不仅能有效去除水中的污染物,还能提升系统的生态效益。这些技术的结合,使得复合型排水处理设施不仅能在常规条件下高效运作,更能够在极端天气事件、强降水等情况下保持较高的处理效率。

复合型排水处理设施具有较强的灵活性和应变能力,尤其在面对极端天气变化时,展现出其独特的优势。随着全球气候变化带来的极端天气频发,传统的排水处理系统往往难以应对突如其来的大规模雨水汇聚和水体污染。在这种情况下,复合型排水处理设施通过多重处理单元的组合,能够迅速调节处理能力,适应水量变化带来的挑战。例如,在大雨天气时,雨水收集和储存系统可以迅速接纳大量的雨水,并通过膜技术和湿地处理系统逐步净化水质,避免污水溢流和污染物直接排放到环境中。与此同时,系统的模块化设计和功能的整合,也使得在水质不达标时,能够灵活启动备用处理单元,保证水质处理的连续性和稳定性。

复合型排水处理设施的另一大优势在于其系统的高效能与资源的可再生性。除了净化排放水外,这些设施往往具备回收和再利用水资源的功能。在水资源日益紧张的今天,城市对水资源的回收利用需求越来越强烈。复合型排水处理设施通过对雨水的收集、过滤、净化和储存,不仅能有效降低城市排水压力,还能为城市提供一定量的非饮用水源,如用于城市绿化、工业冷却等。通过这种方式,复合型排水处理设施实现了水资源的高效循环利用,有助于缓解水资源短缺问题,并推动了城市可持续发展的目标。

从生态角度来看,复合型排水处理设施的整合还具有显著的生态效益。传统的污水处理往往以机器设备为核心,处理过程依赖于大量的能量消耗和化学药剂，长期运行可能对环境产生一定的负担。而复合型排水处理设施的人工湿地部分，利用植物与微生物的天然过滤作用，能够减少对人工能耗和化学药品的依赖，实现更加环保和低碳的水处理方式。植物根系的吸附作用与湿地内丰富的微生物生态系统，共同作用于水体中的污染物，去除水中的有机物、重金属以及其他有害物质，同时还能增加水体中的溶解氧，改善水体质量。这种自然净化的过程不仅能减少二次污染，还对提高水质、增强生物多样性具有积极意义。

复合型排水处理设施的功能整合还促进了城市排水系统的韧性提升。在面对极端天气事件和不确定性环境的挑战时，传统的排水设施通常容易出现过载和功能失效。而复合型排水处理设施通过集成多种处理功能和灵活调度的能力，使得排水系统能够在复杂和变化的环境中持续稳定运行。这些设施不仅能提高雨水排放的效率，还能通过适应性设计增强城市排水系统的抵御能力，减少因排水设施故障或处理能力不足而引发的城市洪涝灾害。

复合型排水处理设施的功能整合，是应对未来城市排水需求和环境挑战的有效途径。通过结合先进的处理技术与生态处理方式，复合型排水处理设施能够高效、灵活地处理污水和雨水，提升城市排水系统的抗风险能力和应变能力。随着技术的不断发展和应用的深入，复合型排水处理设施将成为未来城市排水管理的核心组成部分，推动城市可持续发展，并为应对气候变化、资源短缺等全球性问题提供有效的解决方案。

第二节　设施运行的技术指标与维护要点

一、排水处理设施的运行技术指标

排水处理设施的运行效果直接影响到城市排水系统的整体效率以及生态环境的可持续性。因此，评估排水处理设施的运行状态需要依据一系列的技术指标，这些指标不仅能反映出设施的处理能力，还能揭示其是否达到了设计标准及环保要求。水质指标、流量指标和能效指标是常用的评估维度，它们相互关联、互为支撑，共同决定了排水处理设施的运行质量。

水质指标是评估排水处理设施运行效果的核心参数之一。常见的水质指标包括化学需氧量（COD）、生物需氧量（BOD），以及氮、磷等污染物的含量。这些指标能够反映水中有机物和营养物质的浓度水平，从而评估排水设施对污染物的去除效果。COD和BOD是衡量水体污染程度的重要参数，前者代表水中有机物质的氧化还原反应所需的氧气量，后者则反映微生物分解水中有机物时消耗的氧气量。氮、磷是水体富营养化的主要原因，因此，它们的浓度控制对于保护水体生态系统具有重要意义。排水处理设施在运行过程中，必须严格控制这些水质指标，确保排放水质符合环境标准，防止水体污染的扩散。

流量和流速是评估排水设施运行效率的关键水量指标。流量反映了排水系统在单位时间内处理的水量，它直接关系到设施的设计能力以及实际运行能力。不同季节和不同气候条件下，水流量可能会发生波动，如何应对流量的变化，确保设施在各种情况下都能稳定运行，是排水设施设计与管理的一个重要挑战。流速则是描述水流在管道或处理单元内流动速度的参数，它与水处理效果密切相关。过低的流速可能导致水质停留时间过长，影响水质的有效处理；而过高的流速则可能导致设备的损耗加剧，甚至引发管道堵塞或设备故障。因此，合理的流速控制是确保排水处理设施长期稳定运行的基础。

除了水质和水量指标外，能效和效率也是衡量排水处理设施是否达到预期效果的重要标准。处理能耗通常指在单位水量的处理过程中，所消耗的能量水平，它与设施的运行成本密切相关。降低处理能耗不仅能提高设施的经济性，还能减少对环境的负担。随着技术的不断进步，越来越多的排水处理设施开始采用先进的能源管理和回收技术，以提高能效，降低运行成本。在这一过程中，回收率成为一个重要指标，它衡量了排水处理中可再生资源的回收效率，特别是在污水中回收有价值的物质（如氮、磷等）方面具有重要意义。回收率的提高不仅能降低设施的运营成本，还能推动资源的循环利用，促进可持续发展。

排水处理设施的运行技术指标应根据不同类型的处理工艺进行适当的调整。不同的处理方法对水质和水量的要求不同，因此，设施在设计阶段应根据当地的排水需求、污染物特性及环境标准，选择合适的技术路线。在设施运行过程中，定期监测这些技术指标对于确保系统高效运作至关重要。一旦发现指标偏离正常范围，及时调整处理工艺或加强维护措施，以保障设施的稳定运行和环境保护目标的实现。

现代排水处理设施的设计与运行越来越依赖于信息化与智能化技术，通过实时监控系统、自动化设备和数据分析平台，管理人员能够精准掌握设施运行中的各项技术指标。实时数据不仅能帮助人们判断设施当前运行状态，还能对设施的长期稳定性提供预警，及时发现潜在的故障或异常，避免因设备老化或操作失误导致的系统崩溃。通过智能化的管理系统，排水设施不仅能提高水质处理的效率，还能在面对复杂的环境和流量变化时，动态调整运行参数，确保设施在各种情况下都能够保持最佳的处理效果。

随着环保要求的不断提高，未来排水处理设施的运行技术指标将更加严格，且指标的多维度评估将成为普遍趋势。除了传统的水质和水量指标外，更多与环境保护、资源利用效率等相关的综合性指标将被纳入评价体系。在这些新兴指标的推动下，排水处理设施将朝着更高效、节能、环保的方向发展，同时也为应对全球气候变化和资源紧张问题提供有力支持。

二、维护管理中的监测与调控技术

排水处理设施的运行维护是保障城市排水系统正常运转的关键环节之一，其复杂性不仅体现在设施的多样性和技术要求上，还表现在对实时监控和精准调控的高度依赖。随着科技的进步，监测与调控技术已成为确保排水设施高效运行的重要手段。在这一过程中，自动化控制系统、在线监测设备及数据分析技术等相继得到应用，这些技术不仅提升了设施运行的智能化程度，也为排水设施的管理带来了全新的视角。

排水设施的运行状况通常涉及多个方面，包括流量、流速、水质、压力及温度等，这些参数的变化直接影响着排水处理效果和设施的安全性。传统的管理模式通常依赖人工检查和定期维护，而随着城市化进程的推进，排水设施规模逐渐增大，单纯依靠人工巡查和定期检修已无法有效保障设施的高效运行和长期稳定。因此，自动化控制系统的引入成为现代排水设施管理的重要方向之一。自动化控制系统通过对设施运行状况的实时监控，能够在出现故障或异常时及时响应，避免了人工检查带来的延迟性和不确定性。该系统不仅能自动调整设施的运行参数，还能在出现突发事件时发出预警信号，从而确保设施在各种复杂情况下依旧能够高效、安全地运行。

在线监测设备的广泛应用极大提升了排水设施管理的精确度与效率。这些设备能够在实时获取设施运行数据的同时，进行数据传输并将其集中到管理平台。监测数据通常涵盖多个层面，不仅包括排水管网的流量、流速等物理参数，还涉及污水处理过程中水质的各项指标，如pH值、溶解氧、浑浊度等。这些参数对排水设施的正常运行至关重要，若其中任何一项发生波动，可能意味着设备或系统存在潜在故障或即将发生的运行问题。在线监测设备能够确保在设施运行过程中，相关人员能够第一时间掌握系统的实际状态，避免因信息滞后而错失最佳维护时机。

数据分析技术在排水设施的监测与调控中也占据了不可或缺的地位。随着传感器技术和信息技术的飞速发展，排水系统中的监测数据数量和类型呈爆炸式增长。如何从这些海量数据中提取有价值的信息，准确分析设施的运行状态，成为管理者面临的重要挑战。数据分析技术通过智能化的算法，能够实时处理并分析从在线监测设备采集到的各种数据，进而判断排水设施的运行情况。这些技术不仅能对设施的常规运行参数进行预测性分析，还能在出现异常时提供故障诊断，帮助管理人员迅速采取针对性措施，从而提高设施的运行稳定性和处理能力。

在排水设施的维护管理过程中，实时监控和数据分析相结合的模式展现了巨大的潜力。通过对设施运行的全方位实时监控，管理人员可以获得更准确的数据，做出更加科学的决策。数据分析系统能够根据历史数据对设施进行趋势预测，从而为管理者提供提前预警的能力。基于这些技术，排水设施的维护不再是事后补救式的工作，而是能够通过实时反馈和预测性维护，提前识别和解决潜在的系统故障问题。通过这种方式，排水设施的整体可靠性得到了显著提升，突发性问题的发生率也大大降低，确保了城市排水系统的高效运作。

更重要的是，先进的监测与调控技术不仅能提升排水设施的运行效率，还能优化资源的配置，减少能源浪费。在传统管理模式下，排水设施往往只能在固定的工作模式下运行，无法根据不同的环境和需求进行灵活调整。而在智能化监测和自动调控系统的支持下,排水设施能够根据实时数据调整运行参数,优化能耗和处理效率。尤其是在干旱或暴雨等极端天气情况下,排水系统可以通过自动化系统快速响应,动态调整排水量和处理能力,避免系统过载或资源浪费。

在排水设施的维护管理中,监测与调控技术的综合应用使得设施运行进入了一个更加高效、智能和可持续的时代。这些技术不仅改变了排水设施的管理模式,也为应对日益复杂的城市排水问题提供了强有力的技术支持。通过集成化的监控系统和智能化的调控手段,未来的排水设施将不再仅仅依赖传统的手工巡查和定期维护,而是通过更加先进、精准的技术手段,实现自我优化和自主调节。这不仅能提升设施的运行效率,还能降低维护成本,提高资源利用率,为城市排水系统的可持续发展奠定坚实的基础。

三、设备运行中的能效与环保要求

在现代排水处理设施的运行中,能效与环保要求已成为衡量其运行质量和可持续性的两个关键因素。随着城市化进程的加速与环境保护意识的提升,如何在确保排水处理能力的同时,实现能源使用的最优化与污染物排放的最小化,已成为排水工程管理的一个重要方向。能源的高效利用不仅能有效降低排水设施的运营成本,还能减少设施对环境的负担,为实现绿色可持续发展目标提供保障。

能效优化是排水处理设施运营中的核心任务之一,主要体现在能源的合理配置与高效使用。排水设施的能效管理不仅涉及设施中使用的各种设备的能源消耗控制,还包括整体系统在运行过程中的能效提升。随着技术的进步,许多新型节能设备和高效工艺在排水处理过程中得到了应用。通过合理配置处理流程、优化设备运行参数,以及采用先进的能量回收技术,排水设施能够在保持高处理效率的同时,减少对能源的需求。例如,采用低能耗的泵站和风机,或者利用回收的能量为系统中的其他环节供能,都可以有效地提高系统整体的能源利用效率。此外,设施的管理人员还可以通过数据监控和分析,实时掌握设备运行状态,并根据能效指标进行相应的调整和优化。这种基于数据的动态管理模式能够确保排水处理设施在不同负荷条件下始终维持最佳的运行状态。

排水设施的能效不仅关乎其运营成本的控制,更与全球气候变化密切相关。

随着气候变化问题的日益严重，减少温室气体排放已成为全球共识。在排水设施的运行过程中，特别是在污水处理和水处理工艺中，能源消耗通常伴随着温室气体的排放。如何在减少能耗的同时有效降低温室气体的排放，是排水处理领域面临的一项重要挑战。为了实现这一目标，许多排水设施已经开始采用一系列创新技术来替代传统的高能耗、高排放工艺。例如，采用太阳能、风能等可再生能源为排水设施提供能源，或使用生物质能源等替代性能源来进行设施的运行和管理，可以在一定程度上减少对传统能源的依赖，从而降低温室气体的排放。此外，智能控制技术的引入，使得排水处理设施能够更加灵活地调节能量使用，根据实时数据自动优化设备运行，避免能源的浪费，进一步减少碳排放。

在环保方面，排水设施的运行不仅要符合环保法规的要求，还要尽可能降低对周围环境的负面影响。污染物的排放控制是排水设施设计与管理中的另一项关键任务。排水设施的最终目标是将城市污水和雨水等废水中的污染物处理到符合排放标准的水平，从而保护水体及其生态环境。在这一过程中，控制污染物的排放种类、数量和浓度，减少污染物进入自然水体的量，成为排水设施管理的核心内容。通过采用高效的水处理技术和设备，排水设施能够在较短的处理时间内去除水中的有害物质，降低水质对生态系统的影响。与此同时，设施还需严格遵循国家和地方政府的环保法规和排放标准，确保所有处理过程都符合最新的环境保护要求。在实际操作中，许多排水设施已经采取了多种先进的污染物去除技术，如膜分离技术、先进氧化工艺和生物处理技术等，这些技术不仅提高了水处理效果，还能减少二次污染，进一步保护生态环境。

资源回收和再利用是排水处理设施环保管理中的另一个重要方面。随着资源短缺问题的日益严峻，废水中的一些资源（如水、热能、营养物质等）逐渐被看作是可以再利用的宝贵资源。许多现代排水设施通过设置回收系统，能够有效地从污水中回收可用的资源。例如，水的回收再利用可以用作非饮用水源，供城市绿化、消防等非饮用需求使用；污水处理过程中产生的热能可以通过热泵等设备回收并用于设施的供暖或其他能源需求。通过这些技术，排水设施不仅减少了对外部能源的需求，还减少了水资源的浪费，推动了资源的可持续利用。同时，排水处理过程中产生的有机废物（如污泥）也可以通过厌氧消化等技术转化为可利用的能源，进一步提高能源的回收效率。污泥中还含有一定量的有机物和营养元素，可以通过堆肥或其他方法转化为肥料，这样不仅降低了污泥处置的难度，还能为农业等领域提供有价值的资源。

第三节 处理设备的定期检修与保养

一、检修周期的设定与实施

设备的检修周期设定与实施是保证排水设施稳定、高效运行的基础性工作，直接关系到排水系统的整体性能和长远发展。随着城市化进程的加快，排水设施的规模逐渐扩大，涉及的设备种类也愈加复杂。因此，制定科学合理的检修周期，不仅是确保设备运行稳定、延长使用寿命的必要措施，也是有效降低设备故障率、提升整体排水系统效率的关键环节。合理的检修周期能够根据设备的特性、工作负荷及外部环境等因素，精确设定检修时间，避免资源浪费，同时保障排水设施的高效运作。

设备在运行过程中，特别是在长时间的使用和高强度的工作负荷下，难免会遭遇不同程度的磨损、腐蚀和老化。这些问题的积累往往是在无形中影响设备的正常运行，甚至可能导致突发性的故障或事故，给排水设施的稳定性和安全性带来巨大风险。因此，定期检修显得尤为重要。对设备进行系统的检查、保养和维护，可以及时发现隐患、修复损坏部件，从而减少设备故障的发生频率，确保设备在最佳工作状态下运行，避免因设备失灵而造成的系统性故障，减少突发事件对排水系统运行造成的不良影响。

为了确保检修工作高效且不影响排水设施的正常运行，检修周期的设定必须依托于设备的实际运行情况及其技术要求。不同类型的设备在设计、功能和使用环境上存在较大差异，因此其检修周期的制定也应因设备而异。例如，泵站、污水处理设备、管道系统等各类设备的使用强度不同，对故障发生的敏感性也不尽相同。对于一些长期处于高负荷运行的设备，其检修周期应适当缩短，以确保设备运行的稳定性。相反，对于使用较为平稳的设备，可以适当延长检修周期，但也必须严格控制检修质量，确保其运行安全。设备的使用环境对检修周期也有重要影响。例如，存在腐蚀性气体或极端温湿度的环境中，设备易遭受损坏，因此检修周期应根据实际情况进行调整，避免环境因素对设备造成额外的负担。

在实施检修周期时，不仅要考虑设备的基本运行状态，还需要结合历史数据和经验进行综合分析。对设备故障类型进行分类统计，可以确定最常见的问题及其发生的频率，从而制订有针对性的检修计划。以历史故障为依据的周期性检修，不仅能有效防止设备在突发情况下出现无法预见的故障，也能够为管理者提供更多的参考依据，减少维修中不必要的成本投入。此外，定期的设备检修还有助于为设备管理者提供更多实时的运行数据，对这些数据进行分析，可以及时发现设备运行中的潜在问题，并根据设备的不同使用情况进行有针对性的调整。

检修周期的设定不仅仅是一个理论上的安排，更需要在实际操作中得到有效的实施和监督。在具体实施过程中，排水设施的管理部门应制订详细的检修计划，并确保每一项检修活动都能按时、按标准执行。为了确保检修计划的顺利实施，需要通过制定健全的工作流程、明确责任分工，并对检修过程中涉及的人员和设备进行充分的培训与准备。同时，实施过程中要做好详细记录，确保所有设备的检修情况都有据可查，便于后期的跟踪与监督。任何一次检修活动都应经过严格的审查和记录，确保每一项措施的落实都有据可循，且相关的技术数据能够有效提供参考依据。

随着科技的进步，设备检修的手段也不断更新和优化。现代化的排水设施管理逐渐趋向智能化、自动化，越来越多的智能监测系统被引入设备运行中，通过传感器实时监控设备的运行状态，提前预警可能的故障。这些智能监测系统通过数据采集、分析和处理，能够为管理人员提供准确的设备运行数据，从而为检修周期的设定和实施提供更加精确的依据。例如，利用设备的在线监测系统，能够实时采集设备的运行数据，包括温度、压力、振动等关键参数，一旦发现异常，系统将立即向管理人员发出预警信号，提示可能需要进行检修或更换零部件。这种智能化监控技术的应用，使得设备检修更加具有前瞻性和科学性，能够极大地提高设备运行的可靠性，减少人为因素对设备管理的不利影响。

尽管智能监控技术在设备管理中扮演了越来越重要的角色，但仍然无法完全替代人工检修和维护的作用。人工检修和定期维护依然是确保设备长期稳定运行的重要保障。合理的检修周期设定不仅能降低设备故障率，提高设备运行的可靠性，还能有效延长设备的使用寿命，减少设备的更换频率和费用支出。在制定检修周期时，既要充分考虑设备的工作负荷和环境因素，又要注重与现代智能技术的结合，通过数据支持和科学管理，实现检修计划的最优化，使得设备在稳定运行的同时，也能够达到最佳的经济效益和环境效益。

二、主要设备的维护方法与技术

排水处理设施中的主要设备，如泵、管道和曝气系统，是确保整个系统高效运行的核心组成部分。这些设备在日常运行过程中扮演着至关重要的角色，因此，必须对其进行定期的维护和检修，以确保其在长时间的工作中能够维持其高效性和可靠性。排水设施的维护不仅是设备正常运行的保障，也是延长设备使用寿命、提高处理效果的关键手段。

设备维护的方法多种多样，其中最为基础和常见的就是清洗。随着时间的推移，设备表面和内部可能会积累污垢、沉积物或其他异物，这些积累物会影响设备的正常运转，甚至可能导致设备故障。因此，定期清洗是保证设备运行效率的必要措施。特别是对于泵和曝气系统，污垢和沉积物的积累不仅会导致能耗增加，还可能阻碍流体的顺畅流动，影响处理过程中的气体交换和水流速度。因此，清洗工作必须按照设备的使用手册进行，确保清洗设备内部的每个关键部位，保持其性能的最佳状态。

润滑也是维护过程中至关重要的环节，尤其对于泵、曝气机等机械部件，适当的润滑可以显著减少摩擦，降低磨损，延长设备的使用寿命。润滑油的选择和更换频率需要根据设备的实际使用情况进行调整。过多或过少的润滑油都可能导致设备的过早磨损或润滑不良，从而影响设备的运行效果。设备维护人员需要定期检查润滑油的质量，及时更换和补充，并确保润滑油的流动性和分布均匀，以维持设备的最佳运行状态。

设备的校准和零部件更换同样是维护中的重要环节。随着设备长期运行，部分精密部件的效能会逐渐降低，可能会出现偏差。校准工作旨在对设备进行重新调整，使其恢复到原始的工作状态，确保其输出和性能符合标准要求。对于一些难以修复的部件，则需要及时更换，以防止设备因关键零部件的失效而导致系统出现故障。特别是对于一些易损件，如泵的轴承、密封圈和曝气系统中的气流控制元件，它们在使用过程中容易受到磨损、老化等影响，必须定期检查和更换，以避免影响排水处理的效果和效率。

除了清洗、润滑、校准和零部件更换之外，设备的监控和实时检测也是确保设备正常运行的重要手段。在现代排水设施的管理中，智能化技术的引入使得设备监控变得更加高效和精确。通过安装传感器和实时监测系统，维护人员可以随时掌握设备的运行状况，及时发现可能存在的故障隐患。例如，泵的轴承和曝气机的气流控制系统是排水处理设施中极为重要的部件，其磨损程度和效能变化直接影响处理效果。通过监控系统，运维人员能够实时获取这些部件的状态信息，一旦出现异常，如温度过高、振动异常等情况，就可以立刻进行停机检查或进行必要的维修，从而避免了潜在故障对系统造成的重大影响。

定期的性能检测和技术评估也是设备维护的重要组成部分。对于排水设施中的关键设备，维护人员应根据设备的工作原理和使用要求，定期进行性能测试，检测其处理能力、能效、负载承受能力等。性能检测不仅能帮助发现设备潜在的问题，还能为设备的优化升级提供数据支持。随着技术的发展，设备性能的评估并不局限于传统的检测方法，还可以通过数据分析、物联网技术等手段实现更加精准的状态监测和故障预测。这些技术的引入，使得设备维护不是被动的修复，更向着主动预防和智能管理方向发展。

在设备维护的过程中，人员的专业素养和操作规范同样至关重要。设备维护不仅是技术性工作，还涉及对设备工作原理和特性的深入理解。维护人员必须经过专业培训，熟悉各类设备的工作方式、故障排查方法和维护步骤。只有具备了足够的技术水平，才能在实际操作中有效判断设备状态，采取正确的维护措施，避免误操作或忽视关键部位，确保设备长期稳定高效运行。

排水处理设施中的设备维护是一个系统的、长期的工作，涉及多个环节和细节。定期清洗、润滑、校准和零部件更换，结合先进的监控技术和精确的性能评估，能够有效保证设备的运行效率和处理效果。同时，随着智能化技术的发展，排水设施的设备维护也将进入一个更加高效和精准的管理时代。这不仅能提高排水处理的整体效果，也为设施的长期运行提供了保障，从而推动排水系统的可持续发展。

三、设备保养中的环保要求

排水处理设施在城市排水系统中的作用至关重要，其运行效率和稳定性直接影响到城市环境的质量。为了确保这些设施能够长期有效地发挥作用，设备的定期保养和维护显得尤为重要。然而，在进行设备保养时，除了确保设施的正常运行外，环保要求同样需要得到高度重视。随着环境保护意识的不断增强和环保法律法规规定的日益严格，排水设施设备的保养工作不仅要关注设备功能的恢复和延长使用寿命，更要考虑到如何减少对环境的负面影响。

在设备保养过程中，尤其是对排水管道和相关设备的清理和检查，环保要求需要贯穿始终。传统的保养方式往往忽视了清理过程中产生的污染物，可能会导致排放的污水、废气和固体废物未经妥善处理，进而对环境造成污染。因此，清理过程中必须采取符合环保标准的技术和方法，以确保所有产生的污染物都能够被有效捕捉、处理和处置。具体而言，清理过程中产生的废水和废气需要通过专门的处理设施进行过滤、净化和排放，避免它们进入自然水体或大气环境。而清理过程中产生的固体废物，如污泥、积垢和清理的杂物，必须按照环保要求进行分类、储存和处置，以防止它们对土壤和地下水源造成污染。

废弃设备的处理和替换同样是排水设施保养中的一个重要方面。随着设备使用年限的增加，部分设备可能会出现老化、损坏或效率下降等问题，这时必须进行更换或修复。然而，设备的拆除和替换过程中，所涉及的废旧材料和零部件的处理也需要遵循严格的环保规范。尤其是在拆除过程中，涉及的有害物质如油脂、涂料和化学试剂等，必须通过专业的处理方式进行无害化处置。废旧设备的回收利用也应当符合环保要求，将可回收材料进行有效回收，减少资源浪费，同时避免这些废弃物对环境造成不良影响。

除了对清理和设备更换过程中的污染物进行妥善处理外，保养过程中还应关注节能减排。排水处理设施通常涉及大量的能源消耗，特别是在泵站、污水处理厂和排水管网的运行过程中，电力、燃料等能源的使用不可避免。因此，设备的保养工作应当注重节能技术的应用，及时修复和调整设备中的能效损失部分，以降低能源消耗。同时，对于废气、废水等副产物的处理，应当利用现代的环保技术，如高效过滤、吸附等手段，最大限度地减少排放，提升资源的利用率。

排水处理设施的设备保养还需要加强对新技术和新材料的运用。随着环境保护技术的不断进步，许多新型环保材料和设备逐步进入排水行业。这些新技术和新材料能够在不影响排水处理效果的前提下，有效减少保养过程中对环境的负担。例如，采用生物降解材料、低能耗设备和高效净化技术等，能够减少废物和污染物的生成，并提高处理效率。应用这些技术，不仅能提升排水设施的环保性，还能在保养过程中进一步优化资源的利用，推动排水设施向绿色、低碳方向发展。

设备保养中的环保要求还涉及操作人员的环保意识和规范操作。设备保养工作常常由专业技术人员执行，因此，保养人员的环保培训和规范操作至关重要。操作人员不仅要熟悉设备的性能和保养要求，还需要掌握环保技术和标准，确保在设备保养过程中始终遵循环保原则。应当定期开展环保培训，提升工作人员的环保意识，确保其在执行保养任务时能够做到规范操作，避免由于操作不当而引发环境污染问题。

排水处理设施的设备保养工作是一个综合性的任务，涉及设备的运行维护、环境保护、节能减排等多个方面。在设备保养过程中，必须严格按照环保要求操作，从源头上减少污染物的产生，及时有效地处理和处置各类废弃物和副产品，确保排水设施的运行不对环境造成负面影响。同时，通过技术创新和人员培训，不断提升设备保养的环保水平，推动排水设施的绿色、可持续发展。在现代排水管理中，环保已成为一个不可忽视的重要环节，设备保养工作不仅是确保排水系统正常运行的基础，更是实现环保目标、促进城市可持续发展的重要措施。

第四节　运行过程中的常见问题及解决措施

一、设备故障与突发性停运

排水处理设施是城市基础设施的重要组成部分，其稳定运行直接关系到城市环境的健康与公共安全。然而，在设施的长期运行过程中，由于设备老化、操作不当或外部环境的影响，设备故障和突发性停运是不可避免的现象。这些故障和停运不仅会影响排水设施的正常功能，还可能对城市的排水系统产生严重的影响，导致污水处理能力的下降，甚至引发环境污染等一系列问题。因此，针对设备故障与突发性停运的有效管理和应急响应，已成为排水设施管理的重要任务。

在排水设施中，泵系统是最常见的故障点之一。泵的卡阻问题通常发生在长期运行过程中，由于泵内部零部件的磨损、堵塞物的积累或外部干扰，可能导致泵无法正常运转。泵卡阻不仅会造成设备停运，还会导致系统内水流的中断，严重时甚至可能引起整个排水系统的停运。为了有效预防泵卡阻现象的发生，必须定期对泵进行检修和保养，及时更换老化零部件，并确保泵的工作环境符合设计要求。此外，智能化监控系统的引入可以实时监控泵的运行状态，一旦出现异常，能够自动发出警报并启动备份系统，以保障排水设施的持续运行。

还有一个常见的故障是管道破裂。管道破裂通常由于管道材料老化、施工质量问题或外部压力变化引起。这种故障一旦发生，不仅会导致污水外泄，还可能对周围环境造成污染，对设施的维修与恢复工作提出了更高要求。管道破裂的发生通常伴随着较大范围的泄漏，处理不当将会造成更大的经济损失和环境危害。因此，在管道设计、施工和日常维护过程中，应采取更为严格的质量控制措施，使用耐用的材料，并加强对管道系统的定期检测与巡查。借助现代的检测技术，管道系统的潜在问题能够得到及时发现，从而在早期阶段采取补救措施，避免故障的进一步扩展。

曝气系统的失效也是排水处理设施中常见的故障之一。曝气系统的主要功能是为污水提供充足的氧气，以促进有机物的降解与处理。然而，曝气系统由于长期的运行压力、氧气供应不均或设备的老化,也可能出现失效现象,导致污水处理效果大打折扣。当曝气系统出现故障时,水体中的有机物降解过程将受到影响,污水处理能力将迅速下降,甚至可能导致污水回流到城市排水系统中,造成严重的二次污染。因此,定期对曝气系统进行检查与维护显得尤为重要,确保其各项功能的正常运作。现代化的自动化控制系统可以帮助实时监控曝气设备的运行状况,在故障发生的初期通过报警系统进行提示,以便工作人员及时处理。

应急响应机制的建立是应对设备故障和突发性停运的关键环节。在排水设施管理中,必须提前制定详细的应急预案,明确各类故障发生时的处理流程与责任分工。应急响应机制不仅需要有完善的设备故障检测与预警系统,还应具备快速启动备用系统的能力。在发生故障或突发性停运时,能够迅速切换到备用设备或临时设施,保证排水设施的正常运行。此外,设备维修人员应具备丰富的故障排除经验,能够快速准确地判断故障原因并进行修复,以减少停运时间和处理能力的下降。定期的演练和应急响应测试也是提升故障应对能力的重要手段,能够帮助管理人员熟练掌握应急操作流程,并在突发事件中保持冷静与高效。

在实践中,智能化管理系统的引入已成为应对设备故障与突发性停运的重要手段。对设备进行实时监控与数据分析,能够提前识别设备潜在的故障隐患,及时进行维修与保养,减少突发性停运的发生。智能系统不仅能对泵、曝气系统、管道等关键设备进行全面监控,还能根据设备运行数据进行预测性维护,从而优化维护策略,降低设备故障的发生概率。通过数据采集与分析,排水设施的运行效率得到了显著提升,设备故障和突发性停运的发生率也有所下降。

设备故障与突发性停运是排水设施运行过程中不可忽视的问题,合理的管理与应急响应机制能够有效减少这类问题对设施运行造成的影响。通过加强设备的维护与保养,利用智能化监控技术及时发现故障隐患,并结合科学的应急响应预案,可以大大提高排水设施的稳定性与可靠性,确保其在长期运行中的良好状态。随着技术的不断进步,未来排水设施的管理将更加智能化、精细化,设备故障与突发性停运的发生将能够得到更加有效的预防与控制,为城市的排水系统提供更加有力的保障。

二、处理效率下降与水质不达标

在城市排水设施的运行过程中，处理效率的下降和水质不达标的问题常常成为影响排水系统正常运行的关键因素。这些问题不仅涉及排水设施本身的技术与管理，还与外部环境和运行条件密切相关。具体而言，处理效率的下降和水质未能达标，可能是由于多种因素的共同作用，其中包括污泥积累过多、化学药剂投加不当、设备运行不稳定等。这些问题的出现往往是运行管理不善或设计不合理的结果，可能直接影响到排水设施的长期稳定性，甚至可能引发更严重的环境污染问题。因此，分析和解决这些问题，确保排水设施在高效、安全的条件下运作，是提升城市排水系统整体性能的关键所在。

污泥积累过多是导致排水设施处理效率下降的常见原因之一。排水处理过程中，污泥是不可避免的副产物。随着处理系统的长时间运行，污泥的积累量逐渐增加，若不及时进行清理或处理，就会导致处理系统的负担加重。过多的污泥积聚不仅占用了处理空间，限制了水流的有效通过，还可能对其他处理环节造成干扰，影响系统的整体运行效率。尤其是在生物处理环节中，污泥过多可能导致活性污泥的沉降性差，进而影响污水处理的效果。因此，定期对污泥进行清理和处理，采取有效的污泥脱水、浓缩等技术，能够有效缓解这一问题，提升处理系统的效率。

在许多排水设施中，化学药剂的使用是水质处理过程中不可或缺的一部分。然而，化学药剂的投加量和投加时机若未能精确控制，可能导致水质处理效果的不稳定，甚至引发水质不达标的现象。化学药剂投加过多可能造成药剂残留过高，影响水质，甚至可能对生态环境造成一定的负面影响；而药剂投加不足，则可能导致有害物质去除不彻底，进而影响出水水质。为避免这种情况的发生，必须优化药剂投加工艺，合理调整投加量，确保每一环节达到最佳处理效果。此外，加强对操作人员的培训，使其能够精准掌握药剂投加的关键技术，也可对提高水质处理效果起到至关重要的作用。

设备运行不稳定也是导致处理效率下降和水质不达标的重要因素。现代城市排水设施大多依赖于自动化程度较高的设备，这些设备在长时间运行过程中可能因磨损、老化或技术问题而出现故障。设备运行不稳定不仅会导致处理流程中断，还可能引起整个排水系统的运行失衡。设备的自动化控制系统可能出现数据传输错误或设备响应延迟，进而影响整个水质处理过程。此外，设备的维护和保养不到位也是导致设备故障的一个重要因素，设备的故障频发会导致排水设施的处理能力大幅下降。因此，定期对设备进行检查和维护，确保设备的高效稳定运行，是防止处理效率下降和水质不达标的必要措施。

为了有效应对处理效率下降和水质不达标的问题，系统检测成为解决这一问题的关键手段。对排水设施各环节进行检测，可以及时发现潜在问题并找出原因。现代检测技术的发展使得排水系统的检测变得更加精确和高效，不仅能实时监控水质，还能分析污水处理过程中的各项关键参数，如污泥量、药剂投加量、设备运行状态等。通过系统检测，管理人员能够在第一时间内发现处理过程中存在的任何异常情况，并采取相应的应对措施，避免问题进一步恶化。

对工艺流程和设备配置进行调整也是解决处理效率下降与水质不达标问题的重要手段之一。排水设施的运行状况和处理效果在很大程度上取决于工艺设计和设备配置的合理性。随着技术的进步，传统的排水处理工艺可能已经无法满足现代城市排水系统日益复杂的需求。因此，针对设备老化、工艺流程不匹配等问题，引入新技术、新设备，优化现有的工艺流程，可以有效提升排水系统的处理能力和水质合格率。这一过程需要结合实际运行情况，结合系统检测数据，对工艺进行动态调整和改进，从而提高整个排水系统的处理效率。

强化操作人员的培训也是提升处理效率、确保水质达标的有效途径。排水设施的运行依赖于操作人员对设备和工艺流程的熟练掌握，操作人员的技术水平直接决定了水质处理效果的好坏。加强操作人员的技术培训，提高其对排水设施运行规律的认识，使其能够灵活应对不同的运行情况，是确保排水设施高效稳定运行的重要保障。通过培训，操作人员能够及时发现并解决运行中出现的问题，调整操作方法，确保每一环节的工作符合设计要求，从而有效避免处理效率下降和水质不达标的情况发生。

处理效率下降和水质不达标问题的出现，往往是多种因素综合作用的结果。定期检测、优化工艺流程、调整设备配置以及加强操作人员的技术培训，可以有效解决这些问题，确保排水设施的高效运行和水质的达标排放。随着技术的进步和管理水平的提高，未来排水设施的运行将更加稳定，水质的保障也将更加有力，从而更好地服务于城市的可持续发展和生态环境保护。

三、管道与设备的堵塞与损坏

管道与设备的堵塞与损坏在排水处理设施的运行过程中是一个常见且不可忽视的问题，其影响范围并不限于单一设施的运行状态，还可能引发整个排水系统的性能下降和效率降低。在城市排水系统中，管道的作用至关重要，它们负责将污水和雨水有效地输送至处理设施或排放至特定的排放点。如果管道发生堵塞或损坏，便会阻碍水流的顺畅，造成流量减小或流量中断，进而影响设施的正常工作，甚至可能导致更为严重的后果，如污水溢流、环境污染或系统故障。因此，解决和预防管道与设备堵塞和损坏的问题，成为确保排水系统高效运行的重要环节。

管道堵塞的原因多种多样，常见的包括沉积物的堆积、垃圾杂物的进入、油脂或化学物质的固化等。污水中的固体颗粒物、油脂、纸张和其他废弃物在管道内累积，随着时间的推移，这些物质会逐渐增多，形成堵塞点。尤其是在排水系统中常见的污水管道，其内壁容易附着固体物质和黏稠液体，进而导致流通截面变小，水流受阻。在一些情况下，管道材料的老化、腐蚀或安装时的质量问题也可能导致管道出现裂纹或破损，水流渗漏，进一步加重堵塞的程度。

针对管道堵塞的预防措施，定期检查和疏通显得尤为重要。随着技术的发展，现代化的管道检测技术不断涌现，为排水设施的运行管理提供了可靠的保障。使用电视探测技术、激光扫描技术或机器人清洗技术等，可以实时监控管道内部的状态，及早发现潜在的堵塞问题。这些检测手段能够在问题发生之前，精准地定位污垢、沉积物或可能的破损部位，为后续的维护工作提供数据支持。此外，合理的管道设计也能有效减少堵塞问题的发生。例如，管道的合理坡度、管径的选择以及防止垃圾入管的设施设计，都能在很大程度上减少堵塞风险。

然而，即使采取常规的检查和预防措施，管道堵塞或损坏的问题依然可能发生。一旦发生堵塞，排水系统的运行效率将大幅下降，甚至可能导致设施的停运。

此时，快速恢复管道通畅性是最为关键的操作。针对已经发生堵塞的管道，通常需要采用机械化的清理手段，如高压水枪清洗、气动清疏设备或者专用的管道疏通机器人。这些技术可以迅速有效地清理管道内部的沉积物、油脂和其他废弃物，恢复管道的通畅。在某些情况下，当堵塞程度严重或多次疏通无效时，可能需要对管道进行拆除和重建，或者更换老化的管道和设备，以确保排水设施的正常运行。

除了管道堵塞，排水设备的损坏也是影响设施运行的主要因素。设备损坏可能由于多种原因，包括机械故障、老化、维护不当、过载使用等。当排水设备发生故障时，可能导致设备停止工作或效率下降，进而影响整个排水系统的处理能力。为了减少设备损坏的发生，设施的定期检查和维护非常重要。设备的各个关键部件，如泵体、阀门、过滤网等，都需要进行定期检修和保养，确保其处于良好的工作状态。

排水设备的维护不仅仅是定期检查和更换零部件，还是对设备运行数据的监控和分析。对设备运行状态进行实时监测，可以及时发现设备异常，防止故障的发生。现代智能化管理系统能够对排水设施的运行数据进行实时采集与分析，对设备的工作负荷、能耗、振动、温度等关键参数进行监控，提供预警机制，帮助管理人员提前发现潜在的故障风险，从而采取相应的措施进行干预。这种基于数据驱动的维护模式，能够显著提高排水设备的运行可靠性，并延长其使用寿命。

尽管设备的定期维护能够减少故障的发生，但不可避免地，设备会因长期使用而出现老化现象，尤其是一些高频使用的设备，如阀门和污水处理设施等。这些设备一旦发生故障，可能会导致排水系统的中断，甚至出现大规模的污水泄漏事故。因此，设备的更换和升级也应当纳入长期管理计划中，随着技术的进步，逐步引入更加高效、节能和环保的设备，以提高排水设施的整体性能。

对于排水系统的维护管理，除了管道和设备的定期检查和修复，还应当强化人员的操作技能和应急处理能力。设施管理人员应具备快速诊断和处理故障的能力，并能够根据系统的实际运行状况，制定出有效的应急预案。在出现突发情况时，能够迅速响应，采取有效措施，确保排水设施的快速恢复和正常运行。

四、环境污染与排放超标

在现代城市的排水设施运行中，环境污染和排放超标的问题已成为一个亟须解决的挑战。随着城市化进程的加速和工业化水平的提升，排水系统的负荷日益加重，这导致排水设施在处理能力、技术水平和管理模式上面临越来越大的压力。在排水设施的运营过程中，排放超标现象屡见不鲜，尤其是在污染物浓度较高的区域，化学需氧量和生化需氧量等关键指标的超标问题严重影响了水体的生态平衡和水资源的可持续利用。

排水设施排放超标问题的根源，往往可以归结为几个方面。第一，设施故障是排放超标的直接原因。排水设施的运行需要依赖高效、稳定的设备来保证水质的处理效果。然而，由于设备老化、材料劣化、技术问题等因素，设施往往出现不同程度的故障，导致处理效率降低，污染物的去除能力不足。例如，设备出现堵塞或故障，导致处理效果下降，进而使得污水中有害物质未能被有效去除，造成水质超标。第二，处理流程的不合理设计或管理失误，也可能导致排放水质的不达标。在一些排水设施中，由于技术人员对工艺流程的掌握不够深入，或者设计阶段未充分考虑排水系统的负荷和污染物的种类，可能导致排水处理过程中的关键步骤未能得到有效执行。由于缺乏科学合理的工艺流程，污水中的污染物未能得到有效去除，最终导致排放水质不合格。第三，操作不当也是一个不容忽视的问题。在一些排水设施的管理中，操作人员由于技术水平不高或缺乏必要的操作培训，可能无法正确地调整水处理工艺或有效监控设备运行状态，这在一定程度上加剧了排放超标的风险。

要解决排放超标问题，首先需要加强对排水设施的监控与数据分析。现代信息技术的发展为排水设施的实时监控提供了有力的支持，通过在线监测设备，管理者可以实时获取水质数据和设备运行状态，并在出现异常时迅速做出反应。通过建立科学合理的数据分析体系，管理人员可以准确识别出设施中存在的问题，并根据实时数据对处理工艺进行调整，以确保排放水质符合环保要求。同时，智能化监控系统可以根据设定的水质标准自动调整设施的运行参数，进一步提高了水处理的精确性和有效性。除了加强监控外，排水设施的技术改进也是解决排放超标的关键。通过引入先进的处理技术和新型材料，排水设施能够在处理过程中提高污染物去除效率。例如，膜过滤技术、生物处理技术和化学处理技术的综合应用，能够有效地提升排水设施对有害物质的处理能力，从而减少排放水质超标的风险。此外，针对设施运行过程中可能出现的故障，应及时开展定期检查和维护，确保设备的正常运行，避免因设备故障而导致水质超标。

强化操作人员的培训和管理也是解决排放超标问题的有效措施。排水设施的操作人员在污水处理过程中扮演着至关重要的角色，他们的技术水平直接影响到排水设施的运行效果。为了提高操作人员的技能水平，必须建立完善的培训机制，定期对员工进行专业培训，确保其掌握最新的水处理技术、设备操作规程及应急处理措施。在实际操作过程中，操作人员需要严格按照操作规程执行工作，做到规范化管理，确保每一环节的高效运转。同时，完善的应急预案和及时的故障处理机制也能有效避免因操作失误导致排放水质超标的问题。

此外，排水设施的管理模式也需要与时俱进，传统的管理模式往往无法适应日益复杂的排水系统需求。随着城市排水设施规模的扩大，单纯依赖人工管理已无法满足高效运营的要求。现代排水设施的管理应当依托智能化、信息化的手段，实现全过程监控与动态调整。通过数据化管理，排水设施的运行状况能够更加透明，管理者可以更加科学地预测和规划设施的维护需求，进而提高设施的运行效率和水质管理水平。尤其是在城市排水系统的关键节点，管理人员能够通过数据分析识别出潜在风险，从而提前采取措施进行预防，避免排放超标和设施故障的发生。

解决排放超标的问题，不仅仅是技术层面的挑战，还是一个管理体系和制度建设的问题。通过建立健全的管理体制，制定严格的环保标准和操作规程，加强排水设施的日常监督和定期检查，确保排放水质始终保持在合格范围内，是应对排放超标问题的根本途径。与此同时，政府相关部门应当加强对排水设施的监督，完善排放标准和污染物控制要求，推动环保政策和技术的落实，确保排水设施的运行不仅满足城市发展需求，也符合生态保护的要求。

排放超标问题的解决是一个长期的过程，需要各方共同努力。通过技术创新、管理优化和人员培训等多方位的措施，排水设施的排放水质将得到有效控制，为保护环境、提高水资源利用效率，以及推动可持续发展提供坚实保障。

第七章　排水设施的维护与检测技术

随着城市排水系统规模的不断扩展，排水设施的维护与检测技术在保障系统正常运行中的作用愈加突出。排水管道的老化、损坏和堵塞等问题，不仅会影响排水效率，还可能造成严重的环境污染和安全隐患。因此，定期的检测与维护是确保排水设施长期稳定运行的关键。排水管道检测技术涵盖了传统的人工检查、内窥镜检测以及现代的智能检测技术等多种手段。随着技术的进步，智能化检测技术逐渐成为主流，它能够实时监控管道的运行状态，自动识别潜在问题，并进行预警。管道内部清理与疏通技术也是维护过程中的重要环节，及时清除管道中的沉积物和杂物，可以有效避免管道的堵塞和损坏。本章将探讨排水管道的检测技术与设备，分析管道内部清理与疏通技术的应用，介绍定期维护的标准流程与要求，并提出常见故障的预防与修复方法。通过本章的学习，读者能够掌握排水设施维护的基本技能，并了解如何采用先进的检测技术提高排水系统的运行效率和安全性。

第一节　排水管道检测技术与设备

一、视频检测与内窥镜技术

视频检测与内窥镜技术在城市排水设施的维护和管理中发挥着日益重要的作用。随着城市化进程的推进，排水系统的规模和复杂度不断增加，传统的人工检查方法已无法满足现代排水设施日益增长的管理需求。在这种背景下，视频检测技术和内窥镜技术的结合为排水管道的诊断提供了一种全新的解决方案，极大地提高了管道检测的效率和准确性。

视频检测技术通过采用高分辨率摄像设备，将排水管道内部的实时影像传输到外部监控设备，为工程师提供了一个直观、清晰的视角。与传统的检测方式相比，视频检测不仅能减少对管道的破坏性检查，还能在短时间内覆盖较大范围。视频探测仪能够深入地下排水管道中，捕捉难以通过人工检查发现的微小裂缝、沉积物积累、腐蚀程度等隐患问题。这种技术在检测过程中，避免了管道开挖的必要，降低了施工的复杂度和成本，同时，也减少了对城市日常运作的干扰，尤其在繁忙的城市区域，其低侵入性尤为突出。

内窥镜技术作为视频检测的一种重要形式，具有更强的精确性和适应性。内窥镜通过细长的探头进入管道内部，能够实时传输图像并进行高倍放大，使得排水管道内部的每一处细节都能被清晰呈现。内窥镜的探头上通常配备了摄像头、光源和传感器，能够同时记录管道内部的视觉图像与环境数据，如温度、湿度以及其他气体成分，从而为工程师提供更加全面的管道状况评估。通过内窥镜技术，排水管道的壁面状态、积水情况、沉积物堆积、裂缝及变形等问题都能被精准捕捉到，为后续的修复与维护工作提供了宝贵的信息。

视频检测与内窥镜技术的结合，带来了更高效的管道检测方案。其最大优势在于通过实时图像的反馈，检测人员能够第一时间发现排水管道的潜在问题，而不需要等待后期的实验室检验结果或烦琐的人工检查。在过去，排水管道的检测往往依赖于人工经验，容易出现漏检或误判的情况，尤其是在管道结构复杂、环境恶劣的地区，传统方法的局限性更加显著。视频检测与内窥镜技术通过可视化的方式，解决了这些问题，提供了更为客观的数据支持，从而大大提高了排水设施管理的精确性。

除了管道内部状态的检查，视频检测与内窥镜技术还能帮助管理人员实时了解管道运行中的潜在风险。排水系统中的许多故障，如管道的裂缝、变形、堵塞或腐蚀，往往是在长期使用过程中逐渐形成的，这些问题通常难以通过外部观察或其他传统检测手段及时发现。视频检测技术的应用，能够在管道发生问题的初期就进行诊断，为后续的修复提供时间窗口，避免了大规模的故障和灾难性事件的发生。此外，内窥镜技术的高分辨率成像能力能够捕捉到管道内微小的变形或损伤，帮助工程师更精准地评估管道的健康状态，并做出更加科学的维护决策。

在管道维修和管理的过程中，视频检测与内窥镜技术的运用并不限于问题的诊断，还可以为维修方案的制定提供依据。通过详细了解管道内部的具体情况，工程师可以根据不同的问题制订具有针对性的修复计划，从而避免了不必要的管道更换或大规模的维修作业，减少了维修成本，优化了资源的使用效率。同时，这些技术的应用也使得维修工作更加透明，管理人员可以实时监控维修过程，确保维修质量，并对施工进度进行有效的跟踪和管理。

视频检测与内窥镜技术的应用还为排水设施的长期管理提供了新的思路。通过定期对排水管道进行视频检测，管理者可以获得详细的管道健康记录，进而为排水设施的寿命预测、保养计划以及更新改造提供数据支持。这种基于视频检测的动态监控方法，使得排水系统的管理不再仅仅依赖于定期的人工检查，而是通过科学、系统的数据分析进行持续的状态评估，为排水系统的长期稳定运行提供了保障。

二、声波与超声波检测

声波与超声波检测技术已经成为评估排水管道结构完整性和监测其物理状态的关键工具。这些技术的基本原理是利用声波在介质中的传播特性，通过发射与接收信号来分析管道内部的变化。随着时间的推移，管道在长期使用过程中会受到不同程度的物理损伤，尤其是腐蚀、裂纹和变形等问题。这些损伤往往对排水系统的运行产生严重影响，因此，及时且准确地评估管道的健康状况变得尤为重要。

声波检测技术通过发射特定频率的声波信号，并分析其传播过程中的反射波和透射波，能够有效识别管道结构中的异常情况。在应用中，声波信号穿透管道壁后，会受到管道材质、形态以及损伤部位的影响，进而在接收端生成相应的回波。回波信号的强度、传播时间以及频率变化可以提供关于管道健康状况的详细信息。通过对这些信号的精确分析，检测人员能够发现管道壁的腐蚀、裂纹、变形等问题，从而制定针对性的维修和维护方案。特别是对于一些难以通过传统目视检查识别的问题，声波技术具有显著的优势。

超声波检测技术作为声波检测的一种重要形式，因其更高的分辨率和穿透能力，被广泛应用于管道的健康监测中。超声波通过将高频声波发送至管道材料中，经过物质的不同媒介进行传播，并在遇到障碍物时反射回接收器。测量这些回波信号的时间差和强度变化,能够准确计算出管道壁厚的变化、腐蚀的深度以及材料的密实度。由于超声波信号可以穿透多种材料,因此它特别适用于评估不同材质管道的健康状况,包括金属管道和非金属管道。

超声波检测技术的一个显著优势在于其高精度和高灵敏度。通过对回波信号的详细分析,超声波检测不仅可以确定管道内部是否存在腐蚀和裂缝,还可以精确评估腐蚀的程度和影响范围。具体而言,超声波技术能够通过测量管道壁厚的变化,判断出管道是否因腐蚀、磨损等原因而变得薄弱,从而为维修和更换提供科学依据。此外,超声波检测还能帮助提前预测潜在的管道失效风险,为排水系统的安全运行提供可靠的保障。

与传统的检测方法相比,声波和超声波技术的非侵入性特点使其在实际应用中具有不可替代的优势。通过这种方式,检测人员无须拆卸或干扰管道运行即可完成对管道状态的全面评估。这一特点不仅提高了检测效率,还减少了施工人员的工作负担,降低了系统停运的时间成本。通过非破坏性检测,管理者能够在不影响正常运行的情况下进行常规维护检查,及时发现潜在问题,避免了因系统失效而导致的重大经济损失和环境污染。

除了壁厚测量和腐蚀评估,超声波技术在排水管道的检测中还可用于评估其他结构性问题,如裂缝、孔洞及接头部位的强度。特别是对于老旧的排水系统,超声波检测提供了一种有效的手段来识别由于长期使用而出现的细小裂缝和结构损伤,这些问题往往在表面不易察觉,但会在使用过程中逐渐扩大,最终影响排水系统的整体稳定性。定期实施超声波检测,能够在管道损坏或失效发生前,提前识别潜在风险,并采取相应的修复措施,从而有效延长管道的使用寿命。

超声波检测技术的应用也对排水管道的材料选择和施工质量提供了更为精准的反馈。在排水系统的设计和施工过程中,材料的质量和工艺的执行直接关系到管道的长期使用效果。通过超声波检测,管理者可以在施工阶段对管道材料的完整性进行验证,确保其符合设计要求和质量标准。这不仅能提高排水系统的建设质量,还能为后期的运维管理奠定坚实的基础。

三、传感器与智能监测系统的应用

随着现代传感器技术的不断进步，排水系统的管理方式发生了深刻的变革。传感器的应用，使得排水设施能够在更加精细化和智能化的环境中进行实时监控，极大地提高了城市排水管理的效率与精确度。传统的排水管道维护依赖于人工巡查和周期性的检测，存在检测不及时、覆盖面有限以及故障响应速度慢等问题。而如今，借助传感器技术，排水系统的运行状态可以被实时监控，异常变化能够立刻被捕捉并自动报警，从而为排水设施的维护和管理提供了更加高效、精准的手段。

传感器通过在排水管道的关键节点或设备上安装传感器装置，可以持续监测管道内部的多种参数，包括温度、湿度、压力、流量等。这些数据通过传感器传输到中心监控系统，经过智能分析和处理后，能够实时反映管道的运行状态，及时发现异常问题。例如，当管道内压力出现异常升高，或者水流出现阻塞时，传感器便会通过系统发出预警信号，提示维护人员进行检查与修复。通过这种方式，排水设施能够在系统运行的每一个环节中都保持高效和稳定，大大减少了人为失误的影响，并能够有效避免由于疏漏造成的严重故障或事故。

智能监测系统与传感器的结合，不仅使得数据采集变得更加精确，还能通过对数据的分析和处理，进行更加复杂的智能预测和预警。例如，系统能够基于历史数据和实时数据，通过算法模型预测管道可能发生的故障和老化趋势，提前进行维护和更换，避免了因设备老化或故障造成的排水中断或环境污染问题。这种智能化的管理模式，不仅提高了排水设施的可靠性，还降低了运行和维护成本，推动了排水管理向更加科学和自动化的方向发展。

在传统的排水管理模式中，人工巡查往往依赖于现场工作人员的判断，受限于人员分布和工作强度，容易出现遗漏和延误。而借助智能监测系统，工作人员可以通过计算机或移动终端随时查看到系统的运行状况，监控信息实时更新，大幅缩短了故障诊断的时间，提高了管理响应速度。与此同时，智能监测系统可以通过集成不同传感器的数据，形成统一的信息平台，实现多维度的数据融合和分析。通过这种方式，管理人员能够在一个界面上清晰地看到排水设施的整体运行状态，更好地掌握全局，从而做出更加合理的决策。

传感器和智能监测技术的应用，改变了排水设施管理的传统方式，使其朝着更为精准、实时、高效的方向发展。这些技术不仅在提高设施运行效率和故障响应速度方面发挥了重要作用，同时也为排水设施的长期可持续运行提供了保障。尤其是在面对不断增长的城市人口、不断扩展的城市面积以及日益严峻的环保压力时，智能化的排水系统能够有效提高系统的适应能力和抗风险能力，降低对环境的负面影响。

第二节 管道内部清理与疏通技术

一、清理方法的多样性

管道内部的清理是城市排水设施维护中的一项关键任务，其目的是确保排水系统畅通无阻、提高其运行效率，并延长系统的使用寿命。随着城市化进程的不断推进，排水系统的规模和复杂性日益增加，管道内部的清理也变得更加复杂和多样化。不同类型的管道、不同的污物组成以及不同程度的堵塞问题，都要求采取适合的清理方法，以保证排水系统的正常运行。

在众多清理方法中，高压水射流清洗作为一种常见的管道清理技术，广泛应用于各种规模的排水系统中。高压水流的冲击力能够有效去除管道内壁上的沉积物、油污、锈蚀物等。高压水射流清洗的工作原理依赖于高速水流的冲击力和切削作用，通过不断变化的水流速度与压力，可以灵活应对不同管道的清洁需求。对于长期未清理的管道，其内壁通常积聚了大量的沉淀物，这些物质不仅影响水流畅通，还可能引发系统的腐蚀或其他功能性损害。高压水射流清洗不仅能彻底清除这些物质，还能通过其强大的冲击力，减少管道内部的污垢积存，达到长期维护管道畅通的效果。相较于其他清理方式，高压水射流清洗的优势在于其高效、低风险、对管道材质的损伤小、适应性强，可以在不同管道材质和不同污物类型的情况下发挥良好的作用。

除高压水射流清洗外，机械刮板清理也被广泛应用于管道清理中，尤其是在较大管径的排水管道中。机械刮板清理通过特制的刮板装置沿管道内壁滚动，去除附着在管道内壁的沉积物和杂物。这种方法特别适合那些因长时间积存而固化的污物，机械刮板的摩擦力能够有效地剥离这些附着物。由于其适用的管道尺寸较大，因此在城市主干管道或较为复杂的排水管网中得到了广泛的应用。此外，机械刮板清理的效率较高，尤其在处理较为严重的沉积问题时表现尤为突出。与高压水射流清洗相比，机械刮板清理不依赖水流，因此在水源不足或水流不畅的场所，也能进行有效清理。

气压疏通也是一种较为常见的清理方式，它利用空气压力的原理，通过压缩空气推动管道内的堵塞物排出管道。气压疏通适用于较轻度的堵塞情况，尤其是在管道内发生物质堆积、油污堵塞或管道流动不畅时，气压疏通可以作为一种简便、高效的清理手段。通过气压的推动，堵塞物被强力推出管道，从而恢复了管道的通畅性。气压疏通的优点在于其操作简单，且能够较为迅速地解决轻度堵塞问题，尤其是在家庭或小规模的排水管道中表现出较好的效果。与其他清理方式相比，气压疏通不仅节省了大量的人力和时间，而且对于管道的损伤较小，具有较高的安全性。

这些管道清理方法各有其优势，选择何种清理手段通常取决于管道的材质、污染物的性质以及堵塞的程度。在实际应用中，往往需要综合考虑多个因素，选择一种或多种清理方式的组合，以达到最佳的清理效果。除了常规的清理方法外，随着技术的不断发展，管道清理领域也在不断创新。近年来，激光清洗、超声波清洗等新型清理技术逐渐进入排水设施维护领域。激光清洗利用高能激光束对管道表面进行清理，能够有效去除沉积物且不损伤管道；超声波清洗则通过高频声波产生的微小振动，在不接触管道的情况下去除管道表面物质，这种方法具有更高的精度和安全性。

无论采用何种清理方法，管道清理工作的目标始终是确保排水系统的畅通、提高设施的使用效率、延长其使用寿命。随着城市排水系统建设的不断完善和技术手段的进步，管道清理方法将不断向着更高效、更环保、更智能化的方向发展。因此，排水设施的管理者和维护人员需要不断关注新技术的应用，及时调整和优化清理策略，确保排水系统的稳定运行，以应对日益增长的城市化进程带来的排水需求和挑战。

二、清理设备的选择与应用

清理设备的选择与应用是管道维护和管理中的关键环节。随着城市化进程的加速和排水系统的不断扩展,管道的维护要求逐渐增加,清理设备的高效性和适应性显得尤为重要。管道清理设备的种类繁多,每种设备在功能、适用范围及工作原理上都有显著差异。合理选择合适的清理设备,不仅能提高清理效率,延长管道使用寿命,还能有效降低运营成本。因此,了解不同清理设备的性能特征及其应用场景,对确保排水系统的长期稳定运行具有重要意义。

在众多清理设备中,高压水射流清洗机被广泛应用于各类排水管道的清洁工作。该设备通过高压水流冲击管道壁面,强力去除管道内壁上的积垢、油脂、泥沙及其他顽固污物。高压水射流清洗技术凭借其能够深入管道内部的特性,特别适用于清理深层或较为复杂的管道污垢。其工作原理是通过专门设计的喷头将水流高速喷射至管道内壁,产生冲击力和剪切力,使沉积物松动并冲刷掉。该设备适应性强,可以清理多种类型的管道,无论是圆形、方形还是弯曲的管道系统都能有效清理。此外,高压水射流清洗机的高效性能够大幅缩短清理周期,减少人工操作的需求,确保排水系统能够长期高效运行。

管道清洗机器人也是重要的清理设备,这种设备的应用近年来逐渐增多,尤其在一些难以进入或狭窄的管道中表现出独特优势。管道清洗机器人通常配备高精度的传感器、高清摄像头及强大的动力系统,可以自主或远程控制完成管道的巡检、清理及维护任务。该设备尤其适用于复杂的管道系统,如多弯管道、地下管网等,能够在管道内自主巡航,识别和清除各类障碍物。管道清洗机器人不仅可以进行高效清理,还能对管道的运行状况进行实时监测,生成数据报告,为后续的维护提供依据。与传统人工清理方式相比,管道清洗机器人不仅能显著提高作业效率,还能避免人工操作带来的安全隐患,尤其在有毒、有害环境下具有较强的适应性。此外,管道清洗机器人可以通过其智能化的技术,对管道进行精准定位和任务执行,大大减少了对人力和时间的依赖,提高了排水管道的管理水平。

机械疏通设备也是常见的管道清理工具,通常用于疏通堵塞的管道,尤其适用于较为简单和直线型的管道系统。机械疏通设备的原理通常是通过机械旋转或振动作用，将堵塞物推开或打碎，从而恢复管道的正常流通。这种设备对于较小范围的清理任务，如清理生活污水管道、厨房排水管道等，尤其有效。机械疏通设备操作简便，使用广泛，且成本较为低廉，适合大多数日常管道维护工作。然而，机械疏通设备的应用场景相对有限，对于一些复杂、狭窄或有特殊需求的管道，清理效果较为局限。在使用时，通常需要结合其他清理手段，如高压水射流或管道清洗机器人，以确保管道的彻底清洁。

随着排水系统规模的不断扩大，传统的清理方法面临着越来越大的挑战。为了适应管道清理的需求，现代清理设备也在不断创新和发展。从传统的人工清理到现代的机械化、自动化清理，清理设备的技术进步使得管道清理工作更加高效、便捷且安全。尤其是智能化和信息化技术的引入，极大地提升了清理设备的性能和精度。通过智能控制系统，清理设备可以在不需要人工干预的情况下，完成巡检、清理、故障诊断等一系列任务，大大降低了工作难度和风险。智能设备的实时监控和数据分析功能，使得管道管理更加精细化、科学化，进一步优化了排水系统的维护管理。

在清理设备的选择过程中，除了考虑设备本身的性能外，还需要根据具体的管道状况、清理需求以及作业环境进行综合评估。例如，对于复杂的管道系统或高风险作业环境，管道清洗机器人可能更为适合，而对于简单且直线型的管道，机械疏通设备则能够快速有效地解决问题。高压水射流清洗机适用于清理顽固污垢和长时间未清理的管道，但对于不易接近的狭窄管道，则需要使用管道清洗机器人。此外，设备的使用寿命、维护成本、操作难度等也是需要考虑的因素，这些都会直接影响清理工作的长期效率和经济性。

清理设备的持续创新和升级，不仅推动了排水设施管理的现代化，还为排水系统的可持续发展奠定了基础。随着环保和绿色技术的推广，未来的清理设备将更加注重节能减排、环保无害等特点，进一步提高清理效果的同时，减少对环境的负面影响。此外，随着数字化技术的不断发展，清理设备的智能化、自动化水平将不断提升，排水管道的清理、维护及监测将变得更加精准、高效和智能。清理设备的选择与应用将继续朝着高效、精准、智能的方向发展，满足日益复杂的城市排水系统管理需求。

三、疏通技术的有效性

在排水管道系统的日常运行过程中，管道堵塞是一种常见且需要及时解决的维护问题。堵塞通常是由固体杂物、油脂、沉积物或植物根系等原因引起的，它不仅影响排水效率，还可能导致污水倒灌、环境污染甚至系统破坏。因此，疏通技术的有效性在排水设施管理中显得尤为重要。传统的疏通方法通常依赖于人工操作或机械设备，如手动疏通机、电动螺旋杆等，而随着技术的进步，现代疏通技术已经逐渐采用更加高效且精确的手段，如激光疏通和超声波疏通，这些技术为管道疏通提供了更高的工作效率和更好的效果。

传统的疏通技术，尽管操作简便且设备成本较低，但在面对较为复杂或顽固的堵塞时，往往存在效率低下、效果不持久等问题。手动疏通机和电动螺旋杆通常依赖于机械的旋转力量，通过旋转杆头来破碎或推动堵塞物。然而，这种方法的局限性较大，尤其是在面对较为坚硬或大块的堵塞物时，往往难以彻底清除。更为重要的是，传统的机械疏通技术容易对管道造成损害，尤其是对于老化的管道，可能会加剧管道的损坏风险。电动螺旋杆的高频率运动容易导致管道内壁的磨损，长期使用甚至可能导致管道出现裂缝或变形。因此，尽管传统技术在简单堵塞的情况下效果较好，但在处理复杂和难度较大的堵塞时，常常力不从心。

随着科技的发展，新型疏通技术应运而生，极大地改善了传统方法的不足。激光疏通技术是其中的一项重要进展。激光疏通技术通过精确控制激光束的能量，将高能量集中在管道内的堵塞物上，通过热量的作用将堵塞物蒸发或切割，从而有效地清除管道内的障碍物。激光疏通技术的优点在于其高效性和精确性，能够在不破坏管道本体的情况下，快速且彻底地清除堵塞物。此外，激光疏通技术还能对管道进行精确的检测和评估，通过激光束扫描管道内壁，及时发现管道的潜在问题，如裂缝、腐蚀等，进而进行更有针对性的维护。这种技术特别适用于处理一些较为复杂的堵塞物，如石块、树根等，它可以精确地定位并处理这些障碍物，避免了机械疏通过程中可能出现的管道损伤风险。

超声波疏通技术也是新兴的疏通技术之一。超声波疏通技术通过产生高频振动，利用声波在管道内传播时与堵塞物发生相互作用，将堵塞物打散、松动，最终恢复管道的畅通。超声波疏通技术的原理基于声波的高频振动力，这种力能够穿透管道内壁，通过液体或气体传递到堵塞物上，打破其结构，使其变得松散或碎裂。相比激光疏通，超声波疏通的优势在于其更加温和，不会对管道造成直接的物理损伤，并且能有效应对油脂类、沉积物等较为松散的堵塞物。超声波疏通技术的应用能够更好地保护管道系统，延长管道的使用寿命，同时提高疏通效果的持续性。

对于不同类型的堵塞物，采用不同的疏通技术具有显著的效果。对于树根等硬性障碍物，激光疏通技术无疑更具优势，因为其高能量的激光束能够迅速穿透坚硬的物质，精确清除管道内的障碍。而对于油脂、泥沙等相对松散的堵塞物，超声波疏通则表现得更加有效，因为超声波的高频振动能够迅速使这些物质松动，恢复管道的流动性。此外，激光和超声波技术均具有较高的灵活性和适应性，能够根据具体的堵塞情况进行针对性操作，避免了传统机械疏通方法中可能遇到的多次尝试和不必要的损耗。

第三节 定期维护的标准流程与要求

一、定期检查的频次与内容

定期检查在城市排水设施的运行与维护中起着至关重要的作用。它不仅是确保排水系统高效运行的核心环节，更是预防故障发生、延长设备使用寿命、减少突发事故的关键措施。随着城市化进程的推进和气候变化的影响，排水系统面临的压力不断增加，定期检查的工作显得尤为重要。为了确保排水设施长期稳定运行，检查的频次和内容必须合理制定，并依据具体的使用环境和设备状态进行调整。定期检查的实施不仅依赖于技术层面的规范，更需综合考虑实际运行情况及设施所处环境的变化，从而制定科学的检查周期和具体内容。

在确定检查频次时，首先应考虑排水系统的使用年限和设施的老化情况。老化设施可能会出现管道裂缝、腐蚀、沉降等问题，因此需要更为频繁的检查。与新建或维护良好的排水设施相比，老旧系统的检查频次应适当增加。这种增加的检查频次并不局限于外部检查，还包括对内部结构、管道密封性和防腐层的综合评估。此外，环境因素也是决定检查频率的一个重要依据。排水系统通常处于地下或相对封闭的环境中，受到温度变化、土壤湿度以及外界建筑活动等因素的影响，可能出现无法通过常规操作发现的问题。在这种情况下，检查周期的调整应更多地基于环境变化的影响，尤其是在存在施工扰动或自然灾害风险较大的区域，检查工作需要提前安排并进行定期回访。

定期检查的内容应覆盖排水系统的各个重要部位，包括管道、井盖、泵站、检查井等关键设施。管道作为排水系统的核心部分，其检查应涉及多个方面。首先，管道的内外表面需要仔细检查，确保没有出现裂缝、腐蚀或堵塞的现象。通过定期的视觉检查以及借助高科技检测手段，如内窥镜检查或超声波探测，可以有效发现管道内部的潜在问题。其次，管道的压力测试和流量测试也应当是检查的常规内容。通过这些测试可以判定管道是否能够承受工作压力，并评估其在不同流量情况下的运行状况，从而预测可能的故障点或隐患。压力和流量的变化不仅能反映出管道是否存在堵塞，还能揭示管道老化或不当设计的问题。

井盖和检查井的状态也是检查中不可忽视的重要部分。井盖作为排水设施的出入口，其密封性和牢固性直接关系到整个排水系统的安全性。在频繁的人流或车流压力下，井盖容易受损或发生偏移，影响排水设施的正常运行。因此，井盖的检查内容应包括其整体结构、固定方式和盖板的完好性，确保井盖在长时间使用过程中不会出现松动或破损的情况。此外，检查井内的状况也需要定期检测。井内的积水、沉积物和腐蚀现象都可能影响到排水管道的功能，因此应对井内的环境进行定期评估，及时清理沉积物，避免影响排水效果。

泵站作为排水系统中重要的动力装置，其检查工作不能忽视。泵站的运行情况直接影响到排水能力的发挥，因此泵站的检查并不局限于设备的外观检查，还应包括对电机、泵体、阀门和控制系统的检测。通过监测泵站的运行数据，如功率消耗、泵的效率、运行时间等，可以判断其是否处于正常状态。若发现泵站的运行效率下降或异常情况，应及时采取措施进行修复，以防止出现更大的故障。

除了对单个设备的检查外，排水系统的整体协调性和流畅性也是检查中不可忽视的方面。排水系统是一个复杂的网络,各个环节之间相互联动,任何一个环节的故障都可能影响整个系统的运行。因此,定期的全系统检查应涵盖各个环节的协同工作情况。例如,检查各类调节池、沉淀池和水处理设施的运行状况,确保它们能够有效配合管道系统进行排水。此外,雨水收集、调蓄与排放等环节的协调性也是评估排水系统健康的重要内容,尤其在极端天气条件下,排水系统的协调能力直接影响到城市的防洪排涝能力。

定期检查不仅是为了发现当前系统的隐患,还应具备可预见性,通过对历史数据和运行趋势的分析,预测未来可能出现的设备故障和系统瓶颈。随着智能化技术的应用,排水设施的检查工作越来越依赖于数据分析和远程监控。通过安装传感器和远程监测系统,管理人员可以实时掌握系统运行状况,及时获取各个关键部件的健康数据。这种基于数据的动态监控,不仅可以减少人工检查的频率,还能提高故障识别的精度和响应速度。

二、维修记录与数据管理

在现代城市排水系统的管理中,维修记录与数据管理作为确保设施高效运行的核心环节,发挥着至关重要的作用。排水设施的维护管理不仅仅是针对设备的定期检查和修复,更是一个系统化、数据化的长期工作过程,涉及对设备性能、运行状态、故障类型及维修历史的全面记录与追踪。有效的维修记录和数据管理不仅能为排水设施的后续维修和管理提供参考,也为排水系统的持续优化提供科学依据。每次设施的清理、检修和维护后,都应详细记录相关工作内容,特别是设备使用情况、故障发生情况、维修过程中发现的问题及其处理措施。这些信息的准确记录与整理,不仅为日后设施的管理提供可追溯的历史数据,也为排水系统的运行提供必要的技术支持。

维修记录的内容应涵盖设备的基本信息、工作状态、维修周期、零部件更换、维修材料及其质量、所用工具和设备、操作人员信息等。通过这些数据的系统化管理,排水管理部门能够在不同时间点对设施的运行状态进行详细分析,掌握其发展趋势。在设施出现故障时,能够快速查找到故障原因、解决方案及维修历史,为问题的快速诊断和解决提供帮助。随着城市排水设施的不断发展,数据的积累也逐步成为一种宝贵的资源，能够帮助管理人员识别长期运行中潜在的薄弱环节，及时采取相应的管理措施，以避免设施突发性故障的发生。

在排水设施的维护管理中，数据管理的意义不仅仅体现在日常工作的规范化上，还体现在其对于未来维护决策的支持上。借助现代信息技术，维护记录可以通过数字化、智能化手段进行实时收集和分析。数据的分析不仅有助于发现当前的故障隐患，还能通过对设备运行状况的长期跟踪，预测设施未来的维修需求，从而使得维修工作更加具有前瞻性和针对性。通过大数据分析，排水管理部门能够实时监测设施的运行状态，对设备的使用寿命、故障频率、维修周期等关键因素进行综合评估，并根据分析结果优化维修计划，提高维护工作的效率与准确性。

科学的维修记录与数据管理也为排水设施的资源配置和资金预算提供了重要依据。随着维护工作记录的完善，管理部门可以通过数据清晰地了解每项维修任务的具体费用及其实际效果，从而为后续的资金规划和资源调配提供依据。有效的数据管理有助于提升排水设施维护工作的透明度和可控性，使得管理部门能够更加合理地安排工作时间和资金投入，确保每一项维修工作都能够得到充分的支持和保障。

现代化的城市排水管理中，数字化技术的引入为维修记录和数据管理提供了更广阔的发展空间。随着信息技术的快速发展，物联网、传感器、云计算等技术的应用，为设备的实时监控与数据采集提供了更为精准的手段。在排水设施的关键部位安装智能传感器，可以实时监测设施的运行状态，捕捉设备的异常信息，并将这些信息实时上传至云平台。在云平台上，管理人员可以通过大数据分析技术，对收集到的维修数据进行深入挖掘，发现设备运行中的潜在问题，并提前采取预防措施。这不仅提高了数据的准确性和实时性，也加快了问题响应和处理的速度，使排水设施的维护管理更加智能化和高效。

维修记录与数据管理的有效实施，为排水管理部门提供了一个持续优化和反馈的机制。通过不断积累维修记录，管理人员可以对设备的历史维护情况进行全面回顾，分析设备运行的优劣势，评估管理措施的效果。通过数据的积累与分析，排水管理部门可以识别管理中的不足，改进工作流程，提升整体设施的管理水平。此外，维修记录与数据管理还能帮助管理部门制订科学的设施更替计划，为设备更新和升级提供决策支持。在设备使用寿命到期前，管理人员可以通过数据分析预测设备的老化程度，提前进行技术评估与更替安排，从而避免因设备老化或故障导致的排水系统瘫痪。

三、维护标准与规范

排水设施的维护标准和操作规范在保障城市排水系统的正常运行和延长其使用寿命方面具有不可替代的重要作用。随着城市化进程的加速和城市排水需求的日益增多，排水系统的维护要求也变得愈加复杂与严格。要确保排水设施能够在长时间内高效、稳定地运行，必须遵循一系列的维护标准和操作规范，以实现系统的最佳性能和最小的环境负担。

排水设施的维护标准和操作规范不仅仅是针对设施本身的技术要求，更多的是对维护人员操作的具体要求，这涉及设备检查、管道清理、故障修复等多个方面。根据国家和地方的相关法律法规以及行业的技术标准，维护工作需要严格按照既定的操作规程进行，确保每一个环节的实施符合安全和技术的双重要求。对排水管道的清理和维修，必须遵循特定的流量、压力和清洗深度的要求，尤其是在高密度城市区域，排水管网的压力和流量控制更为关键。

对于排水设施中的设备检查，维护人员应根据生产厂家的操作手册和规定，按照专业的标准程序进行检查。设备的检查周期和维护项目应根据设备的使用情况、设计寿命以及生产厂家的建议来确定。定期检查不仅能确保设备的正常运转，还能通过提前发现潜在故障，避免设备因超负荷运行而导致的重大故障。此外，设备维护过程中应加强对设备关键部件的监控，确保其稳定性和安全性。这包括泵站、电控设备、排水阀门等核心设施，其运行状态直接影响排水系统的整体性能。设备的性能衰退通常表现为能效降低、故障率上升等迹象，因此，设备维护应特别关注这些变化，采取相应的修复或更换措施，保证排水设施的长效运行。

除了对设备和管道的具体维护要求外，排水设施的操作规范还应包括施工人员的安全保障措施。在进行排水设施维护工作时，安全问题必须被放在首位。排水设施通常分布在地下或偏远地区，环境复杂且存在多种潜在危险，如有毒气体泄漏、电气设备故障等，这就要求维护人员在操作时必须遵守严格的安全规程。在进行现场作业时，人员必须佩戴必要的安全防护装备，采取防护措施以确保人身安全。针对排水管道的检查和维修，作业前必须对工作环境进行充分评估，确保无外部风险因素。维护过程中，操作人员还需要定期检查安全设施的完备性，并确保作业现场的安全通道畅通无阻，以便发生突发事件时，人员能够及时撤离。

环境保护也是排水设施维护操作规范中的一个重要方面。在进行设施清理和维护时，必须避免对周围环境造成污染。排水管道的污水处理和排放过程往往涉及有害物质，这要求维护工作严格遵守环保法律法规，采取适当的处理和清除措施，防止对土壤、水源或空气造成二次污染。在维护过程中，操作人员需要定期对管道中排放的污水进行处理，确保废水在达标后再进行排放。此外，清理过程中使用的化学清洁剂等物质，也必须符合环保要求，确保不会对环境和生态系统产生危害。

排水设施的维护工作在实际操作中还需要面对不同类型设施的维护规范，这些规范根据设施的功能、使用环境和技术要求有所不同。对于城市中老旧的排水系统，维护标准通常要求更加精细和严格。由于这些排水设施多年来经历了长期的使用，腐蚀、沉积物堆积等问题可能更加严重，维护难度相对较高。对于这类设施的维护，除了遵循常规的技术标准外，还需考虑到设施的特殊性和复杂性，采用更为细致的诊断手段和维护技术，以确保老旧设施能够恢复其最佳的工作状态。

在维护标准的执行过程中，管理制度的健全和执行力的提升同样至关重要。排水设施的维护不仅仅是操作规范的执行，还涉及管理层的整体协调。维护工作需要在精确的时间框架内完成，避免延误对排水系统造成的不利影响。管理人员需要制订详细的维护计划，并对执行过程进行监督，确保每一项操作都符合标准要求。对于发现的安全隐患和设施故障，必须采取迅速有效的修复措施，以确保排水系统的高效运作。

第四节　常见故障的预防与修复

一、管道腐蚀与老化问题的预防与修复

在城市排水系统中，管道腐蚀与老化问题是长期以来困扰排水设施运行效率和稳定性的一个重要因素。随着城市化进程的推进，排水管道的数量和复杂性不

断增加，环境条件的变化也导致了排水管道受到腐蚀和老化的风险加剧。管道腐蚀和老化不仅会直接影响排水系统的功能，导致排水能力降低，甚至可能引发环境污染和公共安全事故，因此，如何有效预防和解决管道腐蚀与老化问题，已成为排水设施管理中的关键课题。

管道腐蚀的发生通常与多种因素密切相关，最常见的因素包括水质、土壤腐蚀性、气候条件及管道材料本身的抗腐蚀性能。尤其在一些工业排水、含腐蚀性化学物质较多的区域，排水管道容易受到强烈的化学侵蚀。管道表面与外界环境接触时，水中的物质会与管道材料发生反应，导致管道发生化学腐蚀。此外，土壤中的有害离子、盐分及湿度也加剧了管道腐蚀的过程，尤其是埋地管道，长期处于湿润和氧化的环境下，腐蚀现象更加严重。随着时间的推移，这些因素的累积作用会使管道表面逐渐被侵蚀，管道结构受损，管道强度降低，从而引发漏水、堵塞甚至管道断裂等故障。

管道的老化与腐蚀过程通常是一个渐进的、长时间累积的过程，老化现象通常表现在管道材料的强度、韧性和密封性逐渐下降。当管道因腐蚀而出现裂纹或穿孔时，排水系统的正常功能就会受到严重影响，可能导致水质污染、管道内污水泄漏等问题，进一步使周围环境和公共卫生恶化。特别是在一些老旧城区，排水设施建设较早，管道材料的技术水平有限，抗腐蚀性较差，随着使用年限的增长，管道老化现象越来越明显。老化管道的修复成本较高，且容易发生反复故障，给排水设施的管理和运营带来了极大的压力。

为了有效预防管道的腐蚀与老化问题，首先需要从管道材料的选择入手。随着新材料技术的发展，许多新型的耐腐蚀材料应运而生，如高分子材料、复合材料以及改性金属管材等，这些材料具有更强的抗腐蚀性和更长的使用寿命，能够有效抵御环境因素的侵蚀。相比传统的钢铁、混凝土等管道材料，这些新型材料不仅能提高管道的耐腐蚀性能，还能适应更加复杂的使用环境。选用合适的管道材料，是预防腐蚀和延缓管道老化的第一步。现代化的管道材料已能够在很大程度上克服老化和腐蚀问题，为排水设施的长期稳定运行提供了重要保障。

除材料的选择外，管道的防腐措施也是预防腐蚀的重要手段。防腐涂层的应用可以有效隔离管道与外界环境的直接接触，减少腐蚀介质对管道表面的侵蚀。

防腐涂层的种类多样,包括环氧树脂涂层、聚乙烯涂层以及其他高性能防腐材料,能够根据不同的环境条件和腐蚀程度进行选择与使用。此外,管道外部的防腐层也应定期检查和维护,确保涂层的完整性和有效性,防止涂层因老化、裂纹等原因失去保护功能。

对于已经出现腐蚀迹象的管道,及时的检测与修复是防止问题扩大的关键。管道腐蚀的早期迹象通常表现为管道表面出现裂纹、颜色变化或管道内部的阻力增大等现象。定期对排水管道进行全面检查,采用现代化的检测技术,如声波检测、红外成像、腐蚀电位测试等手段,能够及时发现潜在的腐蚀问题,并采取相应的修复措施。尤其在一些老旧管道中,定期检查能够发现管道在长期运行中可能出现的隐患,防止小问题演变成大故障。

管道一旦出现腐蚀或老化现象,及时修复或更换是避免更大损失的关键。修复工作的内容包括更换受损的管段、加固老化管道、对严重腐蚀的区域进行局部修复等。对于那些腐蚀严重、损坏无法修复的管道,应考虑更换整个管段,以保证排水设施的正常运行。在修复或更换过程中,需要结合管道的使用年限、腐蚀程度以及运行要求,制定合适的修复方案,以最大限度地降低工程成本和对排水系统正常运行的影响。

管道的腐蚀与老化问题并非仅仅依靠材料和修复措施就能够彻底解决。随着排水设施建设的发展,排水系统的管理模式也需要不断创新。管道腐蚀的预防工作应从建设初期开始,考虑到环境变化、使用负荷、材料选择以及施工工艺等多方面因素,进行全生命周期的管理与监控。建立健全的管道管理制度,采用信息化手段进行实时监控与数据分析,可以更加精确地掌握排水管道的运行状态,及时发现并处理潜在问题,提高管道的整体管理水平。

二、管道堵塞的预防与修复

排水管道作为城市基础设施的重要组成部分,承担着排除雨水和污水的关键职能。然而,随着使用时间的延长及外界环境因素的影响,管道的堵塞问题逐渐成为城市排水系统运行中的常见故障。管道堵塞不仅影响排水系统的正常功能,甚至可能引发城市内涝、环境污染等一系列问题,给城市管理带来巨大压力。因此，管道堵塞的预防与修复问题一直是排水系统管理中的重要议题。管道堵塞的形成主要与沉积物堆积、垃圾污染、树根入侵等因素密切相关，这些因素不仅可能导致水流受阻，还可能加速管道的老化和腐蚀，从而进一步加剧堵塞现象。因此，预防管道堵塞的发生，及时有效地修复已发生堵塞的管道，是保障城市排水系统正常运作的必要手段。

在管道堵塞的预防方面，首先，合理的设计和施工是防止管道堵塞的基础。管道设计时应充分考虑水流的排放量和流速，避免在管道系统中出现死角和水流不畅的地方，防止沉积物和杂物的积聚。为了减少管道内部的沉积，管道的坡度设计必须符合流体力学要求，确保排水流速能够有效清除潜在的沉积物。其次，管道材料的选择也对预防堵塞至关重要。采用高质量的管道材料不仅能增强管道的耐久性，还能有效减少外界物质的入侵。例如，防根管道材料能够有效防止树根的侵入，减少由于树根生长引发的堵塞问题。此外，管道接口的密封性也是防止外部杂物侵入的重要措施。管道连接部位的设计应确保密封性，避免垃圾、杂物和根系进入管道内部。为进一步减少管道堵塞的可能性，安装过滤器也是一种有效的预防措施。在排水管道入口处设置过滤装置，可以有效拦截大颗粒物质及杂物，从源头上减少对管道的污染。

然而，在排水管道使用过程中，堵塞问题依然可能发生，这就需要及时采取有效的疏通和修复措施。随着科技的发展，现代排水管道的疏通技术已逐步从传统的人工清理和机械清理向更加高效、环保的技术转变。高压水射流清洗技术是一种常见且高效的管道疏通方法。高压水流对管道内壁进行冲刷，能够有效地清除管道内的油污、泥沙、沉积物以及小型堵塞物。高压水射流清洗不仅具有清理速度快、效果显著等优点，还能在不损害管道结构的情况下完成清理工作。该技术已广泛应用于城市排水管道的定期维护和突发堵塞修复中，是现代排水管道疏通工作中的重要手段之一。

除了高压水射流清洗，机械疏通技术也是常用的管道清理方法之一。机械疏通通常依靠专业的机械设备，如管道疏通机或电动蛇形管弯管机，通过旋转或震动的方式，将管道内的堵塞物击碎或推移，最终恢复管道的通畅。机械疏通设备不仅操作简便、维护方便，而且能够处理较为顽固的堵塞问题，尤其适用于解决管道内部物理性堵塞问题。然而，机械疏通也存在一定的局限性，特别是对于油污或生物性堵塞物的清理效果不如高压水射流清洗，因此，实际应用时通常需要根据具体情况选择合适的技术手段。

除传统的清理方法外，管道的修复与维护也是确保其长期畅通的关键。对于管道中已经发生的局部损坏或腐蚀问题，传统的修复手段往往依赖于管道的拆除和更换。然而，随着非开挖技术的发展，管道修复方法已经发生了革命性的变化。管道内衬技术作为非开挖修复的一种新型技术，能够将一层新材料衬套在旧管道内，从而恢复管道的功能和结构。该技术具有无须开挖、施工周期短、成本较低等优点，能够有效地解决城市老旧排水管道的修复问题。此外，管道的防腐蚀处理也是延长管道使用寿命的重要措施之一。对管道进行防腐涂层处理或使用防腐材料，可以有效减少管道因腐蚀而导致的堵塞风险，降低管道维护频次，确保排水系统的长期稳定运行。

为了确保排水系统的正常运行和管道堵塞问题的有效解决，定期的管道检查与监测也不可忽视。使用现代化的监测设备，如管道视频检测系统，可以对管道内部的状况进行实时监测和分析，及时发现潜在的堵塞隐患或管道损伤问题。此外，数据化管理和智能化监控技术的应用，将进一步提高排水管道的管理效率和响应速度。建立完善的排水管道信息管理系统，可以对每一段管道的运行状态、维修历史、堵塞记录等进行详细跟踪与分析，形成闭环管理，确保管道的健康运行。

三、管道裂缝与破损的修复

管道裂缝与破损是城市排水设施中常见且具有广泛影响的故障类型。管道一旦出现裂缝或破损，不仅会导致排水能力下降，还可能引发一系列连锁反应，如污水外溢、地下水污染、土壤结构变化等，从而影响周围环境的安全与稳定。裂缝的产生往往是由多种因素共同作用的结果，其中包括管道材料本身的疲劳、外部荷载过大、地基沉降、施工质量问题以及温度变化等。对于已建成的排水系统，尤其是那些使用年限较长的管道，裂缝和破损问题更为突出，因此有效的修复技术成为保障排水系统长期稳定运行的关键。

管道的裂缝通常源于长期的使用磨损、环境荷载的变化以及外部压力的影响。随着管道使用年限的增加，管道材料的老化和腐蚀会逐渐削弱其结构强度，使其容易受到外部力的作用而发生裂开或破损。这种问题在地下管网系统中尤为严重，因为管道通常埋藏在土壤中，容易受到地基沉降或地面荷载变化的影响。一旦管道出现裂缝或破损，排水系统的正常功能将受到直接威胁，必须采取有效的修复措施以确保系统的安全运行。

内衬技术作为一种常见的管道修复方法，其主要优点在于能够在不拆除原有管道的情况下完成修复。这项技术通过将一层薄膜材料内衬到破损管道的内壁上，以恢复管道的完整性。内衬材料通常具有较强的抗腐蚀性和耐磨性，能够有效阻挡外部水流的侵入，防止管道进一步破损。此外，内衬技术的实施过程相对简单，施工时间短，能够显著减少对周围环境和城市交通的干扰，因此在城市老旧管道的修复中得到了广泛应用。内衬材料的选择和施工方法对修复效果至关重要，需要根据管道的材质、破损情况以及使用环境的不同，精确选择最适合的内衬材料，以确保修复效果的长期稳定性。

外包套管法也是一种常用的管道修复技术，尤其适用于管道外部受到损伤或压力过大的情况。这种方法通过在原有管道外部套上一层新的管道外壳，从而达到加固管道、恢复排水能力的目的。外包套管通常采用高强度的钢管或合成材料，这些材料具有较强的抗压能力和耐腐蚀性，能够有效承受外部压力和腐蚀环境的挑战。与内衬技术相比，外包套管法的施工过程更加复杂，需要对原有管道进行准确的检测与评估，并确保新套管的安装过程不对管道原有结构造成二次损伤。虽然外包套管法的施工成本较高，但其对于承受高负荷和高腐蚀环境的管道修复来说，提供了更加可靠和持久的解决方案。

除了内衬技术和外包套管法外，近年来，一些新的修复技术也逐步应用于管道裂缝与破损的修复中。例如，利用喷涂技术将特殊的修复材料均匀喷涂在管道表面，形成一层防护膜，能够有效修复表面裂纹并增强管道的耐用性。喷涂修复技术的优势在于其施工方便、周期短，且对管道的适应性较强，能够应用于多种材质的管道。此外，管道裂缝和破损的修复还可以结合现代检测技术，通过精确的定位和分析，及时发现管道的微小裂缝并进行针对性修复，从而实现更高效、更经济的维护方案。

第八章 智能化与信息化技术在排水管理中的应用

智能化与信息化技术的应用，正在深刻改变传统的城市排水管理模式。传统的排水管理方式往往依赖人工巡检与固定的维护计划，而现代排水管理则逐步转向基于数据分析、实时监控与自动化技术的智能化管理系统。通过传感器、监控设备和信息系统的结合，排水系统的运行状态可以实现全天候、全方位的实时监控，这不仅提升了排水管理的效率，也为管理人员提供了精确的数据支持，帮助他们做出更加科学的决策。智能监控系统可以实时捕捉系统中出现的异常情况，如管道破裂、堵塞等，自动触发故障预警，并根据设定的参数进行自我调整。此外，信息化技术在排水设施维护中的应用，也有效提升了维护工作的精准性和及时性。例如，通过大数据分析可以预测设施故障的高发区域，从而有针对性地进行预防性维护。智能技术的引入，不仅提升了排水系统的管理效率，也为城市排水管理带来了更高的可靠性与灵活性。本章将深入探讨排水系统的智能监控与数据管理，分析信息化技术在排水设施维护中的具体应用，讨论实时监测与自动化故障预警的优势与实施效果，并探索智能技术在提升排水管理效率方面的潜力。

第一节 排水系统的智能监控与数据管理

一、数据采集与分析技术的融合

在现代城市排水管理中，数据采集与分析技术的融合正日益成为提升排水系统智能化水平的关键。随着城市化进程的推进，城市排水系统的规模不断扩大，管理难度随之增加。传统的排水管理模式依赖于人工监控和固定的维护计划，难以应对复杂多变的城市排水需求。智能排水系统的出现，使得城市排水管理能够依托于精确的数据采集和深入的分析，实现对排水设施状态的实时监控和精细化管理。

智能排水系统的核心在于数据采集技术。该技术通常依靠传感器网络对水流、雨量、水位等关键参数进行持续采集。这些传感器分布在排水系统的各个环节，如排水管道、蓄水池、排水泵站等，能够实时采集运行数据。这些数据经过传输后，通常会集中存储于云平台，形成大规模的数据集。云平台提供了强大的数据存储和处理能力，使得各类实时数据能够在不中断的情况下被持续记录和分析。此外，云计算和物联网技术的结合，使得数据传输和处理变得更加高效和稳定。通过这种方式，排水系统能够实现全面的、动态的监控，从而确保每个环节的正常运行。

在数据采集的基础上，大数据技术的应用使得海量数据能够被充分挖掘和利用。排水系统的运行过程中，会产生大量的多维度数据，这些数据不仅包括水流、降水量、排水量等物理参数，还涵盖了设备状态、气象信息、环境变化等与排水管理相关的各种因素。通过大数据分析，管理者能够深入挖掘出排水系统运行中的潜在问题和趋势。例如，基于历史数据和实时数据的对比分析，可以揭示出排水系统中某些环节的瓶颈或易发生故障的部位。此外，大数据技术还能预测排水设施在未来某一时段的运行负荷，为排水设施的维护和优化提供科学依据。通过对这些数据的分析，排水管理者可以清楚地了解到系统的运行效率、瓶颈问题以及未来的维护需求，从而做出更加精确的决策。

然而，要实现对排水系统的优化管理，数据处理与分析能力的高效性至关重要。随着数据量的不断增加，传统的处理方法已经难以满足需求。因此，排水管理系统需要采用先进的机器学习、人工智能算法等技术，提升数据分析的深度和准确性。这些技术能够基于大量历史数据进行学习和优化，使得排水系统能够在面对复杂环境和动态变化时，做出迅速且准确的响应。例如，机器学习可以帮助系统识别出排水管道中存在的潜在问题，并预测哪些区域在未来一段时间内可能发生堵塞或破裂。通过这种方式，系统能够自动生成维护预警和操作建议，帮助管理人员提前介入，防止问题的发生。

此外，数据分析技术的深度挖掘并不局限于当前系统状态的优化，更多的是面向未来发展的预见性管理。智能排水系统的真正优势之一就是其能够为未来城市排水管理提供决策支持。在未来城市排水管理中，数据采集与分析技术将实现更加精确的预测和动态调整。通过对排水系统历史数据和实时数据的不断学习和更新，排水管理系统能够不断调整优化方案，提高系统运行的可持续性。例如，随着气候变化的影响，降水量的分布和强度将发生变化，排水系统的负荷可能会因此发生波动。基于大数据分析，系统能够对降水模式进行长期跟踪，及时调整排水能力，防止因突发性降水而导致的城市内涝。

数据采集与分析技术的融合不仅仅是排水系统内部的技术需求，它还涉及与其他城市基础设施系统的协同工作。例如，城市的气象监测、交通流量监控等信息系统可以与排水管理系统实现数据共享，形成综合性的城市运行管理平台。通过整合多种信息源，排水系统能够获得更加全面的环境变化数据，从而在复杂的城市环境中做出更为精准的决策。这种跨系统的数据融合，不仅提升了排水系统的独立管理能力，还增强了其在应对突发事件时的应变能力。

数据采集与分析技术的融合，极大地提升了排水系统的智能化和精细化管理水平。通过传感器网络的广泛部署，排水系统能够实时监控各项关键参数；通过大数据技术的应用，管理者能够深刻挖掘系统中的潜在问题和未来趋势；通过高效的数据处理与分析能力，排水系统能够实现对未来运行状态的精准预测。随着智能化技术的不断进步，未来的排水管理将更加依赖于数据驱动的决策和动态调整，推动城市排水系统向着更加高效、环保和可持续的方向发展。

二、远程监控与自动调节功能

智能排水系统的远程监控与自动调节功能的引入，标志着城市排水管理方式的一次深刻变革。传统的排水管理通常依赖于人工巡检和现场操作，这种方式不仅效率较低，而且容易受到人工疏漏和突发情况的影响，导致排水设施的运行不稳定，甚至发生故障。而智能排水系统通过信息技术的集成，能够在不依赖现场操作的情况下，实现对排水设施的全面监控和动态管理，从而大幅度提高了排水系统的管理效率和应急响应能力。

远程监控功能的核心优势在于其能够实时获取排水设施的运行数据,包括水位、流量、管道压力等关键指标。这些数据通过各种传感器和监测设备被采集后,上传至中央控制系统,管理人员可以通过远程平台对这些信息进行分析和评估。这种数据实时反馈的能力,使得管理人员能够随时了解排水系统的运行状态,从而做到及时发现潜在的问题并采取相应的应对措施。例如,当某一段排水管道出现堵塞或泄漏时,系统会自动发出警报,管理人员可以及时调配资源进行维护,而不必等待现场检查的结果。这种远程监控模式大大提高了排水设施的运行可靠性,确保了排水系统的安全性和稳定性。

与传统的排水管理模式相比,远程监控系统的优势不仅体现在效率上,还表现在对排水设施的控制能力上。通过中央控制系统,智能排水系统能够实时对排水过程进行调整。例如,在雨水排放系统中,系统能够自动调节水流方向和流量,以应对不同的天气条件和排水需求。在极端天气情况下,系统能够根据实时降水量和排水能力,动态调整排水设施的工作模式,优化排水流程,从而防止积水和内涝的发生。在干旱季节,排水系统可以通过调整排水速度和流量来有效节约水资源,避免浪费。智能排水系统的自动调节功能使得排水过程更加灵活和高效,不再依赖人工判断和操作,而是通过智能化的决策机制,确保排水系统在各种情况下都能够保持最佳的运行状态。

数据分析也是智能排水系统自动调节的一个重要组成部分。系统通过对历史数据和实时数据的深入分析,能够识别排水流量的变化规律,预测未来可能发生的排水需求波动。例如,当预测到某个区域将在未来几小时内经历强降雨时,系统可以提前调整该区域的排水能力,增加排水流量,以应对即将到来的雨水负荷。自动调节功能不仅提高了排水系统的响应速度,也减少了人工干预的需求,使得排水管理更加高效且精确。通过大数据和机器学习等技术,排水系统能够不断优化调节策略,提升排水设施的自适应能力。基于这种自动化的决策系统,排水设施可以实现真正的"智能运行",减少人为操作的误差,并有效提高整体系统的稳定性和可靠性。

智能排水系统的远程监控和自动调节功能还能显著降低运营成本和维护难

度。在传统的排水管理中，设施维护和故障处理往往依赖于现场人员的检查和修复，这不仅增加了人工成本，还可能导致排水系统的长时间停运。而智能系统的远程监控和自动化修复功能，可以在问题发生的初期及时采取措施，避免故障扩大，减少系统停运的时间。这不仅降低了维护成本，也减少了因设施故障造成的损失和社会影响。同时，系统的智能化调节功能能够实现精准的水资源管理，有效减少水浪费，从而降低了运营成本。在排水量相对较小的时段，系统可以自动降低排水设施的运行负荷，节省能源消耗，而在需要加大排水力度时，系统又能够迅速调节到最优状态，确保排水工作顺利完成。

此外，智能排水系统的远程监控和自动调节功能，还能为城市排水管理提供更加精准的预警和决策支持。在面对突发洪水、台风等自然灾害时，传统的排水系统往往难以及时做出应对，而智能排水系统则能够根据实时监测到的环境数据和气象预报信息，提前做出响应。例如，系统可以根据降水量的变化，自动激活备用排水通道，或调整主排水管道的流量，以避免因排水能力不足而导致的积水。通过这些智能化的预警和调节，城市可以有效减轻自然灾害对排水系统的压力，降低城市内涝的发生概率，提高城市排水设施的抗灾能力。

三、信息共享与协同管理机制的构建

随着信息技术的飞速发展，城市排水管理逐渐进入了信息化、智能化的新时代。在这一转型过程中，信息共享与协同管理机制的构建成为提升排水系统整体效率和应急响应能力的关键因素。传统的排水管理多侧重于对单一排水设施的独立监控和维护，缺乏系统性的信息整合和跨区域的协同作业，这在一定程度上限制了城市排水系统的效能。随着智能监控技术和物联网的应用，排水管理逐步从单点监控向全市范围的信息共享和协同管理模式转变。构建一个集成化的排水管理平台，能够实现各个排水区域监控数据的实时共享，为管理者提供全面的系统视角，确保排水设施高效运行。

信息共享与协同管理机制的核心是数据的互联互通和跨部门、跨区域的协作。不同区域的排水设施在运行过程中，各自面临的水量、水质和设施健康状况等问题各不相同，而这些因素往往会对整个城市排水系统的稳定性产生影响。如果仅依赖局部监控，往往难以全面掌握系统的实际运行状况，从而影响决策的有效性。通过搭建一个统一的信息平台，多个排水区域的数据得以实时上传和共享。无论是日常的水流量监测、管道运行状况，还是设备故障预警、气象数据等，都可以通过平台集中展示和分析。这种跨区域、跨部门的数据共享机制使得排水管理更加系统化和智能化，为决策者提供了及时、精准的数据支持。

在实际运行中，信息共享与协同管理不仅仅是数据的集中展示，更在于如何利用这些数据进行高效的协作调度。城市排水系统往往涉及多个部门和单位的合作，如市政部门、排水公司、环保部门等。每个单位负责的领域不同，但都需共同协调以保证整个系统的顺畅运行。通过信息平台的实时数据共享，不同部门之间可以更加紧密地合作。例如，在遭遇极端天气或突发事件时，系统可以通过数据分析预测某些排水区域的负荷过大，及时启动调度机制，将水流从负荷较大的区域转移到负荷较小的区域，避免出现大规模的积水或溢流情况。协同管理机制的建立，使得各个环节的联动性和响应速度得到了极大的提升，特别是在紧急情况下，能够做到快速决策和协调，确保排水系统的平稳运行。

信息共享与协同管理机制还为排水系统的长期优化和改造提供了有力的数据支持。随着城市的不断发展和气候变化的影响，排水系统的设计和建设面临着越来越多的挑战。例如，部分地区由于城市化进程中的规划问题，排水能力可能已经无法满足现有的需求，或者存在设施老化、管道堵塞等问题。这时，信息平台中的历史数据和实时监控数据便能为排水系统的升级改造提供科学依据。对多年来的排水数据进行深度分析，可以识别出排水系统中可能存在的隐患和瓶颈，提出精准的改造方案。同时，基于数据的决策不仅有助于优化现有设施的运行效率，还能在设计新的排水设施时提供必要的参考，确保新建项目能够更好地适应未来的发展需求。

为了实现信息共享与协同管理机制的顺利落地，技术层面的支撑至关重要。信息平台的构建需要依赖高效的数据传输和存储系统，确保各类监控数据能够实时采集、分析和展示。与此同时，智能分析系统的引入也能够提升平台的决策支持能力。通过对海量数据的处理与分析，智能化系统能够及时识别出排水系统中的异常情况，并为管理者提供预警提示。这种自动化的响应机制不仅提高了工作效率，也降低了人工干预的需要。此外，随着5G技术的推广和应用，数据传输的速度和稳定性将得到极大提升，为更加复杂和多样化的数据分析提供更大的支持。

信息共享与协同管理机制的构建将有效打破传统排水管理中存在的信息孤岛现象，推动各区域、各部门之间的紧密合作，提升整体排水系统的运行效率。在面对极端天气或突发事件时，协同管理机制能够确保快速响应和及时调整，避免灾害的扩展。在长期运行中，借助信息平台积累的大量数据，排水系统的优化改造将变得更加科学和精准，为城市的可持续发展奠定坚实基础。随着技术的不断进步，信息共享与协同管理机制必将成为城市排水系统管理的重要组成部分，推动城市基础设施管理进入一个更加智能、高效和可持续的新阶段。

第二节　信息化技术在排水维护中的应用

一、信息化技术支持排水设施的全生命周期管理

信息化技术的应用已经深入到城市排水设施的建设、运营和管理的各个环节，成为提升排水系统管理水平和运行效率的重要工具。在排水设施的全生命周期中，信息化技术为设计、施工、运营、维护等多个阶段提供了数据支持和智能化管理手段，使得排水设施的建设和维护管理更加精细化、科学化。随着信息技术的快速发展，数字化技术和智能化工具已经不局限于建设阶段的运用，而是逐渐延伸至整个设施的生命周期。通过信息化技术的有效运用，管理者能够从多维度提高排水设施的管理效率，减少运营成本，延长设施的使用寿命，并在突发事件发生时迅速采取应对措施。

在设计阶段，信息化技术能够通过高效的数据采集与分析，帮助设计人员更精确地进行排水系统的规划与优化。通过利用地理信息系统（GIS）等先进技术，设计者可以全面分析城市排水需求、地理环境、水文条件等要素，合理布局排水管道与设施，保证设计方案的科学性与合理性。同时，信息化技术还能提供全面的建模与仿真分析，帮助设计人员预测不同情况下排水设施的运行效果与可能出

现的问题，从而在设计阶段就对潜在的风险进行预测与规避。借助信息技术，设计人员不仅能做到更加精确的设计，还能实现数据的实时更新与调整，为后期建设提供坚实的理论基础。

在施工阶段，信息化技术进一步通过自动化施工管理系统和建设现场数字化管理平台，提高施工过程的协调性与透明度。施工中的进度管理、质量监控、成本控制等环节，通过信息化系统的支撑，能够做到实时跟踪与数据共享。施工方和监理方可以通过信息平台及时共享进度和质量数据，避免信息滞后或遗漏，从而减少工程中的误差和遗漏，确保项目按计划顺利进行。此外，信息化技术还能实时对施工现场进行监控，监测关键节点的施工质量和环境参数，确保施工活动的规范性与安全性。这种信息化管理不仅提升了施工效率，还大幅度提高了施工质量的可控性，减少了人为失误和不必要的返工。

在排水设施的运营阶段，信息化技术发挥着至关重要的作用。通过实时监控系统，管理者能够对排水设施的运行状态进行24小时不间断的监控，及时发现设施运行中可能存在的问题，如管道漏水、堵塞、腐蚀等，避免了传统管理方式下的巡检漏洞。信息化系统能够集成传感器、监控设备、流量计等数据采集装置，对设施的运行数据进行实时采集并自动分析，形成数据报告，帮助管理者快速判断排水设施的运行状况，提出维护或调整建议。此外，智能化监控系统还能实现自动预警，当设施出现异常情况时，系统会自动发出报警并提示管理人员，避免由于人为原因未及时发现问题所带来的系统性风险。信息化技术的运用使得排水设施的管理更加精准，减少了依赖人工判断的主观性，提升了管理效率和运行安全性。

在维护阶段，信息化技术提供了更为科学和系统化的管理方法。通过建立全面的数字化档案，排水设施的维护人员可以轻松查阅设施的历史数据、使用情况和维护记录，帮助其做出更加合理的维护决策。例如，通过历史数据的积累与分析，维护人员能够识别设施中可能存在的常见故障和潜在问题，并根据数据分析结果制定相应的维护策略。数字化档案不仅能为日常维护提供参考，还能为排水设施的长远运营提供依据。当设备出现故障或需要进行维修时，系统可以自动生成维护报告和维修记录，确保每次维修和检查的记录都能完整保存，并为未来的维护提供数据支持。信息化技术还能通过物联网技术实时监测设施的健康状态，自动向维护人员发出检修提醒，确保设施在运行中始终处于最佳状态，从而延长其使用寿命并降低长期的维护成本。

信息化技术的持续应用还将推动排水设施管理向更加智能化和数据化的方向发展。随着人工智能、大数据和云计算等技术的融合，未来的排水管理系统将能够实现更加全面和深度的数据挖掘与分析。例如，结合大数据分析技术，系统能够对排水设施的运行情况进行长期跟踪，并基于大量历史数据做出预测分析，预测可能出现的设施故障或排水需求波动，从而为管理者提供科学决策支持。此外，云计算平台能够将分布在不同区域的排水设施的运行数据集中存储与处理，实现跨区域的协同管理，进一步提高管理效率。未来，信息化技术并不局限于单一设施的监控和管理，而是将整座城市的排水系统融入智能化管理平台，优化资源配置，提升系统整体运行效率。

信息化技术的应用为城市排水设施的全生命周期管理提供了强有力的支撑。应用信息化技术，不仅能优化排水设施的设计、施工、运营和维护，还能提高管理效率、降低成本、提升设施的使用寿命。在信息技术的支持下，排水设施的管理将更加智能化、精细化，为建设可持续发展的城市排水系统奠定坚实基础。随着信息化技术的不断进步与创新，未来的排水系统将进入更加高效、安全和可持续的新时代。

二、基于GIS的排水网络管理

基于地理信息系统的排水网络管理在近年来逐渐成为城市排水设施管理的重要技术手段。GIS以其强大的空间数据处理和可视化能力，极大地提升了排水系统管理的效率和精准度，特别是在排水管网的规划、设计、运行维护和故障处理等方面，发挥着越来越关键的作用。传统的排水系统管理主要依赖人工巡查与固定的维护计划，这种方式不仅效率低下，而且容易遗漏一些隐性问题。而GIS技术的引入，打破了传统管理模式的局限，提供了一种动态、实时的管理手段，使得排水网络的管理变得更加高效、精细和智能。

GIS在排水网络管理中的核心作用之一是对管网的空间信息进行集成和可视

化。这意味着，排水管道的所有位置、形态、尺寸以及与其他设施的相对关系都可以通过GIS进行精准的数字化记录。这种空间化的管理方式使得管理者能够在数字化平台上清晰地看到排水系统的整体布局，并能够迅速识别各个组成部分的运行状态和相互关系。基于这种空间数据，维护人员可以通过系统的地图功能快速定位到出现问题的管道或设施，从而有效缩短故障排除的时间。这对于减少排水系统故障的响应时间、降低维修成本以及提高系统的运行可靠性具有至关重要的意义。

GIS通过将空间数据与排水网络的运行数据相结合，能够为排水设施的故障分析提供强有力的支持。传统的故障诊断往往依赖于经验和人工检查，这种方式不仅耗时耗力，而且容易导致遗漏或判断错误。通过GIS，管理者可以利用实时监测数据，结合管网的地理空间信息，全面分析故障发生的原因及其可能的影响范围。例如，当排水管网中发生堵塞、渗漏或其他故障时，GIS可以通过地理空间分析，结合历史数据和实时传感器数据，迅速识别故障点的位置及其相关因素，进而制定出最为高效的维修方案。这种精准的故障定位与分析，不仅提高了排水设施维护的效率，还避免了因误诊或延误造成的系统大规模损坏。

GIS在排水网络优化方面也发挥了不可忽视的作用。城市的排水需求在不断变化，随着城市化进程的推进，排水系统面临着更为复杂的需求。排水管网的设计和规划必须能够适应未来城市发展的趋势，确保排水系统在满足当前需求的同时，也能够应对未来可能出现的负荷变化。GIS提供了一个动态优化的工具，管理者可以通过模拟不同情境下的排水网络运行情况，对现有系统进行全面评估，找出潜在的瓶颈和脆弱环节，从而进行有针对性的改进。通过优化排水网络的布局、提升管网的输送能力和减少冗余部分，GIS能够帮助城市规划者设计出更加高效、经济、可持续的排水设施，以应对未来城市发展中可能出现的极端天气、人口增长等挑战。

除了故障诊断和网络优化，GIS还能在排水系统的维护和调度中提供智能支持。排水设施的维护是一个复杂的过程，需要管理者协调各类资源并合理安排维护计划。传统的维护模式往往依赖于经验和人工调度，容易造成资源浪费和维护工作滞后。而利用GIS系统，管理者可以通过系统进行实时调度，将维护任务与排水网络的运行状况、设备的健康状况以及地理位置相结合，智能化地安排维修队伍的工作任务。通过GIS的调度功能，维护人员可以在最短时间内抵达故障点，并利用系统提供的空间信息进行快速修复，这不仅提升了维护效率，也确保了排水系统的长期稳定运行。

随着技术的不断进步，GIS的应用领域还将进一步拓展，未来可能将与人工智能（AI）、大数据分析等技术深度融合，形成一个更加智能化和自适应的排水网络管理平台。通过AI算法和大数据分析，GIS可以实现更加精准的预测和自动化的决策支持。例如，通过对历史数据的深度挖掘和分析，系统可以预测排水系统在特定气候条件下的表现，提前预警可能发生的故障或排水能力不足的情况，并根据预测结果自动调整排水策略。此外，GIS还可以与排水设施的自动化控制系统相结合，实现智能化的远程控制和调度，进一步提升排水系统的响应速度和处理能力。

在未来城市排水管理中，GIS的应用将变得更加深入和全面。随着城市排水系统越来越复杂，GIS将不仅仅是一个工具，它将成为排水设施管理的核心平台，为城市排水的可持续发展提供强有力的技术支持。从管网的规划设计到日常的维护管理，再到故障排查与优化，GIS将贯穿于排水设施管理的各个环节，推动城市排水系统的智能化、精细化管理，确保排水设施在应对未来城市化挑战时具有足够的灵活性和可持续性。通过这些技术进步，城市排水网络将更加高效、可靠，并能为城市居民提供更加安全和舒适的生活环境。

三、设备与人员管理的信息化平台

在现代城市排水系统的管理与运维中，信息化平台的应用逐渐成为提升设备与人员管理效率的重要手段。随着信息技术的不断发展，越来越多的排水设施开始依赖信息化平台进行统一的调度和管理。信息化平台能够将设备的运维管理和人员的工作调度高度集成，形成一个协同运作的系统，这不仅提高了排水设施的管理效率，还能有效降低运行成本，优化资源配置。

设备管理是排水设施运行维护的核心环节之一。通过信息化平台，排水设备的维护周期、检查标准、故障诊断和性能监测可以实现全面的数字化管理。信息化技术为设备提供了实时状态监控的功能，通过数据采集与远程传输，系统能够实时获取设备的运行数据，并根据预设的参数自动判断设备是否存在故障隐患。这种实时监控机制极大提高了排水设施故障预警的能力，能够在设备出现异常时及时发出警报，从而缩短响应时间，减少因设备故障导致的停机时间或系统失效。

设备管理系统还支持定期检修计划的制订和执行。信息化平台可以根据设备的运行状态和历史维护记录，自动生成检修任务并推送至相关人员，确保设备按照规定的时间进行维护和检修。这种基于数据分析的维修管理方式避免了人工管理可能带来的疏漏，保障了排水设施的持续稳定运行。对于一些复杂的排水设备，信息化平台还可以对设备的运行状态进行远程诊断，利用先进的诊断算法分析设备的健康状况，为维修人员提供科学的故障排查依据，提高维修效率和准确性。

在人员管理方面，信息化平台同样展现出其独特的优势。排水系统的运维管理需要涉及多个部门与岗位的协调配合，从设备检修人员到现场维护工人，再到系统监控与调度人员，人员的合理调配直接影响到排水设施的运行效率。信息化平台能够通过数字化手段实现人员的排班管理和任务分配。系统可以根据工作量、人员技能以及设备维护需求，自动生成人员工作计划，并根据实际情况进行动态调整。这种智能排班不仅减少了人工调度的烦琐，也能最大限度地提高工作效率，确保每个岗位的工作任务都能够按时完成。

同时，信息化平台还可以实现人员的工作绩效跟踪与考核。通过平台记录的详细工作数据，管理者可以实时掌握每位员工的工作进度、完成质量和工作效率。这为绩效评估提供了准确的数据依据，能够帮助管理者发现潜在的管理问题和效率瓶颈，从而采取有针对性的改进措施。信息化平台的应用使得排水系统的运维管理更加透明，减少了人工干预，提高了管理的科学性和公正性。

信息化平台不仅在日常运维管理中发挥着重要作用，还在应急管理和决策支持中提供了关键的支持。在突发事件发生时，信息化平台能够迅速调动设备和人员资源，确保应急响应的快速展开。通过集成的调度系统，管理者可以实时掌握排水设备的运行状况和人员的工作状态，迅速做出最优决策。平台的数据分析能力也为决策者提供了科学依据，能够在复杂的情况下进行数据支持和决策优化。例如，在出现极端天气导致排水系统负荷过大时，平台可以及时预测到负荷的变化趋势，并提前调配人力和设备进行处理，从而避免排水设施出现故障或事故。

随着智能化和自动化技术的不断发展，信息化平台在排水设施管理中的应用将越来越深入。在未来，排水设施的设备管理将逐步从传统的人工维护向更加智能化的自动维护转型。利用物联网、大数据和人工智能等先进技术，设备的状态监测和故障诊断将更加精准，维修和保养工作将更加高效，人员管理将更加智能化。基于工作数据和绩效反馈，信息化平台将不断优化人员的工作流程，提升整体工作效率。信息化平台不仅仅是一个管理工具，更是提升排水设施运维质量、保障系统稳定运行、推动排水设施可持续发展的重要支撑。

信息化平台的应用能够有效促进设备管理与人员管理的协调发展。通过数据的实时传输与智能化分析，信息化平台打破了传统管理模式中的信息壁垒，实现了设备与人员的全方位数字化管理，提升了排水系统的整体效率和应急响应能力。随着信息技术的不断进步和智能化水平的不断提升，信息化平台将在排水设施的管理与维护中发挥越来越重要的作用。

第三节　实时监测与自动化故障预警

一、实时监测技术的核心作用

实时监测技术在现代城市排水管理中起着至关重要的作用，其核心价值体现在为排水系统提供精准、及时、连续的数据支持。随着城市化进程的不断加快，排水设施的复杂性和管理难度也日益增加，传统的人工巡检和定期维护已经无法满足现代城市对排水系统高效、可靠运行的需求。实时监测技术的引入，为城市排水系统的运行提供了更为高效的管理手段，使得排水管理从被动反应转向主动预测和预防性维护。

该技术通过部署一系列的在线传感器、摄像头、流量计、压力传感器以及水质监测设备等，形成了一个综合的监控网络。这些设备能够实时收集排水管网内的各类数据，涵盖水流量、水位、水压、管道运行状态等重要信息。通过数据传输系统，这些监测信息可以迅速上传到中央监控平台，经过数据处理和分析后，形成直观的实时监控结果，供管理人员参考和决策。与传统的人工检查相比，实时监测不仅可以实时反映排水系统的运行状态，还能更细致地捕捉到微小的变化和潜在的风险点。例如，传感器可以实时监测管道中的水流速率和水位波动，一旦出现异常，就能够第一时间发出预警信号，提示管理人员采取相应的应对措施，避免因系统故障导致的排水中断、积水等灾害性事件。

实时监测技术在排水管理中的应用不仅提高了数据采集的效率，也极大增强了信息的精确性和完整性。过去，排水管理通常依赖于人工巡查和定期检查，这种方法存在着时效性差、覆盖面有限等问题，且难以及时发现潜在的故障和隐患。而实时监测系统的引入，打破了这些局限，使得排水系统的管理变得更加全面、科学。通过实时监控，管理人员可以在任何时候获取排水管道的动态数据，及时了解整个系统的运行情况，确保在任何异常发生的第一时间能够做出响应，降低系统故障的发生率。尤其是在城市排水设施密集且运行复杂的环境下，传统的管理手段往往面临着许多技术和人员上的挑战，实时监测技术则能够提供必要的技术保障，确保系统的高效运转。

实时监测技术为排水系统的风险管理提供了强有力的支持。随着气候变化带来的极端天气事件频发，传统排水系统常常面临无法应对的暴雨和洪水挑战，排水管网系统容易因瞬间水量剧增而出现排水不畅甚至溢流的情况。实时监测能够帮助管理者通过对降水量、流量变化等因素的实时掌握，预测排水系统可能出现的超负荷状况。对监测数据进行持续跟踪分析，可以提前识别管网中可能出现的堵塞点、泄漏点以及设备故障等问题，从而及时采取维护措施，避免突发性的故障事件，保障城市排水系统在极端天气条件下的稳定运行。

随着技术的不断进步，实时监测系统的精确度和功能也在不断提升，逐步实现了从简单的数据采集到智能预警、故障诊断的多维度功能。在排水设施的管理过程中，数据的实时采集不仅提供了关于系统运行状态的精确信息，还可以通过数据分析技术，识别出历史运行中的规律，发现潜在的风险点。例如，水流量的波动规律、管道压力的长期变化趋势等，都能通过大数据技术得出有效的结论，为后续的维护和升级提供有价值的决策支持。这使得排水管理的工作更加具有前瞻性，能够根据系统的历史数据和当前运行状态制定更加合理的预防措施和维护计划。

实时监测技术的优势不仅体现在故障预警和风险管理方面,它还为排水系统的优化提供了丰富的依据。在传统管理模式下,排水系统的优化往往依赖于经验和局部试验,而通过实时监控系统收集的大量数据,能够为优化排水设施的设计、施工以及运营提供科学的支持。通过对管道运行状态的精细化分析,管理人员可以发现哪些区域的排水设施可能存在容量不足、运行效率低的问题,从而有针对性地进行优化设计,提升整个系统的综合效益。实时监测技术不仅使得排水系统的运行管理变得更加精准,还推动了排水设施的智慧化建设,为未来城市排水系统的可持续发展奠定了基础。

实时监测技术因其精准、高效的特点,已成为现代排水管理中不可或缺的重要工具。它通过对排水管道系统的动态监控,不仅能及时发现潜在问题,防止系统故障的发生,还能为排水系统的优化和升级提供科学的依据。随着技术的不断发展,实时监测技术在城市排水设施中的应用将进一步深化,推动排水管理更加智能化。

二、自动化故障诊断与预警机制

在现代城市排水系统中,随着城市化进程的加速和排水设施的日益复杂化,传统的人工检查与维护方式已无法满足日益增长的管理需求。为了提升排水系统的运行效率、保证其长期稳定性,智能化技术的引入成了一种必然趋势。在智能排水系统中,自动化故障诊断与预警机制作为核心组成部分,具有至关重要的作用。该机制通过对排水系统各项数据的实时监控与分析,能够在问题发生之前及时识别潜在的故障,并通过预警提示维护人员采取适当的应对措施,从而有效减少系统的突发故障和延长排水设施的使用寿命。

智能排水系统的自动化故障诊断机制依赖于大量传感器和数据采集设备的协同工作,能够持续监测排水管道内水流量、压力、温度、管道振动等多个参数。通过对这些数据的实时采集和传输,系统能够反映出管道运行状态的细微变化,捕捉到可能导致故障的早期迹象。这种基于数据的故障诊断方法相比于传统的人工巡查具有更高的效率和准确性。传统的人工巡检往往依赖于定期检查和人员经验，容易遗漏一些隐性问题，导致故障的发生。相比之下，智能系统通过实时监控和大数据分析，能够有效发现系统中的潜在风险，并及时反馈故障信息，为维护人员提供科学依据，确保系统能够在第一时间得到修复或处理。

在智能排水系统的故障预警机制中，自动化的报警系统发挥着至关重要的作用。通过设定合理的预警阈值，当水流速度、管道压力或其他关键参数出现异常波动时，系统会迅速判断是否存在潜在故障，并发出警报。这一过程基于系统内置的算法模型，能够模拟和预测排水系统中的常见故障类型，自动识别不正常运行的模式，并提前预警。例如，当系统检测到排水管道的压力异常增高，可能是由于管道堵塞或沉积物堆积导致的，系统便会根据历史数据和运行规律生成预警信号，并及时通知维护人员进行检查和处理。这种自动化的预警方式大大提高了故障处理的效率和及时性，有效避免了因故障未能及时发现而导致的严重后果。

大数据技术在智能排水系统中的应用为故障诊断与预警机制提供了坚实的技术支持。通过对历史数据的深入挖掘和分析，系统能够识别排水设施运行中的潜在风险点和趋势，准确预测可能发生的故障类型。这种数据驱动的故障预测模式，通过将过去的故障信息与当前的运行状态进行对比，能够准确判断出当前系统是否存在相同或相似的故障风险。以此为基础，系统能够为维护人员提供具体的故障预警信息，并给出可能的故障原因和处理建议，帮助人员制定合理的维修计划和操作步骤。此外，系统还能根据不同季节、气候条件或城市排水负荷的变化，动态调整预警的灵敏度和阈值，确保故障诊断与预警机制的高效性和准确性。

自动化故障诊断与预警机制的实现不仅提高了排水系统故障处理的速度和准确性，还在很大程度上降低了排水设施的维护成本。传统的维护模式通常需要定期对整个排水系统进行检查，且每次维护都需要大量的人工成本和时间投入。而智能排水系统通过实时监控和自动诊断，能够减少人工巡检的频次，减少因人工误判导致的维修不及时问题，极大地节约了维护成本。同时，智能系统能够在排水设施发生故障之前提供及时预警，有效避免了因故障发生后修复所需的高昂费用和停机损失。通过降低维护成本和提高维护效率，智能排水系统的自动化故障诊断与预警机制对于城市排水设施的长期稳定运行有重要的经济效益和社会效益。

未来，随着人工智能、物联网、5G通信等新兴技术的不断发展，自动化故障诊断与预警机制将进一步得到优化和提升。智能排水系统将不再限于监控和诊断排水设施的运行状态，还可以通过更加精确的预测模型对排水系统未来的运行趋势进行预判。例如，通过对环境因素、气候变化以及城市排水需求的综合分析，系统可以提前预测排水管网的负荷变化，并根据预测结果调整管网的运行策略，从而更好地应对突发天气变化、人口增长等因素带来的排水压力。这种全方位的故障预警与管理模式，将为未来城市排水系统的智能化发展提供坚实的技术保障。

三、故障自动化响应与处理

随着现代城市排水系统对高效性和智能化的需求日益增加，故障自动化响应与处理在排水管理中的应用逐渐成为提升系统运行可靠性和减少人工干预的重要手段。传统排水系统依赖人工监控和手动干预来解决故障和异常情况，这种方式不仅效率低下，还容易因为人员操作失误或响应延迟而导致严重的后果。随着自动化技术的迅猛发展，尤其是人工智能、物联网和大数据分析等技术的广泛应用，现代排水系统能够实现实时监控、智能感知以及故障的自动化响应，大大提高了排水系统的智能化水平和应急响应能力。

智能排水系统通过在关键部位安装传感器和监测设备，能够实时采集和传输系统运行数据。这些数据包括流量、压力、液位、温度等多项参数，通过高级数据处理和分析技术，系统能够准确识别出设备和管道中的潜在故障。例如，当排水管道出现堵塞、泄漏或其他异常时，智能系统能够即时识别问题所在，并发出预警信号。与传统的人工检测方法不同，智能化排水系统能够实时监控整个排水设施的状态，从而大幅度提升故障检测的速度和准确性。

自动化响应不仅涉及故障检测和报警，还涉及故障后的应急处理。智能排水系统能够根据不同类型的故障，自动调整系统运行模式。例如，在排水管道发生堵塞或破裂时，系统可以自动改变流量路径或启用备用泵站来缓解排水压力，防止系统出现全面性崩溃。这种自动响应的机制能够有效减轻人工操作的负担，并在最短时间内采取措施降低故障对排水系统整体运行的影响，从而保障城市排水的持续性和安全性。

进一步而言，随着人工智能和机器学习技术的不断成熟，智能排水系统的响应能力得到显著提升。机器学习算法可以通过对大量历史数据和实时数据的分析，不断优化故障处理策略，逐步积累和总结故障发生的规律及应对措施。系统能够根据具体的环境变化和故障模式，不断调整故障处理的方案，确保响应策略更加高效、精准。例如，基于深度学习的预测模型可以通过对历史故障数据的训练，预测某些设备或管道的故障风险，并提前进行调整，避免发生严重故障。这样一来，系统不仅能有效处理当前的故障，还能通过预测和预防的方式减少未来的潜在风险。

机器学习的应用并不局限于故障处理的优化，也能够推动整个排水系统运行效率的提升。通过对排水系统的全面学习和训练，智能系统能够不断提高对不同场景下运行状态的适应性。当系统发现某一部分的排水能力达到临界状态时，自动调整流量分配和水位控制等参数，以避免系统出现过载。这种自我调节能力的引入，使得排水系统的运行更趋于平稳和高效，不仅能提高排水能力，还能减少因人为操作失误而引起的额外负担。

智能排水系统的自动修复功能是其另一重要特性。随着技术的发展，部分排水设施，尤其是管道和泵站设备，已经能够实现初步的自我修复。通过集成先进的传感器和修复技术，系统能够在发现小范围的损坏时，自动进行修复操作，避免设备损坏引发更大规模的系统故障。这种自动修复功能的实现不仅降低了维修成本，还缩短了修复时间，确保排水系统能够在最短的时间内恢复正常运行。

故障自动化响应与处理技术在智能排水系统中的应用，标志着排水管理进入了一个全新的时代。通过集成先进的传感器、人工智能、机器学习等技术，现代排水系统不仅能实时监控系统运行状况，还能在出现故障时及时做出自动响应，减少人工干预，提高系统的可靠性和应急能力。未来，随着技术的不断创新与完善，智能排水系统将更加智能化、自动化，为城市排水设施的安全、高效运行提供坚实保障。

第四节　智能技术提升排水管理效率

一、智能调度与优化排水流程

智能调度与优化排水流程的应用正逐渐成为城市排水管理中的核心技术之一，尤其是在应对复杂的城市排水需求和环境挑战时。现代城市的排水系统面临着多种复杂的情况，包括暴雨、洪水、城市化进程导致的排水负荷加重等，这些因素使得传统的排水管理模式难以有效应对。智能调度系统通过结合实时数据采集与分析技术，能够动态监控排水系统的运行状态，并根据变化的需求对排水流程进行优化调整，从而有效提升排水系统的调度效率和应急响应能力。

在智能调度系统的框架中，实时数据的采集和分析起到了至关重要的作用。部署传感器网络，排水管道、泵站和处理设施等设备，能够实时反馈其运行状态及环境数据。这些数据涵盖了多个方面，包括雨水流量、管道内水位、管道的压力情况、气象预报数据以及历史排水记录等。智能调度系统能够对这些信息进行大数据分析和实时处理，识别出潜在的排水压力点或可能的故障风险，并基于这些分析结果做出及时的响应。

排水系统的调度不是机械性地控制水流的流向和流量，而是要根据系统整体的负荷状况进行动态调整。例如，在强降雨期间，城市的排水管道可能会瞬间承受巨大的水流压力。传统的排水管理方法通常依赖于人工判断和固定的排水模式，这往往难以应对突发的排水需求或应急情况。智能调度系统通过实时监控水流量、天气变化和排水管道的负荷情况，能够动态调整排水管道的开关状态，合理分配水流量，有效避免某一部分排水管道出现过载现象，从而保障整个排水系统的顺畅运行。

智能调度不仅能提高排水能力，还能实现排水系统负荷的均衡分配。由于城市中排水管道的布局通常复杂且不均匀，一些区域的排水负担较重，而另一些区域则可能存在排水能力过剩的情况。智能调度系统能够通过实时数据分析，识别不同区域的排水压力，并根据需要调整水流的分配。这种均衡的水流分配能够有效避免局部区域排水能力的过度消耗,并保持整个排水网络的平衡与稳定,避免出现局部溢水或堵塞的现象。

智能调度系统的核心优势还在于其对系统故障的预警和自动修复能力。在传统的排水管理模式中,排水管道的故障往往只能通过人工巡检和定期维护来发现,而智能系统能够通过传感器实时监测管道的运行状况,及时识别潜在的故障风险。例如,系统可以检测到管道内的压力异常、流量波动或其他指标的变化,并通过算法预测可能发生的故障。在这种情况下,智能调度系统不仅能迅速采取措施调整水流,防止故障进一步恶化,还能自动执行预设的修复程序,减少人为干预的时间和成本,从而保证排水设施的稳定运行。

智能调度系统的优势还体现在其对资源的优化利用上。城市排水设施通常需要大量的能源来维持系统的运行,包括泵站的电力消耗、监控设备的能耗等。智能调度系统能够基于实时的排水需求自动调整设备的运行方式,例如,在降雨量较少时降低泵站的工作频率,避免资源的浪费;在降雨量较大时则调动更多设备参与工作,以确保排水系统的高效运行。这种智能化的调度方式,能够大幅度降低排水设施的能耗,同时提升其运行效率,进一步优化资源的利用率。

智能调度与优化排水流程的实施,不仅有助于提升排水系统的响应速度和效率,还能显著降低排水系统的运营成本。通过智能化技术,城市排水设施可以在应对复杂环境变化时,保持高效稳定的工作状态,增强系统的适应能力和抗风险能力。同时,智能调度技术的应用也为城市排水管理提供了更多的决策支持数据,能够帮助管理者实时了解排水系统的工作状态和潜在风险,从而为决策提供更加精准的信息支持。随着人工智能、大数据分析和物联网技术的进一步发展,未来的智能调度系统将在城市排水管理中发挥更加重要的作用,推动排水设施管理向着更加智能化、精细化和可持续的方向发展。

二、自动化操作减少人工干预

随着科技的不断进步,自动化技术在各类工程设施中的应用越来越广泛,尤其在城市排水系统的管理和运营中,自动化操作的引入不仅有效提高了管理效率,还大幅减少了人工干预的需求,促进了排水设施的智能化发展。自动化技术在排水设施中的应用,主要通过高度集成的自动化控制系统来实现对系统各个环节的精准管理与调控,从而减少了对人工操作的依赖,并且确保了系统的平稳运行与高效运作。

自动化控制系统的核心作用体现在排水设施各个环节的实时监测与调控方面。通过安装在排水管道、泵站、阀门等设备上的传感器,系统可以实时采集排水流量、液位、压力等关键数据,并将这些数据传输到中央控制系统进行分析与处理。控制系统根据采集的数据,通过算法对排水流量、泵站的启停、设备的调节等进行自动控制。在这一过程中,人工干预的需求大幅度减少,系统通过自我调节和自我优化,能够在不同的工作环境下自动适应,确保排水设施的高效运行。例如,排水系统中的水位传感器可以实时监控管道中的水位变化,当水位达到预设的临界值时,系统会自动启动排水设备,防止发生管道溢流或堵塞的现象,从而保持排水系统的稳定性和安全性。

自动化操作带来的一个显著优势是能够显著减少人为操作的错误。在传统的手动操作模式中,操作人员可能因为环境复杂或操作失误而导致排水系统发生故障或运行不畅,而自动化系统则能通过精确的数值监控和精细的调节机制,避免了人为因素引发的潜在风险。此外,自动化系统的设计不仅能精确控制设备的启停,还能在发现系统异常时,自动发出警报或进行自我修复,进一步减少了人为失误带来的安全隐患。因此,自动化技术的应用提升了排水设施的稳定性与可靠性,尤其是在复杂或恶劣的环境中,系统能够独立运行而不依赖人工操作,从而提高了排水设施的整体效能。

通过减少人工干预,自动化技术在排水设施管理中的应用还能有效降低运营成本。人工管理往往需要投入大量的劳动力,尤其是在排水设施广泛且布局复杂的城市中,管理人员的数量和管理频次也相应增加。而引入自动化技术后,管理人员的工作压力显著减轻,可以将更多精力集中在系统维护、故障排查等高层次的管理工作上,而不需要在日常的操作中频繁干预。自动化控制系统可以通过远程监控,实时调节排水系统的各个环节,确保设备的长期稳定运行,减少了人为错误和设备损坏的可能性。此外,系统的自动化调度和高效管理也能减少资源的浪费,优化能源的使用,从而降低排水设施的整体运营成本。这种降低人工成本的同时提高管理效率的模式，为城市排水系统的经济性和可持续性提供了有力保障。

　　自动化技术的进一步发展，还为排水设施的智能化运维打下了基础。在未来，自动化控制系统将不再局限于单纯的设备启停与流量调节，它将与人工智能、大数据分析等前沿技术相结合，形成更加智能化的排水管理平台。通过大数据分析，系统将能够更准确地预测排水需求的波动、管道堵塞的风险等，从而实现更高效的资源配置与管理调度。人工智能技术的引入，使得排水系统不仅具备自动调整能力，还能根据历史数据与实时监测数据进行自我学习与优化，逐渐实现从数据采集到故障诊断，再到自动修复的全自动化管理。这种全面智能化的排水管理模式将进一步减少人工干预的必要性，为排水系统的高效、安全运行提供更加坚实的技术支撑。

　　通过自动化操作，排水设施的日常管理不仅在效率上得到显著提高，而且在运行成本上也大大降低。在日益复杂的城市排水需求面前，依靠传统的人工操作已经无法满足现代化管理的要求。自动化技术的引入，使得排水设施的管理变得更加智能化、精准化，并能够高效应对各种突发情况。这种技术创新不仅提升了排水系统的整体运行效率，也为节省人力资源、降低运营成本提供了强有力的支持。因此，自动化操作在排水设施中的应用，已成为推动城市排水系统向高效、智能、可持续发展转型的关键技术之一。

三、提升系统可靠性与抗风险能力

　　在现代城市排水系统的运行中，确保其可靠性和抗风险能力是实现城市可持续发展和生态平衡的核心目标。随着城市化进程的加速，排水系统的复杂性与日俱增，而传统的管理与维护模式往往无法满足快速变化的需求。智能技术的引入为提升排水系统的可靠性和抗风险能力提供了新的契机。智能技术不仅能实现系统的实时监控与精准分析，还能有效应对突发事件，确保排水设施在极端条件下的稳定运行，从而大幅度提高整个城市基础设施的韧性和应急处理能力。

　　智能化排水系统的核心优势在于其能够通过高精度传感器和数据采集设备实时监控排水系统的运行状态。这些传感器分布在系统的关键节点，能够持续收集与传输流量、压力、水质、温度等多维度数据。通过对这些数据的实时分析，系统能够及时识别出潜在的异常情况并采取预警措施。例如，当某一排水管道出现堵塞、渗漏或其他故障时，智能监控系统能够快速定位问题点，及时向管理人员发送警报，避免故障影响整个系统的稳定运行。传统排水系统的故障通常依赖人工巡检，而智能化技术能够显著提高响应速度与故障诊断精度，缩短问题处理时间，从而最大限度地减少系统停机和损失。

更为重要的是，智能技术的引入使排水系统具备了自我调节和自我修复的能力。当系统发生异常时，智能技术能够通过自动化控制系统快速调整相关参数，采取预定的应急措施，保持系统的稳定性。举例来说，当某一部分排水系统由于某种原因出现负荷过重时，智能控制系统可以自动调整流量分配，减少其他区域的压力，以确保整个系统的平稳运行。这种自动调节机制大大提高了排水系统应对不同工况和突发状况的灵活性与韧性，使其能够应对复杂多变的城市环境。

智能技术不仅仅在日常运营中提供保障，其在风险预测与防控方面的作用同样不可忽视。随着气候变化和极端天气事件的日益增多，传统的排水系统往往难以有效应对突如其来的暴雨、洪水等自然灾害。智能排水系统通过对历史气象数据、实时气象监测数据以及排水系统运行状态的综合分析，可以提前预测可能发生的风险。例如，系统可以通过大数据分析和气象模型预测，识别即将到来的极端降水事件，并根据预测结果提前调度排水设施，优化水流的分配，最大限度减少暴雨对城市排水系统的冲击。通过智能预测，排水系统能够在灾难发生前采取相应的预防措施，降低由于突发事件带来的潜在损失。

智能技术还能帮助排水系统提升对突发事件的应对能力。随着城市规模的不断扩展，排水负荷随之增加，突发的排水需求往往超出系统设计容量，导致系统运行不畅甚至出现瘫痪现象。智能化技术通过对城市水文状况的实时监控与分析，能够精准判断系统当前的排水能力，并在负荷过大时自动调节排水通道或启动备用设施。这种灵活应对突发负荷的能力，极大地提升了排水系统的适应性，使其能够应对各种突发情况，不仅在日常运营中保证排水系统的高效运行，还能在紧急情况下快速恢复功能，减少社会与经济活动的中断。

智能技术的应用还将帮助排水系统实现更为精细化的管理。在传统排水设施管理模式下，往往依靠定期检查和人工干预来维护系统的运行。然而，随着排水设施的日益庞大和复杂，传统的管理模式显得力不从心。智能技术使得系统管理可以实现全方位的实时监控和数据化分析，从而为排水设施的运维管理提供精确的决策支持。通过大数据分析和人工智能算法，系统能够根据实时数据自动优化运行参数，识别出系统中的薄弱环节，提出相应的改进方案。这种智能化、自动化的管理模式，不仅提高了管理效率，还降低了人为失误和操作不当的风险。

在提升排水系统可靠性与抗风险能力的过程中，智能技术的融合发挥了关键作用，它不仅改变了排水系统的监控和管理模式，还提供了更加精准、灵活的应急响应机制。随着技术的不断发展，未来的排水系统将能够更加高效、精准地应对各种复杂情况，从而保障城市基础设施的长期稳定运行。这一趋势不仅提升了排水系统的安全性和适应性，也为城市的可持续发展提供了强有力的技术支撑。因此，智能技术将在未来的排水设施建设与运营中占据更加重要的位置，其在提升系统可靠性、应对突发风险、优化运营管理等方面的作用，将成为城市排水系统现代化建设的重要推动力。

第九章　排水系统对环境的影响与可持续发展

排水系统不仅是城市基础设施的一部分，更直接影响着城市的环境质量与生态健康。随着全球气候变化和城市化进程的加速，排水系统对环境的影响日益受到关注。排水系统不当的设计与管理，可能会导致水污染、城市内涝、生态退化等一系列环境问题，因此，如何在设计与管理过程中注重环境保护，成为当前排水管理中的重要议题。低影响开发技术为解决这些问题提供了新的思路。低影响开发技术通过采取绿色基础设施、渗透性材料、雨水花园等措施，能够有效减缓雨水径流，降低水体污染，同时还具有改善城市生态环境、提升城市绿化的作用。可持续排水系统设计和实施不仅强调工程的环保性，也注重水资源的循环利用和节约。环保理念在排水管理中的应用，则为如何在保证城市排水功能的前提下，减少对环境的负面影响提供了具体的操作方法。本章将分析排水系统对城市环境的潜在影响，探讨低影响开发技术与排水系统的结合，讨论可持续排水设计与实施的实际案例，并进一步探讨环保理念在排水管理中的具体应用。

第一节　排水对城市环境的潜在影响

一、水质污染与生态破坏

城市排水系统的运行直接关系到水质的健康和生态环境的稳定。水质污染是城市排水设施运行中最为显著的环境问题之一，特别是在排水系统未能妥善处理污水的情况下，未经净化的废水直接排入自然水体会对水体质量造成极大的负面影响。污染物如有机废物、重金属、化学物质和病原微生物等未经过有效处理，直接进入水域，不仅影响水质本身的可饮用性，还会引起水体的富营养化现象。在富营养化过程中，水中富含的氮磷等营养物质过量繁殖，导致藻类暴发，形成水华，进一步降低水中氧气的含量，导致水体"死亡区"的形成。随之而来的是水域内生物的生存环境恶化，许多水生物种将面临食物链断裂、栖息地丧失的危机。尤其是水域中的鱼类、贝类、浮游生物等会受到致命威胁，生物群落的稳定性被破坏，生态系统的多样性和功能遭受严重影响。

排水系统中的化学污染物和有毒物质也对水质造成长期的威胁。许多工业废水、生活污水及农业废水中含有大量的重金属、农药残留、化学溶剂等有害物质，这些污染源一旦未经过适当的处理，便会被排入河流、湖泊或海洋，进一步使水质恶化，影响水体的自然净化能力。重金属如铅、汞、镉等对水生生物具有极强的毒性，长期积累将通过食物链传递，最终可能影响到人类的健康。许多研究表明，这些有毒物质的积累会导致水体生态失衡，降低水生生态系统的自我修复能力。随着有毒物质的积聚，生态环境的修复和恢复变得更加困难，而这些污染源通常是长期存在的，带来的是持续性的、慢性损害。

水质污染不仅对水生生物构成威胁，还可能对人类的健康造成深远影响。未经处理或处理不当的污水中可能携带大量的病原微生物，这些病原体通过水源传播，容易引发水源性疾病，给人类健康带来隐患。城市排水系统如果没有及时有效的污水处理措施，水质污染的风险将大大增加，进而影响到周围人群的饮水安全和公共卫生。尤其是在发展中国家，由于城市排水设施建设和污水处理水平有限，水质污染对人类健康的威胁尤为严峻。随着城市人口密集度的增加和工业化进程的加快，城市排水系统的负担逐渐加重，污染物的种类和浓度日益增加。此时，水质的恶化和水体污染不仅是一个环境问题，更是一个涉及社会和公共卫生的问题，影响到社会的可持续发展和居民的生活质量。

除了水质污染，排水系统对生态环境的影响还体现在水体生态的破坏上。现代城市化进程中的大量建设和不当的排水方式使得自然水体面临更为严重的生态威胁。排水系统的设计和运行通常忽略了与自然环境的和谐共存，过度依赖传统的雨水和污水管网的集中排放方式，导致生态系统中的水文循环受到严重干扰。

自然湿地的功能丧失，河流、湖泊及其他水体的生态功能遭到削弱，城市排水设施往往不能有效还原自然水系的生态调节作用。生态水体的自然过滤功能消失，使得水体污染无法得到有效自净，而人类通过人工建设的排水系统替代了自然水文循环，改变了水体与环境的自然关系。

生态系统受损不仅对水生生物产生直接影响，还会引发一系列连锁反应。水质污染与生态破坏相互作用，最终形成恶性循环。随着水体的富营养化，水生生物的种类和数量逐渐减少，水体自我净化的能力变弱，污染物的浓度逐渐加剧，这反过来又导致水质更差，生物种群进一步萎缩，生态环境不断恶化。水体污染与生态失衡的双重影响，造成了水资源的恶性循环，使得人类社会不得不投入更多的资源进行水质恢复和生态修复，增加了社会的经济负担和治理难度。

水质污染和生态破坏还会影响人类的社会活动，特别是与水资源相关的产业。渔业、水产养殖、旅游业等都直接依赖于良好的水质和健康的水生态系统。水质恶化导致的渔业资源减少和水产养殖区的污染将直接影响到食品安全和经济收入。而生态环境的破坏也使得一些原本依赖于水域资源的产业无法继续发展，造成了巨大的经济损失。因此，城市排水系统的管理不仅是一个环保问题，更是社会经济可持续发展的重要保障。

城市排水设施对环境的潜在影响是多方面的，尤其在水质污染与生态破坏方面尤为突出。水质污染不仅直接威胁到水生生物和人类健康，还通过影响水体生态平衡，导致生物多样性的丧失和生态功能的衰退。随着城市化进程的推进，如何优化排水设施的设计与管理，采用有效的污水处理措施，减少对环境的负面影响，成为城市可持续发展中不可忽视的重要课题。

二、城市内涝与排水能力

随着全球城市化进程的加速，城市内涝问题逐渐成为许多大城市面临的重大挑战。城市内涝不仅影响城市的日常运行，还对居民的生活质量和城市生态环境造成了严重威胁。内涝的发生与排水系统的设计、建设以及运行密切相关，尤其在城市化过程中，土地利用的变化和极端天气事件的频发，给传统排水系统带来了前所未有的压力。内涝的根本原因之一便是城市排水能力的不足，而这一问题的背后则是城市快速发展过程中对排水设施建设的忽视。

在城市化进程中,大量的硬化地面如水泥路面和建筑物的增加,使得原本能够渗透雨水的土地逐渐减少。绿地、湿地等自然排水通道的消失,加剧了降雨时雨水的汇集速度,并减少了自然渗透和蒸发的能力。这一过程使得大量的雨水无法有效地被地下水系统吸收或通过蒸发回归大气,而是迅速流入排水系统。排水系统需要承担越来越大的负荷,这直接增加了系统发生故障和发生内涝的风险。特别是对于那些排水系统设计不合理或者老旧的城市,这一问题尤为严重。

排水系统在城市内涝发生过程中扮演着至关重要的角色。城市排水系统通常由雨水管道、污水管道和泵站等设施组成,而这些设施的设计和容量往往是决定城市排水能力的关键因素。随着降雨强度和降水量的变化,排水系统的承载能力可能超出设计标准,导致积水无法及时排出,形成内涝现象。当城市面临强降水时,排水管网如果容量不足,或是存在堵塞、老化等问题,就会导致水流滞留,最终积水泛滥。此时,原本用来排除水体的设施不仅未能完成其功能,反而成为灾难的源头。

极端天气事件的增多是近年来引发城市内涝频发的重要原因之一。气候变化带来的极端降水事件不仅使得传统的城市排水系统面临更大的考验,也让城市的应急管理能力暴露无遗。排水系统在面临强降水时的响应速度和排水能力显得尤为重要,而多数城市的排水设施往往未能充分预见到气候变化带来的影响,设计标准和建设措施也未能及时跟进。城市排水系统的设计原则通常是基于历史降水数据进行的,但气候变化使得极端降水事件的发生频率和强度都发生了变化,这使得传统的排水设施往往无法应对突发的极端天气,导致内涝的发生。

内涝的发生不仅是排水能力不足的直接后果,还可能引发一系列复杂的环境和社会问题。积水的长时间滞留不仅严重影响交通,造成道路堵塞和交通事故,还会直接影响城市的基础设施,特别是电力、通信和供水设施的正常运行。城市内涝带来的水灾可能导致大规模的基础设施损毁,给城市的正常运作造成巨大影响,甚至引发大规模的社会恐慌。此外,内涝还可能对市民的生命安全构成严重威胁。在严重的内涝事件中,可能会造成交通中断,民众被困在积水中,甚至导致人员伤亡。这些灾难性后果要求城市在排水系统建设中不仅要注重排水能力的提升，还需考虑极端天气对排水系统带来的挑战。

排水能力不足还可能带来一种严重的后果，即污水倒灌。在许多城市的排水系统中，雨水和污水常常通过同一排水管网进行排放，这样的合流系统在面对强降水时容易出现污水倒灌的现象。极端降水时，污水管道中的水位迅速上升，未能及时排出的污水可能会通过溢流口流入城市的公共区域，造成水质污染，给城市的环境卫生和居民健康带来巨大威胁。污水外溢不仅污染了水源，还可能引发传染病的传播，对城市公共健康构成极大风险。因此，提升排水系统的能力，不仅仅是解决内涝问题，还关系到城市的生态安全和居民的生活质量。

在应对城市内涝的挑战时，城市排水设施的升级与改造显得尤为关键。现代排水系统的建设不仅仅依赖于管道的数量与规模，更注重系统的综合性与智能化管理。通过引入现代化的排水监控技术，城市能够实现对排水设施的实时监控和自动化管理，从而及时发现潜在问题并采取措施，防止内涝的发生。同时，雨水收集与利用系统的引入也有助于减轻排水系统的负担，将降水转化为可用水资源，减少对传统排水管道的依赖。

然而，城市内涝问题的解决不仅仅依靠技术手段，还需要政策和规划层面的支持。政府在城市规划过程中应当注重排水系统的可持续性，合理规划排水管网布局，加强对排水设施建设的资金投入和技术支持。此外，城市绿色基础设施的建设，如雨水花园、透水铺装等，能够有效增加雨水的自然渗透与存储能力，进一步减轻排水系统的压力。通过综合施策，城市能够在面对极端天气和降水量增加的情况下，有效防范内涝风险，确保城市排水系统的长期稳定与可持续运行。

三、地下水位变化与土壤退化

地下水位变化与土壤退化是城市排水系统建设与运行过程中不可忽视的重要环境影响因素。随着城市化进程的加快，尤其是在大规模的排水设施建设中，地下水位的变化已成为一个显著的问题。这一问题的根源在于地下水资源的过度抽取、排水系统的设计缺陷或不合理的排水管理手段，特别是在一些城市地下水补给不足的地区，地下水位的下降会对生态系统造成深远的影响。地下水位的持续下降不仅影响城市供水安全，还对城市的自然水循环、土壤结构、农业灌溉及绿化带来了严峻的挑战。

地下水位的变化直接与地下水的动态平衡相关。在一些地区，过度抽取地下水或是排水系统设计不当导致排水水流量过大，使得地下水无法得到及时补充，进而引发地下水位的下降。长期的水位变化不仅会导致地下水资源的枯竭，还可能影响到地下水与地表水之间的水文联系，破坏自然的水循环过程。这种失衡会在不同程度上影响到生态系统，尤其是城市绿化带与农田灌溉区域的水源供应。地下水位的下降减少了土壤中的水分储存，使得土壤的保水能力显著下降，进而引发土壤的干旱化。这种干旱化的过程逐渐加剧了土壤的退化，破坏了土壤的结构，减少了土壤中有机物的积累，最终影响到土壤的肥力，导致农业生产力的下降。

土壤退化的加剧，不仅是因为地下水位的变化，还与不合理的排水系统设计和管理密切相关。很多城市在排水系统的规划与建设中，未能充分考虑到水资源的可持续利用和土壤的生态需求，导致排水过度或排水不均，造成了水分失衡。土壤退化进程的加速，不仅仅表现在农田水分供应不足和农业灌溉的困难上，更在于其对整个城市生态系统的负面影响。由于土壤的干旱化，城市中的植被和绿地逐渐受到威胁，城市绿化的覆盖率下降，影响了城市的空气质量和生态稳定性。与此同时，土壤结构的退化导致了水分和养分的流失，进一步削弱了土壤的自我恢复能力，使得生态系统的恢复变得更加困难。

排水系统与土壤退化之间的互动关系不容忽视。排水系统本应起到优化水资源分配、促进水循环的作用，但如果排水管理不当，就会加剧地下水位的下降和土壤的退化。在一些地区，地下水的过度抽取不仅来自城市供水需求，还与排水系统中的不当排放密切相关。过多的雨水或污水排放到地下水层，抑制了地下水的自然补给，使得地下水位无法恢复，进一步加剧了土壤的干旱化和退化。这种水土失衡的状况，不仅对农业、城市绿化造成直接影响，更威胁到城市的可持续发展。

土壤退化是一个多方面的环境问题，其影响并不局限于农业和绿化，还对水质、水量、气候以及生物多样性等方面产生深远影响。随着土壤水分的减少，土壤的透气性和水流渗透能力受到抑制，这不仅加剧了地表径流的发生，导致了水土流失，还加剧了城市热岛效应的形成。土壤的失去保水能力使得降水后地表水流失加剧，城市的排水压力增加，排水设施的负担也随之加重。水土流失现象一方面使得雨水不能有效渗透到地下水层中补充地下水，另一方面也使得地表水质受到污染，影响了水资源的质量。

从长远来看，地下水位下降和土壤退化的相互作用会进一步加剧城市环境的脆弱性，降低生态系统的自我调节与恢复能力。城市化进程中的排水系统建设，若没有充分考虑到水资源和土壤的可持续性，可能会在短期内解决排水问题，但从长远来看，可能导致更加严重的生态和环境问题。有效的排水管理应不仅关注水流的高效排放，还应从全局角度出发，促进水资源的合理利用和土壤生态的保护。

解决地下水位下降和土壤退化问题，要求排水系统的建设与管理应充分考虑到水资源的合理调配与土壤生态的保护。在设计排水系统时，需要综合考虑地下水的自然补给、土壤的保水能力以及水循环的整体协调，避免过度抽取地下水，减少排水对土壤和地下水资源的负面影响。此外，城市应当在排水管理中引入生态化、绿色化的理念，通过生态工程手段，恢复和保护城市中的自然水土资源，促进水土的可持续利用。通过这些措施，可以有效缓解地下水位变化对土壤的退化影响，提高城市环境的恢复力和适应性，从而推动城市排水系统的长期健康发展。

第二节 低影响开发技术与排水系统

一、低影响开发技术的基本概念与应用原则

低影响开发（low-impact development，LID）也称低冲击开发，是一种新兴的城市排水管理理念，旨在减少城市开发活动对自然环境的不利影响，特别是在水文循环和生态系统方面的压力。与传统的集中式排水系统相比，LID技术更加关注通过小尺度、分散式的措施来实现雨水的自然管理，进而增强生态环境的恢复力，提升城市排水系统的可持续性。LID技术的核心理念是通过综合运用绿色基

础设施和自然过程，优化雨水管理，以最小化城市开发对自然水文环境的干扰，并最大限度地恢复自然的水文循环。

在传统的城市排水模式中，雨水通常会被迅速收集并通过地下管道系统排放，导致水流急剧增加，从而加剧城市内涝和水质污染的问题。而LID技术则强调雨水的就地渗透、滞留和净化，这一过程可以通过多种自然过程，如土壤吸收、植被蒸发和湿地过滤等方式来实现。LID的应用目标不仅仅是改善水质和减少水量的排放，还包括通过减少雨水径流的产生、促进雨水的自然渗透和水资源的回补，来恢复水文环境的自然功能。通过这一方式，LID技术能够显著减少对自然生态的负面影响，并提高城市区域的水资源利用效率。

LID技术的实施原则是综合性的，涉及雨水管理、土地利用规划和城市设计的多方面内容。与传统的"灰色基础设施"相比，LID倡导的是"绿色基础设施"的建设，这些基础设施包括雨水花园、渗水铺装、绿色屋顶、湿地保护等，这些措施不仅能增强雨水渗透、减少地表径流，还能通过植物和土壤的自然过滤作用，有效去除雨水中的污染物，从而提高城市水质。通过这些分散性、低技术含量却高效的设施，LID在降低城市排水压力的同时，也能够优化城市的生态环境，提升城市绿化和生物多样性。

LID技术的一个重要特点是其对城市规划和设计的深度整合。在传统的排水系统中，雨水管理通常是在建筑物和道路建设之后进行单独考虑的，而LID则将雨水管理作为城市开发过程中的一部分，与土地利用、道路规划、景观设计等要素密切结合。通过这种方式，LID能够在不增加过多建设成本的情况下，实现对城市排水系统的有效优化。与此同时，LID注重灵活性和适应性，其解决方案可以根据不同的城市环境、气候条件和地理特征进行定制，以满足不同地区的实际需求。

除了在城市排水系统中的应用外，LID还具有其他多个层面的环境效益。例如，在控制雨水径流方面，LID可以显著降低城市暴雨期间的排水流量，减少城市内涝的发生。同时，LID还可以改善地下水的补给，尤其是在水资源匮乏的地区，其通过雨水的渗透和回补作用，能够有效增强地下水储备，支持城市的长期水资源可持续发展。此外，LID对生态系统的恢复也起到了积极的作用，通过增加城市绿地和湿地面积，LID促进了生态系统的多样性和生物栖息地的改善，为城市居民提供了更多的生态福利。

然而，LID技术的实施并非没有挑战，尤其是在城市环境中，如何平衡开发需求与环境保护之间的矛盾是一个复杂的课题。首先，LID的实施需要在城市规划初期阶段就予以考虑和设计，这要求政府和开发商对LID有更深入的理解和认可。此外，LID设施的建设和维护成本虽低于传统的集中式排水系统，但仍然需要足够的资金支持，尤其是在初期阶段。与此同时，LID设施的有效性也受到气候条件、地质结构和土地使用等多种因素的影响，因此在不同地区的应用效果可能存在差异，需要进行本地化的调整和优化。

LID作为一种新型的排水管理模式，正在逐步成为现代城市雨水管理和环境保护的重要手段。其通过引导和鼓励雨水的自然渗透和净化，不仅能有效减轻城市排水系统的负担，减少内涝和水质污染，还能通过恢复水文循环和生态系统的自然功能，提升城市的可持续发展能力。随着城市化进程的不断推进和环境保护意识的增强，LID必将发挥越来越重要的作用，为实现城市绿色发展目标提供有力支持。

二、雨水管理与渗透性铺装技术

雨水管理作为LID的重要组成部分，已经成为现代城市排水系统和环境管理中的关键策略。通过采用创新的技术手段，如渗透性铺装、透水混凝土、绿色屋顶等，城市能够更有效地应对降水带来的挑战。这些技术不仅能减缓降水过程中雨水流量的急剧增加，还能通过促进水分的自然渗透，减轻城市排水系统的负担，从而有效缓解因暴雨引发的城市内涝问题。在全球气候变化背景下，这些雨水管理技术为城市提供了一种可持续的排水解决方案，帮助城市实现水资源的高效利用与环境的综合治理。

渗透性铺装作为LID技术中的重要环节，通过其独特的结构和材料特性，能够使降水水分迅速渗透到地下，减少地面径流量。与传统的硬质铺装材料不同，渗透性铺装采用透水性较强的材料，如透水砖、透水砾石或透水混凝土，这些材料在承载车辆或行人流量的同时，能够保持良好的水渗透性，从而使雨水能够快速渗入地下，而不至于积聚成径流。这一过程不仅可以减轻排水系统的压力，还能避免由于径流过多而导致的城市洪涝灾害。此外，渗透性铺装有助于增强城市地表的水分存储能力，提高雨水的自然补给，进而促进地下水的补充，有效维护城市生态环境的水循环功能。

透水混凝土作为渗透性铺装的一种具体形式，具有较高的透水性和较强的抗压能力，因而在雨水管理和排水系统中得到了广泛应用。透水混凝土的结构特点使其能够在较大范围内提供快速的水渗透路径，减缓降水过程中水流的积聚速度，缓解城市暴雨后的排水压力。其在实际应用中的优势并不限于其排水性能，还包括其对城市生态环境的正面影响。使用透水混凝土，可以有效减少城市硬化地面对自然水循环的阻断作用，避免了传统硬化铺装材料对降水的直接阻挡，保证了雨水能够自然渗透至地下，参与地下水的补充，进而促进生态系统的平衡与可持续发展。

绿色屋顶技术作为一项雨水管理的创新方案，凭借其丰富的生态功能，已成为城市雨水管理中的重要手段。绿色屋顶通过在建筑物顶部植被覆盖，形成绿色植被层，不仅可以有效地滞留降水、减少雨水径流量，还能通过植物的蒸腾作用调节空气湿度，改善城市微气候。雨水在绿色屋顶的植被层中滞留并逐渐渗透至屋顶土壤，减少了向城市排水系统的流入量，减轻了暴雨时的排水负担。同时，绿色屋顶通过蒸发和蒸腾作用释放水分，进一步缓解了城市热岛效应，提升了城市环境的宜居性。

雨水管理技术的应用不仅有助于缓解排水压力，还能有效提高地下水补给水平。现代城市的快速发展往往伴随着大量的不透水表面，这些不透水层严重破坏了自然水文循环，减少了地下水的补给。通过引入渗透性铺装、透水混凝土和绿色屋顶等技术，雨水在城市表面的渗透性得到了显著提升，雨水得以顺利渗入地下水层，有助于恢复和维持地下水位，从而保障了城市长期的水资源供应。这不仅对于城市的水资源管理至关重要，也对防止地下水的过度开采及其引发的地面沉降问题起到了积极的作用。

雨水管理技术在改善城市排水系统方面的作用不可忽视。传统的城市排水系统通常依赖于大规模的管道网络来疏导雨水，而这种集中式的排水方式容易导致暴雨时排水系统超负荷，进而造成城市内涝。然而，采用LID进行雨水管理，可以通过分散式、源头减排的方式，将雨水的滞留与渗透作为核心目标，从而降低排水系统的压力。这种分布式管理方式不仅有效缓解了暴雨期间的排水压力，还在日常降水过程中为地下水提供了宝贵的补给，有助于实现城市水资源的可持续利用。

除了改善城市排水系统和水资源管理外，雨水管理技术的广泛应用还有助于提升城市生态系统的功能。渗透性铺装和绿色屋顶等技术不仅仅起到排水的作用，还能为城市绿地和生态系统提供支持。通过增加城市绿地面积、提升地表水分存储能力，这些技术有助于提升城市的生物多样性和生态服务功能，从而改善居民的生活质量。随着城市对生态环境和可持续发展的重视，雨水管理技术的应用将会成为城市规划和建设的重要组成部分，推动城市向更加绿色、宜居和可持续的方向发展。

雨水管理与渗透性铺装技术作为LID的重要组成部分，已经展现出在城市雨水治理、排水系统优化和地下水补给等方面的巨大潜力。随着技术的不断进步和应用领域的逐步拓展，这些技术将成为未来城市可持续发展的核心支撑。通过推动这些技术的广泛应用，城市将能够更好地应对降水带来的挑战，实现水资源的高效利用，促进生态平衡，提升居民生活质量，从而为未来城市的可持续发展打下坚实基础。

三、雨水收集与再利用技术

雨水收集与再利用技术作为LID的重要组成部分，已逐渐成为现代城市水资源管理中不可或缺的一部分。这一技术不仅能有效减轻城市排水系统的负担，还为城市提供了可持续的水资源利用方式。随着城市化进程的不断推进，传统的排水系统面临着越来越大的压力，尤其是在暴雨和极端天气事件频发的背景下，城市排水设施往往难以应对突发的降水量。雨水收集与再利用技术的引入，恰恰为这一问题提供了有效的解决方案，它不仅能优化水资源的管理，还为城市的排水系统提供了一种可持续的补充方式。

雨水收集系统的核心原理在于通过对降水的捕捉和储存，将自然降水转化为可以再次使用的水源。降水经过屋顶、道路或其他硬化面流下时，通过收集管道引入储水设施中，这些储水设施可以是地下蓄水池、雨水收集桶或者地下水库等。经过合理的过滤和处理后，收集到的雨水可以广泛用于城市绿化、工业用水、冲洗街道、洗车甚至部分民用目的。这种水资源的循环利用不仅实现了对水资源的高效利用，还为城市节约了大量的供水成本，并有效提高了水资源的使用效率。

除了解决供水压力，雨水收集系统的实施还具有重要的环境意义。在暴雨或强降水事件中，城市排水系统的承载能力常常受到挑战，导致雨水无法及时排放，最终引发严重的水浸灾害。收集与储存雨水，能够有效减轻排水系统的负担，尤其是在极端天气条件下，避免暴雨过后因排水设施超负荷运转而导致的水灾问题。雨水的储存不仅能为排水系统提供缓冲作用，还能在暴雨期间有效降低排水压力，减少因系统故障或容量不足造成的洪水灾害。借助这一技术，城市的抗灾能力得到了显著提升，能够在面对暴雨等突发性水灾时，提供更加高效的应对措施。

雨水收集与再利用技术不仅是对城市排水系统的补充，它还带来了可持续的城市发展模式。随着全球气候变化的加剧，许多城市面临着干旱和水资源短缺的问题，雨水作为一种低成本、绿色环保的水资源，其再利用能够在一定程度上缓解这一问题。在城市发展过程中，合理利用雨水资源，尤其是在一些水资源相对紧张的地区，能有效提升水资源的保障能力。此外，雨水的再利用有助于降低污水处理系统的压力，减少对污水处理厂的依赖，降低城市的水污染治理成本。

从技术实施角度看，雨水收集与再利用系统的建设需要结合城市的实际情况进行设计。设计中需要考虑到雨水收集区域的选择，收集系统的规模以及储水设施的容量等因素。同时，随着技术的不断进步，雨水收集系统的效率和管理方式也在不断优化。现代化的雨水收集系统不仅仅依赖于传统的储水池和管道，还可以结合智能技术进行远程监控和自动化管理。通过传感器、智能控制系统和大数据分析，管理者可以实时了解雨水收集与储存的状况，自动调节水池的水位以及水质检测，确保系统高效、稳定运行。这种智能化管理方式不仅提高了水资源管理的精确性，还可以及时应对突发事件，提高系统的灵活性和反应速度。

雨水收集与再利用技术的推广应用，还需要政府的政策支持与社会各界的广泛参与。政府可以通过制定相关政策，鼓励和推动雨水收集系统的建设，并对采用该技术的企业和家庭提供相应的奖励或补贴。政策引导不仅能促进该技术的普及，还能提升公众对雨水收集与再利用的认识，从而形成全社会共同关注水资源可持续利用的良好氛围。在这一过程中，社会各界尤其是科研机构和工程公司也应积极投入技术研发，持续提高雨水收集与再利用技术的可行性与效率，为城市的可持续发展提供更加坚实的技术保障。

雨水收集与再利用技术不仅是应对城市排水压力、解决水资源短缺问题的有效手段，也是在推动城市可持续发展的过程中发挥着重要作用。随着技术不断创新和政策逐步完善，未来这一技术将在城市水资源管理中发挥更加关键的作用。通过合理规划和高效运行，雨水收集与再利用技术有望为城市排水系统提供更加稳固的支撑，同时为缓解水资源压力、减少城市水灾和提升城市抗灾能力做出重要贡献。这一技术的广泛应用，势必为实现绿色、低碳、可持续的城市发展提供坚实的支撑。

第三节　可持续排水设计与实施

一、集成化设计与系统优化

随着城市化进程的加快以及环境问题的日益严重，传统的城市排水系统面临着越来越多的挑战。在这种背景下，可持续排水设计应运而生，并逐渐成为现代城市排水系统建设中的核心理念。其本质在于强调将排水设施的设计与城市的生态环境、社会需求以及资源利用效率紧密结合，推动城市排水系统的集成化和优化。集成化设计不仅关注排水功能的有效实现，还要求考虑排水系统与城市其他基础设施的协调与整合，从而实现城市资源的高效利用，降低环境负担，提升系统的综合效益。

在这一理念的指导下，城市排水系统的设计已不再是单一的工程问题，而是跨学科、跨领域的综合性问题。这种集成化设计要求排水设施的规划和建设必须与交通、绿化、能源等城市基础设施相协调。排水系统作为城市基础设施中的重要一环，传统的设计方法往往侧重于单纯的排水功能，忽视了与其他设施的互动与配合。而集成化设计则强调通过合理的系统优化，确保各类基础设施相互依赖、相互支持，最终形成一个功能互补、效率最大化的城市环境。这种系统性思维的引入，使得排水系统的设计不再局限于技术层面，还需要充分考虑环境、社会和经济等多重因素，确保其在实际运行中能够与城市的整体发展战略高度契合。

为了实现集成化设计的目标，系统优化是其核心手段之一。系统优化不仅仅是对排水系统内部各环节的效率提升，更是对整个城市生态环境资源的合理配置。在排水设施的建设中，资源的高效利用成为一个至关重要的课题。系统优化可以最大化利用自然资源，减少对环境的负面影响。例如，在设计过程中，雨水收集与利用成为一个重要的策略。建设雨水收集系统和滞留池，不仅能有效减轻城市排水系统的负担，还能实现水资源的循环利用，从而大幅降低城市对外部水源的依赖。这些措施的实施，有助于改善城市的水资源管理，增强城市对极端天气事件的适应能力，最终提升排水系统的可持续性。

除了雨水收集和回用，绿色基础设施的应用也是集成化设计中一个不可或缺的组成部分。绿色基础设施通常包括雨水花园、透水铺装、绿色屋顶等设施，这些设施能够在减少传统排水系统负担的同时，促进自然水循环的恢复。绿色基础设施不仅有助于水土保持，防止洪涝灾害，还能改善城市的生态环境质量，提升城市的绿化覆盖率，增加生物多样性。通过与自然环境的深度融合，绿色基础设施为排水系统的可持续运行提供了有力保障。这种自然与人工相结合的设计理念，体现了现代排水系统的生态适应性，也展示了城市建设向可持续发展方向迈进的决心和实践。

减少对自然水循环的干扰也是集成化设计的重要目标。传统排水系统往往强调快速排水，忽视了水流的自然过程，导致了对河流、湖泊等水体的生态影响以及地下水资源的枯竭。而集成化设计则试图通过优化排水路径，调整排水时间和流速，避免对自然水文循环造成过度干扰。合理规划排水路径，使水体能够在合适的时间和地点渗透、汇集，不仅有助于减少水土流失，还能提升地下水补给，维持生态平衡。这一做法有效地调和了城市排水需求与自然水循环之间的矛盾，使城市排水系统在满足实际排水需求的同时，也能够保持对生态环境的友好。

集成化设计与系统优化是现代城市排水系统发展的必然趋势，它不仅关注单一功能的实现，更强调系统内部和外部各方面因素的协调与整合。通过资源的高效利用、环境负担的减轻，以及与自然生态的融合，集成化设计为城市排水设施的可持续发展提供了坚实的技术支持。未来的城市排水系统将不再是孤立的技术设施，而是与城市的生态、环境、社会发展紧密联系的系统工程。因此，推进集成化设计与系统优化，对于提升城市排水系统的整体性能、实现资源的可持续利用具有重要的现实意义和深远的社会价值。

二、排水系统绿色化与节能减排

在当前全球可持续发展背景下，排水系统的绿色化与节能减排逐渐成为城市基础设施建设与管理的重要课题。随着城市化进程的加速，排水设施在日常生活中的重要性日益突出。然而，传统的排水系统往往伴随着高能耗、资源浪费以及对环境的负面影响。因此，探索绿色化排水系统，降低能源消耗并减少排放，已成为提升城市排水设施可持续性、推动生态文明建设的必要举措。

绿色化排水系统的核心理念在于通过应用先进技术和材料，实现资源的高效利用，同时尽可能减少对环境的影响。为了实现这一目标，节能排水设备和低碳排放技术的创新成为关键。在排水泵站和其他设备的运行过程中，能源消耗是一个不可忽视的问题。传统的泵站大多依赖电力驱动，且由于泵站功率过大或设计不当，往往存在效率低下、能耗较高的情况。引入先进的节能泵站技术，可以显著减少能耗。例如，采用变频调速技术可以根据实际排水需求调整泵站的工作负荷，从而避免了能源的浪费。一些创新型节能泵站通过优化泵轮和管道设计，提升了流体动力学效率，进而减少了能源消耗。这些节能技术的引入，不仅能降低排水设施的运行成本，还能在能源消耗上做出积极的贡献，减少碳排放，推动能源结构的绿色转型。

与传统电力驱动设备不同，太阳能驱动的排水设备正在逐步受到关注。太阳能作为一种可再生清洁能源，具有可持续性和环保性，应用于排水系统中，能够有效减少对化石能源的依赖，降低温室气体排放。在排水设施中安装太阳能电池板，不仅能实现部分能源自给自足，还能在阳光充足的情况下，进一步降低运营成本。尤其是在一些偏远地区或者缺乏稳定电网支持的区域，太阳能驱动的排水设备提供了一种有效的替代方案，不仅提升了排水设施的能源利用效率，还增强了排水系统的独立性和应急能力。

绿色化排水系统的构建不仅仅是节能减排的需求，更是提高环境友好性和资源循环利用水平的需要。在城市排水系统的设计与建设中，越来越多的绿色技术被纳入考量。例如，雨水回收系统便是一种有效的绿色技术，其通过收集和处理降水，减少了对地下水和市政水源的依赖。在大多数城市中，雨水是一个极为丰富的资源，使用智能化的收集和处理设备，可以将雨水转化为可再利用的水源，用于绿化灌溉、道路清洁等非饮用水需求，从而有效节约了水资源。这一措施不仅有助于减少城市排水压力，还能在减少水污染和节约用水方面发挥重要作用。

绿色化排水系统的建设还涉及对排水管网的优化设计。现代排水系统不仅要求高效的水流输送能力，还要求其设计能够应对极端天气和不确定的降水量。在这一过程中，绿色设计理念要求尽量减少对土地和自然资源的破坏，并充分利用现有空间。在管道布局上，采用可渗透铺装、生态渠等设计方案，可以有效提高雨水渗透率，减少地表径流，从而缓解城市洪涝问题。这些创新的设计方案，不仅提升了排水系统的功能性，还在城市生态系统中发挥更为重要的作用。

绿色化排水系统的推广还需要依赖政策的引导与技术的普及。政府在制定排水系统建设和管理的相关政策时，应加强对节能减排和绿色技术应用的支持。通过对节能设备、环保材料等方面的补贴和奖励，鼓励企业和设计单位采用先进的技术和绿色材料。同时，政府还应加强对排水系统绿色化设计的监管和认证，确保建设过程中严格遵循环境保护要求，推动绿色建筑标准的实施。对于技术的研发与应用，政府应加大资金投入，支持企业开展创新型产品和解决方案的研发，不断提高排水设施的绿色技术水平。政策激励与技术创新相结合，可以有效推动排水系统绿色化进程，推动社会整体向低碳、可持续方向发展。

从宏观角度来看，绿色化排水系统的建设不仅是技术改造的需要，更是社会和生态环境的责任。随着排水设施绿色化进程的不断深入，城市的排水系统将不仅承担着单一的排水功能，还将成为城市生态系统中的重要组成部分，推动城市环境质量的改善和生态文明的建设。在未来的城市发展中，绿色排水系统将成为实现城市可持续发展的关键一环,通过优化资源配置、降低能耗和减少污染排放,为全球环境保护做出贡献。

三、多部门协作与政策支持

可持续排水设计的成功实施并非仅仅依赖于单一技术的创新,它还涉及广泛的政策支持和多部门之间的紧密协作。在现代城市建设过程中,排水系统的设计与管理需要综合考虑环境保护、社会福祉以及经济效益等多重因素。为了实现这些目标,政府和相关部门必须通过科学的政策框架来引导和推动城市排水系统的可持续发展。城市排水设施的优化不仅仅是技术问题,还需要政府政策的强力支持以及各方利益相关者的共同努力。

政策支持在推动可持续排水设计方面起着至关重要的作用。政府应当在城市规划和基础设施建设的政策框架中,明确提出可持续排水设计的目标,并将其纳入法律法规和行业标准之中。制定与排水系统相关的政策时,政府不仅要考虑排水设施的建设与运行,还需充分考虑排水系统对环境的长期影响,包括水资源的利用、雨水的回收利用以及污水处理的节能减排等方面。通过政策引导,政府能够鼓励建设单位和工程师在设计时采用绿色、低影响的排水技术,从而实现排水系统的环境友好型和资源节约型建设。

多部门协作同样是实现可持续排水设计不可或缺的一环。城市排水系统的设计和运行涉及多个领域,包括城市规划、环境保护、公共卫生、交通管理等。仅依靠单一部门的努力难以全面解决排水系统中的复杂问题。因此,必须通过跨部门的合作,整合各方资源和优势,协调各项工作,确保排水系统的多重功能得到有效实现。各个部门应在技术、资源、管理等方面形成合力,共同推进排水设施的绿色转型。例如,环境保护部门可提供关于水质监测和污染物排放的具体要求,而公共卫生部门则可以就排水设施对市民健康的影响提出具体建议。此外,城市规划部门应在制定城市空间布局和基础设施规划时,优先考虑排水设施的生态效益,确保排水设计能够与城市整体发展相协调。

为了确保可持续排水设计的实施,政策激励和资源整合至关重要。政府不仅要制定有利的政策框架,还需要通过财政补贴、税收优惠等方式激励企业和工程项目采用先进的可持续排水技术。通过经济激励，政府能够引导社会资本加大对绿色排水技术的投资，推动相关技术的广泛应用与推广。同时，资源的整合也是关键。政府应当发挥协调作用，确保各项资源能够得到最优配置，避免重复建设和低效投入。例如，雨水收集和利用系统可以与城市绿化、道路建设等其他基础设施结合起来，通过系统整合实现资源的最大化利用，从而提升城市整体的可持续发展水平。

可持续排水设计的政策支持和多部门协作并不限于技术层面的推动，更要涵盖规划、执行、监管等各个方面。在政策层面，政府应当制定具体的实施细则和技术标准，为可持续排水设计提供清晰的操作指南。在执行层面，政府和相关部门需要加强对排水设施建设的监督，确保各项规定和标准得到严格遵守。此外，还需要在监管体系上进行创新，建立健全排水设施运行的评估与反馈机制，及时发现和解决实际问题。这不仅有助于提高排水系统的运行效率，还能确保其长期稳定的可持续性。

随着社会对环境保护意识的提高以及可持续发展目标的不断推进，未来的排水系统建设将更加注重绿色、环保和节能。政府在推进城市排水设施建设时，需进一步增强对环境友好型技术的支持力度，推动排水系统与生态系统的融合。与此同时，城市管理部门与环保、规划等相关部门应建立常态化的合作机制，通过信息共享和技术交流，提高排水系统的建设和管理水平。跨部门的协作不仅有助于提升排水设施的设计与运行质量，还能确保整个城市排水系统在日常管理中的高效运作。

第四节　环保理念在排水管理中的应用

一、生态友好的排水设计理念

生态友好的排水设计理念是近年来城市排水系统规划与建设中的重要发展趋势，它标志着排水工程从传统的功能性考虑向更加注重环境可持续性的方向转变。在这一理念的指导下，城市排水系统的设计不仅仅是为了解决城市内涝与污水排放问题，更是对城市生态环境的有益补充与修复。通过将自然生态过程与排水工程设计相结合，生态友好的排水系统不仅优化了排水功能，还增强了生态系统的韧性和恢复能力。

这一理念的核心在于强调自然环境的保护与修复，避免过度依赖传统的硬性基础设施如混凝土管道与排水渠等，这些硬件设施往往会改变自然水流的路径，破坏周边的生态环境。生态友好的排水设计通过融合绿色基础设施和自然排水方式，不仅减少了城市排水对环境的负面影响，还能最大限度地恢复和提升自然生态系统的功能。例如，雨水花园的引入，不仅能有效吸收并净化城市降水，还能为城市居民提供更多绿地，改善空气质量。类似地，湿地恢复项目作为一种生态修复手段，能够提高水体的自净能力，促进生物多样性的维护和水环境质量的提升。

在现代城市的规划中，排水设计的重点已经不再仅仅是应对暴雨和水灾的直接需求，而是将排水系统的建设与城市的生态系统服务功能相结合。通过合理利用城市周边的自然地形，生态友好的排水设计能够减少人工排水设施的建设需求，减少硬化地面的面积，从而提升雨水的自然渗透与蒸发，减轻洪涝灾害的发生。这种设计方式也被广泛应用于绿色屋顶与透水铺装的建设中，通过提升城市绿化覆盖率，改善城市气候，增加城市生物栖息地，从而提升整体环境质量。

生态友好的排水设计不仅关注水资源的有效利用，还强调城市自然生态的多重效益。通过雨水的回收与再利用，城市能够减轻对外部水资源的依赖，促进水资源的循环利用。雨水收集系统的设计使得降水能够储存并作为景观灌溉、道路清洗或非饮用水源使用，从而实现水资源的高效管理，减少城市用水需求并减缓水资源短缺的压力。此外，生态排水设计还能通过增加城市绿地的面积和多样性，改善城市空气质量，降低城市热岛效应，提升居民的生活质量。

这一理念还涉及排水系统的韧性建设。建设自然基础设施，如雨水湿地、滞洪池、绿地带等，能够有效缓解暴雨和强降水带来的风险。这些自然系统能够在暴雨时起到缓冲作用，减少瞬时强降水对排水系统的冲击，降低城市洪水的发生概率。相比于传统的排水系统，生态友好的排水设计能够更好地应对气候变化带来的极端天气，增强城市排水系统在面对自然灾害时的应变能力。

生态友好的排水设计理念不仅有助于提高城市的排水能力，更通过与自然生态的融合，增强了城市的生态韧性。这种理念的实施，要求城市排水系统在设计阶段就考虑到环境保护的因素，将生态功能与技术性需求结合起来。这不仅是一种水资源管理的方式，更是一种推动城市可持续发展的全新思路。随着技术的不断进步，越来越多的城市开始意识到绿色排水系统的必要性，逐步将其纳入城市发展的长远规划中。这种理念的推广，将为未来的城市排水系统建设和管理提供新的路径，也为实现城市与自然和谐共生奠定了基础。

生态友好的排水设计理念的提出与实施，不仅对排水系统本身的效能提出了更高的要求，也为城市的可持续发展提供了创新的解决方案。通过这一理念的推广与深化，未来的城市排水系统将不仅仅是排水功能的提供者，更将成为生态修复、环境改善和水资源循环利用的重要组成部分，极大提升城市生活质量和生态环境的整体水平。

二、水质保护与污染控制

水质保护与污染控制在现代城市排水管理中占据了至关重要的地位。随着工业化和城市化的快速发展，水资源的污染日益严重，排水系统成为污水处理与水质保护的核心环节之一。排水管理中的环保理念不仅要求对排水系统进行高效的管理，还要求严格控制排水过程中的水质，防止污染物进入自然水体，进而影响生态环境和公共健康。在这一过程中，水质保护的核心任务是减少污染物的排放，尤其是工业废水、生活污水和雨水径流等不同来源的水流中常常含有大量的有害物质，如化学污染物、重金属、营养物质等。因此，确保排水系统内水质的合规性和安全性，是排水管理系统的基本要求和长期目标。

为了实现水质保护，排水系统需要整合先进的污染控制技术，并对不同类型的污染源进行精准处理。随着科技的进步，许多新型的污染控制技术不断涌现，从物理、化学到生物处理技术，排水系统中的污水处理工艺已经变得愈加复杂和高效。通过多级处理过程，排水系统能够有效去除水中的悬浮物、油脂、有机物和重金属等污染物，确保排放的水质符合相关环保标准。特别是在一些工业污染源较为集中的区域，排水系统不仅需要高效的污水处理技术，还需要针对性的污染源预防和治理措施。在这些区域，排水系统的设计与运行不仅要考虑传统的水质控制，还要具备对特殊污染物的监控与处理能力。

水质的监控和动态管理也是排水管理中的关键环节。为了确保水质持续合规并满足环保标准，排水系统需要实施实时监控和定期检测机制。通过部署智能化的监测设备，排水系统能够实时收集水质数据，并通过数据分析判断水质变化趋势。若发现异常情况，系统能够及时发出警报，通知相关管理部门进行干预。这种动态监控不仅能提高水质管理的响应速度，还能通过数据积累，为排水系统的优化提供科学依据。此外，随着物联网、人工智能等技术的发展，未来的水质监控将更加精准和高效，能够实现更细致的污染源追踪与处理效果评估。

排水管理中的污染控制并不限于设施设计和水质监控，还包括了严格的前期污染预处理工作。排水系统中的水流往往含有大量的化学物质、沉积物和有机污染物，这些物质如果未经处理直接排放，将对自然水体造成极大的负担。因此，排水系统需要在源头上进行控制，通过合理的排水设施设计进行污染物的初步筛选和处理。例如，采用分流系统，将雨水和污水分别排放，避免雨水携带的污染物直接进入污水处理厂。设置沉淀池、过滤装置等前期处理设备，可以有效去除水中的大颗粒污染物，减轻后续处理的负担。

另外，排水管理中的污染控制策略还需要在城市的水资源管理中考虑水的循环利用问题。随着水资源日益紧张，越来越多的城市开始实施雨水收集和再利用系统。通过这一系统，雨水不仅能减少对城市排水系统的压力，还能作为重要的水资源来源进行处理和再利用。例如，经过处理的雨水可以用于城市绿化、清洁和非饮用水供应，这在一定程度上缓解了水资源紧张的问题，减少了对天然水体的依赖，也为水质保护增添了一层新的保障。

排水系统中的污染控制措施，还需要考虑环境友好的设计理念。在传统的排水设计中，其重点往往放在排放量的控制和设施的建设上，然而，随着生态保护意识的提升，环保理念要求排水设施在设计过程中更多考虑如何减少对自然环境的破坏。现代排水系统设计趋向于生态化、绿色化和可持续性，这一趋势不仅体现在设施的选材和施工上，还体现在雨水管理和水质处理的全过程中。引入生态雨水处理、透水铺装和绿色屋顶等设计，可以有效缓解城市排水压力，减少雨水径流对水体的污染,从源头上保障水质的安全。

排水管理中的水质保护不仅仅是技术和设施的创新,更是环保意识和社会责任感的体现。随着全球环保形势的日益严峻,水质保护的责任不仅在于政府和企业,公众的参与同样至关重要。加强环保宣传教育,增强市民的环保意识,能够促使社会各界共同参与到水质保护中,形成良好的社会监督机制,确保排水系统在运行过程中始终符合环保要求。未来,随着环保政策的不断完善,水质保护将成为城市排水系统管理中不可忽视的核心任务。通过全社会的共同努力,排水系统的水质保护能力将不断增强,从而为城市可持续发展提供有力支持。

三、可持续排水系统的建设与维护

可持续排水系统的建设与维护不仅关乎系统的设计与施工,更与其长效运作中对环境、资源以及社会的影响密切相关。在面对日益严峻的环境问题和城市化进程的挑战时,构建一个符合可持续发展理念的排水系统,已经成为现代城市建设中的重要任务。传统的排水系统往往侧重于满足基本功能要求,而缺乏对长期生态平衡和资源循环利用的考虑,随着技术的进步和环保意识的提升,现代排水系统必须在保证排水功能的同时,减少对自然环境的负面影响,推动生态文明建设和绿色发展。

在设计可持续排水系统时,首先需要综合考虑所在地区的环境条件、气候特点以及土壤水文条件。系统的设计要考虑到未来可能的气候变化,特别是极端天气事件的频发对排水系统的压力。例如,在暴雨频发的地区,排水设施需要能够迅速处理大量的雨水,并避免造成城市内涝或污染溢出。为了应对这一需求,排水系统不仅要具备足够的排水能力,还要保证雨水的有效收集与储存,减少对外部水源的依赖,降低城市用水的压力。在实际建设中,这需要通过高效的雨水收集和处理系统,将雨水转化为可再利用的资源,进一步提升水资源的利用效率。

另外,排水系统的材料选择是确保其可持续性的重要环节。使用环保、可循环的建筑材料能够减少资源浪费,并减少排水系统对环境的负面影响。例如,采用可降解的塑料管道或再生材料作为排水管道的主要原材料,可以在确保排水功能的同时降低资源的消耗和环境污染。此外,在排水设施建设过程中,还应注重管道布局的合理性，避免不必要的资源浪费和施工过程中的环境破坏。科学规划和合理布局，不仅能优化管道系统的使用效率，还能在施工过程中尽量减少对生态环境的干扰。

排水设施的日常维护同样是确保其可持续运行的关键环节。传统的维护方式往往依赖人工定期检查和保养，然而，随着排水系统规模的扩大和复杂度的提高，这种传统方式面临着巨大的挑战。在现代排水系统的维护过程中，应当加强智能化技术的应用，利用物联网、传感器和大数据分析等先进技术，实时监控排水系统的运行状态。这种实时监控不仅能提前预警潜在的故障，还可以通过数据分析优化维护周期和手段，降低维护成本，提高排水系统的运行效率和安全性。智能化技术的引入使得维护工作更加精确和高效，避免了不必要的人工干预和资源浪费，从而更好地支持系统的可持续性。

在排水设施的维护过程中，还应避免使用对环境有害的化学清洁剂和消毒剂。许多传统的排水管道清洁方法依赖于强力的化学药品，这些药品虽然能够有效去除污垢和阻塞，但也会带来二次污染，影响周边水质和生态环境。因此，在可持续排水系统的维护中，应当优先选择物理清洁方法，尽量减少化学物质的使用。此外，随着清洁技术的不断发展，越来越多的环保型清洁剂和生物降解剂被应用于排水系统的维护中，这些新型材料不仅能有效清除管道内的沉积物，还能确保对环境的低影响甚至无害化，提升排水设施维护的可持续性。

可持续排水系统的另一个重要组成部分是绿色基础设施的结合。绿色基础设施指的是通过自然或半自然的生态过程来优化城市排水系统的设计与运行。这一理念强调通过设计与规划，将自然元素与人工排水设施结合，实现水的自然渗透、储存与净化。雨水花园、透水铺装、绿色屋顶等设计理念的应用，能够有效减少雨水径流，增加雨水的自然渗透和蒸发，降低对传统排水系统的压力。同时，这些绿色基础设施不仅能改善城市的排水能力，还能为城市创造更多的绿色空间，提升城市的生态环境质量，促进生态系统的平衡和健康。

在维护过程中，除了传统的机械化清理方法外，生物处理技术也逐渐成为可持续排水系统中不可忽视的一部分。生物处理技术通过利用自然的微生物降解能力，能够有效清理管道内部的有机物和污水，从而减少人工干预，并且不会对环境造成二次污染。这种方法不仅环保，而且能够降低维护成本，提高排水设施的长期稳定性。

构建和维护可持续排水系统是一个复杂的系统工程，涉及多个方面的技术和管理创新。采用先进的环保材料、优化管道布局、引入智能化监控技术以及发展绿色基础设施，可以有效提高排水系统的资源利用效率，降低对环境的负面影响。同时，随着智能化技术和绿色技术的不断发展，未来的排水系统将更加高效、智能、环保和可持续。

第十章 城市排水设施的发展趋势

随着科技的不断进步和城市化进程的深入,城市排水设施将迎来更多的创新与变革。先进技术与新材料的应用,正在为排水设施的设计、建设和运营带来新的发展机遇。例如,智能材料和自修复技术的引入,可以有效提升排水系统的耐久性与稳定性,减少维护成本;新型排水管道材料则能够提高管道的抗腐蚀性和承载能力,延长使用寿命。随着排水管理中技术的不断更新,新的政策与法规也在不断推动排水设施的建设与管理。排水需求的变化,特别是城市化进程中对排水设施的更高要求,迫切需要创新的解决方案来应对。未来,排水系统的建设与维护将不再仅仅依赖传统的工艺与材料,而是将更多的高新技术与创新理念融入其中,推动排水系统向更加高效、智能、环保的方向发展。本章将探讨先进技术与新材料的应用前景,分析政策与法规在排水管理中的影响,预测未来排水需求的变化,并展望未来排水系统建设与维护的创新趋势。

第一节 先进技术与新材料的应用前景

一、智能化技术的融入

智能化技术的融入已成为城市排水设施发展的关键方向,随着信息技术、自动化技术及物联网技术的不断进步,城市排水管理正在向更加智能化、数字化的方向演变。当前,排水系统中的智能化应用并不局限于基础设施的自动化操作,还涵盖了更为广泛的数据采集、分析与处理技术。这一转型不仅是技术层面的提升,更是管理模式、服务效率及系统可靠性等多方面的综合改进。在未来的城市排水管理中，智能化技术将发挥着无可替代的重要作用，推动排水系统向高效、精准、可持续的方向发展。

智能化技术的融入，首先体现在传感器和监控系统的广泛应用。在排水管道、污水处理设施以及排水口等关键环节安装智能传感器，可以实时采集系统运行中的各类数据，如水位、流速、水质、管道压力等。这些数据通过无线网络传输至集中监控平台，实时反馈系统的运行状态。这种数据的实时采集和远程监控，能够大大提高管理人员的工作效率，使其能够第一时间掌握排水设施的运行情况，及时发现异常情况，避免系统故障的发生。这种智能监控方式不仅可以降低人工巡检的频率，减少人工干预所带来的误差，还可以通过智能算法对数据进行分析和预测，提前识别潜在问题并进行预警，从而有效降低排水系统出现故障的风险。

在故障检测和维护管理方面，智能化技术的优势同样显而易见。传统的排水系统维护通常依赖定期检查或人工巡查，这种方式往往无法实现实时响应，容易忽视一些潜在的故障或隐患。而智能化的故障检测系统能够通过对采集到的数据进行智能分析，自动识别系统中的异常状态。当出现管道堵塞、泄漏或者其他可能影响系统正常运行的问题时，智能系统能够通过实时监控数据对其进行迅速诊断，并自动发出预警，通知相关人员进行处理。智能化的故障检测不仅可以提高排水设施的运行安全性，还能显著降低系统维护的成本和复杂度。通过将先进的算法与故障诊断相结合，智能化技术使得排水设施的维护不再是一个被动的、周期性的工作，而是一个主动的、动态的过程。

智能化技术的融入对于排水设施的管理模式也带来了革命性的变化。传统的排水系统管理往往依赖人工经验和基于固定计划的维修模式，这种模式通常缺乏灵活性，且难以应对复杂的城市排水需求。通过引入智能化技术，排水系统的管理可以实现精细化、个性化、动态化的管理。数据分析不仅可以帮助管理人员实时掌握排水设施的运行状态，还能对历史数据进行深度挖掘，揭示出潜在的规律和趋势，从而为排水设施的优化提供数据支持。例如，通过分析不同季节、天气条件、流量变化等因素对排水系统的影响，管理人员可以制订更加科学合理的运维计划，确保系统在各种情况下都能保持高效、稳定的运行。这种基于数据支持的决策模式，不仅能提高排水设施的管理效率，也能为城市排水系统的长期规划提供科学依据。

智能化技术的运用还促进了排水设施管理的可持续性发展。通过实现系统的实时监控和智能分析,排水设施能够在最大程度上优化资源的配置和利用。例如,智能技术可以对排水系统中的水质数据进行实时监测,并根据水质变化调整污水处理设施的运行参数。这不仅能减少能源消耗,还能提升排水系统对环境污染的控制能力,进而推动绿色排水和可持续城市发展的目标。此外,智能化技术的引入也为排水设施的动态调整提供了更大的空间。在面对城市化进程中不断变化的排水需求时,智能化系统可以根据实时数据调整系统运行策略,提升排水能力,减少溢流和污水排放的风险。

随着技术的不断进步,未来的城市排水设施将更加依赖于智能化、自动化的技术手段。人工智能、物联网、大数据等技术的深度融合,将为排水系统的管理提供更强大的技术支持,推动排水设施从传统的基础设施向智慧化、信息化、绿色化的方向发展。这种转型不仅能提升城市排水系统的整体运行效率和服务水平,还能有效应对城市化进程中日益复杂的排水需求。在智能化技术的支撑下,未来的排水设施将实现更加精细化的管理,保障城市的排水安全和水环境质量,为实现智慧城市和可持续发展的目标提供强有力的保障。

二、绿色排水技术的发展

随着全球气候变化和城市化进程的加速,环境保护成为当今社会的重要议题。在这一背景下,传统的城市排水系统面临着越来越严峻的挑战,尤其是在水资源管理、洪水控制和生态保护等方面。为了应对这些挑战,绿色排水技术作为一种新兴的环保排水解决方案,逐渐成为城市排水设施发展的重要方向。绿色排水技术通过整合创新设计、生态学原理和新型材料,不仅能有效减少对自然环境的负面影响,还能增强城市生态系统的自我调节能力,提升排水系统的可持续性。

传统的排水系统通常依赖于硬质的基础设施,如混凝土管道、集水井和排水沟渠,这些设施虽然能够有效排除城市中的污水和雨水,但往往忽视了生态环境的保护和资源的循环利用。随着绿色建筑和可持续城市发展的理念深入人心,绿色排水技术逐渐应运而生,并在全球范围内得到了广泛的关注和应用。与传统排水系统相比,绿色排水技术不仅考虑到排水的基本功能,还充分融入了生态和环境保护的理念,旨在通过模拟自然水文过程来处理和管理雨水,达到减少水资源浪费、减轻城市洪涝压力、改善水质和保护生态环境的多重目标。

绿色排水技术的核心思想是通过生态化的设计来减少城市排水对自然环境的破坏,并最大化地实现水资源的循环利用。传统的排水系统往往将雨水直接排放到河流或海洋,未经过充分的净化和利用。绿色排水技术则通过一系列生态设施,如雨水花园、透水铺装、人工湿地等,利用自然界中的水循环机制来实现雨水的滞留、渗透、净化和再利用。通过这种方式,绿色排水技术不仅能减少雨水排放造成的洪水风险,还能有效改善城市的水文循环,增强城市的自我调节能力。

雨水花园作为绿色排水技术的重要组成部分,其设计原理基于植物的自然过滤功能。通过在园区内种植适应当地气候的植物,结合土壤的渗透性,雨水可以在花园中停留、渗透并经过自然处理。这种技术不仅有助于减少雨水径流量,还能提高城市绿地的覆盖率,改善城市热岛效应,增强生态环境的多样性。此外,透水铺装技术也在绿色排水中占据了重要地位。传统的铺装材料如沥青和混凝土具有较强的水密性,无法让雨水渗透到地下,而透水铺装则能够在保障路面强度和功能性的同时,使雨水能够直接渗透到地下,达到减少城市洪水风险、补充地下水的目的。

在绿色排水技术中,生态设计的优化不仅仅体现在硬件设施的建设上,还包括对水质处理和流量调节能力的精细化管理。许多城市排水系统在设计时往往未能充分考虑水质净化和洪水调节的问题,导致排水设施在应对极端天气和水污染时常常力不从心。绿色排水技术通过综合运用自然湿地、人工湿地、蓄水池等生态设施,有效地解决了水质净化和流量调节的问题。这些设施不仅能利用植物和微生物的作用去除水中的污染物,还能通过存储和缓释功能减少突发降水时对城市排水系统的冲击,降低洪涝灾害的发生概率。

随着绿色排水技术的不断发展,越来越多的城市开始意识到其在推动城市可持续发展中的重要作用。在未来,绿色排水技术将逐步取代传统的排水系统,成为城市排水设施的主流。通过将绿色排水理念与城市规划和建设相结合,未来的城市将能够实现更加高效、环保的排水管理模式。绿色排水技术不仅在缓解城市排水压力方面具有显著效果，还在水资源管理、生态保护和气候适应等方面发挥着至关重要的作用。未来，绿色排水技术将进一步融入城市的综合治理体系中，成为提升城市综合韧性和生态可持续性的关键技术之一。

绿色排水技术的发展不仅仅依赖于技术的创新，还需要政策支持和公众参与。许多国家和地区已经出台了一系列政策，鼓励绿色排水技术的推广和应用。例如，政府通过提供财政补贴、税收优惠等措施来激励建筑业和城市规划部门采用绿色排水设计。同时，公众对绿色排水技术的认知和支持也是其顺利实施的关键因素。加强公众环保意识和技术培训，推动绿色排水设施的普及，可以进一步提升城市居民对绿色排水技术的认同感和参与度。

绿色排水技术作为一种创新的城市排水解决方案，未来将发挥越来越重要的作用。通过引入生态化、智能化的设计理念，绿色排水技术能够有效提升城市的排水能力、改善水环境质量，并在应对全球气候变化、推动可持续发展方面做出积极贡献。随着技术的不断成熟和政策的不断支持，绿色排水技术将在全球范围内得到更广泛的应用，助力实现更绿色、更智能、更可持续的城市排水管理体系。

三、新型复合材料的应用

随着材料科学技术的迅速发展，新型复合材料在各个工程领域的应用逐渐取得显著成果，尤其在城市排水设施建设中，展现了其优异的性能和广阔的应用前景。传统的排水管道材料，如混凝土和钢铁，虽然在过去的几十年中发挥了重要作用，但由于其在耐腐蚀性、抗老化性及施工和维护成本方面的局限，逐渐暴露出一些不足。为应对这些挑战，复合材料作为一种新兴的排水管道材料，因其具有卓越的力学性能、优异的耐腐蚀性、较长的使用寿命以及较低的维护成本，逐渐成为替代传统材料的重要选择。

复合材料通常由两种或更多不同性质的材料组成，结合了各材料的优点，具有比单一材料更为优越的综合性能。在排水设施中，复合材料的应用主要体现在管道系统的结构性和功能性方面。与传统的钢筋混凝土管道相比，复合材料排水管道具有更强的抗腐蚀性，这一特性使其在各种恶劣环境下，尤其是污水和雨水的长期侵蚀作用下，展现出更长的使用寿命。传统的混凝土管道容易受到水质中的化学成分和微生物的侵蚀，导致管道腐蚀、泄漏甚至破裂，进而影响排水系统的稳定性和安全性。相比之下，复合材料的耐腐蚀性显著提高，能够有效避免此类问题的发生，降低了由于腐蚀引起的维修和更换成本。

新型复合材料还具有良好的环境适应性，尤其是在极端天气条件下的表现。例如，在高湿度、强酸性或强碱性环境中，复合材料管道表现出了卓越的耐腐蚀性和耐老化能力。这种特性使得复合材料成为城市排水系统中不可或缺的一部分，尤其在一些特殊的环境条件下，它能够确保排水系统的长期稳定运行，而不会因环境因素导致早期损坏。与传统的钢铁和混凝土管道相比，复合材料管道的耐温性能和抗紫外线能力也有显著提高，从而增加了排水系统在长时间内暴露在外界环境下的耐久性。

复合材料的高强度和轻质特性使其在排水管道的设计和施工中提供了更大的灵活性。复合材料管道的重量轻，便于运输和安装，减少了施工过程中的劳动强度和施工周期。此外，复合材料的高强度和韧性使得管道在承受外力、压力和其他机械冲击时，能够表现出更好的稳定性和抗破坏能力。这一点尤其重要，因为排水设施常常埋设在地下，容易受到地面交通、地震等外部因素的影响。复合材料的高强度使其能够有效抵抗这些外部压力，避免因管道破裂而导致的泄漏或阻塞现象，从而确保排水系统的可靠性和安全性。

新型复合材料的应用还具有显著的经济效益。由于复合材料的耐腐蚀性和耐久性，排水设施的维护和更换周期得以延长，这不仅减少了排水系统的维护成本，也降低了因频繁维修所带来的运营中断和资源浪费。同时，复合材料的生产工艺较为成熟，能够大规模生产，从而进一步降低了材料的单价，使其在经济上具备了较高的性价比。这些经济优势使得复合材料成为各类排水项目中经济可行的解决方案，尤其适用于大型城市排水系统的建设和改造。

随着科技的进步，新型复合材料的种类和应用领域也在不断扩展。如今，玻璃纤维增强塑料（GRP）、聚氯乙烯（PVC）和聚乙烯（PE）等复合材料已被广泛应用于排水管道的设计和建设中。这些材料不仅能满足日益严格的技术要求，还具有较强的可塑性，能够根据不同的项目需求进行定制化设计。随着更多创新型复合材料的出现，排水管道材料的多样性和适应性将不断提升，为排水系统的优化和改造提供更多选择。

在未来的发展中,复合材料的应用将越来越广泛,成为现代城市排水系统中不可或缺的重要组成部分。它不仅能解决传统材料在使用过程中的诸多缺陷,还将为城市排水设施的可持续发展提供有力支持。随着复合材料技术的不断进步,未来排水系统的建设将会更加注重材料的环境友好性、资源可循环利用以及系统的长效稳定性。可以预见,复合材料将成为未来城市排水设施建设的主流材料,其应用前景将随着技术的进一步发展而愈加广阔。

第二节 排水管理中政策的意义

一、环保政策对排水设施设计的要求

随着全球环保意识的不断增强,城市排水设施的设计和建设面临着日益严格的环保法规和政策要求。传统的排水系统设计主要集中于满足城市排水的基本需求,如排水量、流速和设施的耐久性等。然而,随着环境问题的加剧和可持续发展理念的普及,现代城市排水设施的设计不仅要考虑系统的功能性,还必须严格遵守环保政策和法规的指导,确保排水系统的运行不会对环境产生不良影响。环保政策对排水设施设计的要求,体现了城市排水系统在面对现代环境挑战时必须具备的适应性和前瞻性。

排水系统的设计需要遵循一系列环保标准,尤其是在污水排放的控制和水质改善方面。随着污水排放标准的日益严格,设计师在规划和设计排水设施时,必须考虑污水处理的效果和排放达标的问题。在过去,很多城市排水系统往往存在污水未经充分处理便直接排放的问题,导致水体污染和生态环境恶化。而现代排水设施的设计则要求在排放污水之前,必须通过有效的处理技术将污水中的污染物降至最低水平。随着新型水处理技术的不断发展,排水系统设计中的环保要求变得更加复杂和精细化。设计师需要充分考虑如何整合物理、化学和生物处理技术,使排水系统能够满足日益严格的污水排放标准,并在满足排水功能的基础上,不断提升水质治理能力。

随着雨水回收和利用政策的逐步推广，排水系统的设计也逐渐向更加绿色、可持续的方向发展。雨水作为一种重要的资源，其回收和利用不仅可以缓解城市排水系统的压力，还可以降低城市对外部水资源的依赖，减少水资源的浪费。为了实现雨水回收的目标，排水设施的设计需要注重雨水收集、储存和处理技术的集成。在设计中，不仅要考虑雨水的排放问题，还要充分整合雨水渗透、储存和再利用设施，如雨水花园、渗透井、蓄水池等。这些技术能够有效地减少城市排水系统的负荷，降低暴雨期间的城市内涝风险，并实现水资源的循环利用。随着雨水回收利用技术的不断创新，排水系统的设计方案也将不断优化，以满足未来城市的可持续发展需求。

在现代城市排水设施的设计中，环境保护不再是简单的附加要求，而是成为系统设计的核心考量之一。城市排水设施不仅要解决雨水和污水的排放问题，更需要关注整个排水系统对自然生态的影响。随着生态文明建设的推进，排水系统的设计需要避免对生态环境造成破坏，尤其是在处理和排放污水时，必须做到水质的有效改善和污染物的最小化排放。因此，排水系统的设计往往需要与生态修复技术相结合，采用生态工程和绿色基础设施来提升排水系统的生态效益。例如，利用湿地修复、生态过滤和自然水处理等技术，可以有效地提高排水设施的环境友好性，同时为城市的生态系统提供良好的支持。

排水系统的设计还需要注重对未来环境变化的适应性。例如，全球气候变化所带来的降水量不稳定性和极端天气事件的增加，对排水系统提出了更高的要求。排水设施必须具备应对极端天气条件的能力，包括暴雨、洪水和干旱等。这就要求排水系统设计必须具有灵活性和可调节性，在面对极端天气时能够及时调整运行策略，确保排水功能不受干扰。未来的排水设施设计将更加注重对环境变化的响应能力，在设计中预留应对气候变化和极端天气的空间，以确保排水系统能够在不同环境条件下稳定运行。

随着环保政策和法规的不断更新，排水系统的设计面临的挑战将会更加复杂。为了满足日益严格的环保要求，排水设施的设计将不得不采用更多新型环保技术和绿色设计理念。新型管道材料、低影响开发技术、智能监控系统和数据分析技术等，都将在未来排水系统的设计中扮演重要角色。这些技术不仅可以提升排水设施的环境性能，还能实现对排水过程的精细化管理，从而在保证城市排水功能的基础上，实现环境保护和资源节约的双重目标。

环保政策对排水设施设计的要求是多方面的，不仅涵盖了污水排放标准和雨水回收利用的技术要求，还涉及排水系统对生态环境的影响以及对未来环境变化的适应性。随着环保意识的日益增强和技术手段的不断更新，排水设施的设计将朝着更加绿色、智能和可持续的方向发展。排水系统的环保要求已经不仅仅是法规的遵循，而是成为提升城市排水能力、保护生态环境和实现可持续发展的核心内容。未来的排水系统将通过技术创新和设计优化，推动城市环境质量的提升，并为全球环境保护事业做出积极贡献。

二、政策激励对智能排水管理的推动

在现代城市基础设施建设与管理中，排水系统作为关键组成部分，其管理效率与安全性直接影响到城市的生态环境、公共健康和可持续发展。因此，推动智能排水管理的应用已成为提升城市排水系统效率、降低运营成本、保障环境安全的重要手段。智能化管理利用先进的技术手段，如智能监控、物联网、大数据分析与人工智能等，旨在实现排水系统的实时监控、故障预测、自动化调节与优化决策。随着技术的不断进步，政策的支持和激励在推动这一过程中的作用愈加重要，政府的政策措施不仅为智能排水系统的研发提供了保障，也为其应用的推广奠定了基础。

随着全球对智能技术应用关注度的提升，政府在排水管理中的政策支持逐步加强。国家和地方政府针对智能排水管理的激励措施多种多样，涵盖了从技术研发到市场应用的各个方面。在政策层面，政府往往通过资金支持、技术研发资助、项目示范等方式推动智能排水管理的普及与应用。这种支持并不限于资金的投入，还包括税收优惠、补贴政策、技术标准的制定以及智能化产品的认证等方面。例如，政府可以通过设立专项基金或税收优惠政策，激励企业和科研机构投入智能排水技术的研发和应用中，从而加快技术创新的步伐。此外，政府还通过发布相关政策文件，明确智能排水系统的技术标准和管理要求，为行业的发展提供统一的技术框架和规范，推动行业健康有序发展。

在技术研发方面，政府的支持至关重要。智能排水系统的实现需要依托一系列复杂的技术，包括传感器技术、数据通信技术、数据分析与处理技术以及人工智能等。政府通过政策引导和资金支持，能够加速这些技术的突破与应用。在智能排水系统的建设初期，相关技术尚处于试验和研发阶段，企业和科研机构往往面临较高的投入成本与技术风险。在这种背景下，政府的资金补贴与研发资助为企业提供了必要的经济支持，减轻了技术研发的负担，促进了智能技术的产业化。政府还通过设置技术研发奖励和激励措施，鼓励更多的科研团队投入智能排水技术的研究和开发中，从而加速技术的推广与普及。

政府的政策激励不仅在技术研发阶段发挥了重要作用，还在智能排水系统的市场应用和推广过程中起到了推动作用。在城市排水设施的管理中，智能化改造的应用面临较高的初期投资成本和系统集成难度。政府通过提供一定的政策支持和财政补贴，能够有效降低智能排水管理系统的初期投资风险，鼓励更多的城市和企业采用智能化方案。这种政策激励措施不仅有助于提升排水系统的管理水平，还能推动排水管理模式的转型，使之向更高效、智能和可持续的方向发展。通过政策扶持，政府促进了市场对智能排水系统的接受度，为智能技术在排水管理中的广泛应用奠定了基础。

政策激励还体现在推动智能排水管理与环保要求的结合方面。在当前全球环保要求日益严格的背景下，政府不仅强调排水系统的管理效率，还将环保作为排水设施改造与建设的重要考量因素。智能排水系统通过集成先进的监测和数据分析技术，可以实现对排水系统的实时监控和故障预警，从而有效减少排水过程中的污染物排放，避免不必要的环境污染。这种智能管理模式使得排水设施不仅能提高管理效率，还能更加精准地遵守环保法规，减少对环境的负面影响。政府通过制定环保导向的激励政策，推动智能排水技术的发展，帮助排水系统在提高效率的同时，减少资源浪费和环境负担。

随着城市化进程的加快和气候变化对排水系统带来的挑战，政府对智能排水管理的政策支持愈显重要。特别是在应对极端天气、雨水管理和污水处理等方面，智能化排水管理系统能够实时获取排水数据、预测雨水排放量、优化污水处理流程，从而有效应对突发性强降水、城市内涝等问题。通过政府的政策引导，智能排水系统的应用能够更加灵活高效地应对这些挑战，为城市提供一个更加可靠、安全的排水系统。政策支持的持续加强，不仅有助于技术的成熟与普及，还能促进智慧城市建设的进程，推动城市基础设施管理进入智能化、数据化、精细化的新阶段。

政府对智能排水管理的政策支持为其在城市排水管理中的应用奠定了坚实基础。从技术研发到市场应用，再到与环保政策的融合，政府的支持促进了智能排水系统的快速发展和普及。这一过程不仅提升了排水管理的效率，还为城市可持续发展和环境保护做出了积极贡献。随着政策激励的进一步完善，智能排水系统将在未来的城市排水管理中发挥越来越重要的作用，为构建智能化、绿色环保的城市排水网络提供有力保障。

三、跨部门协作政策的必要性

随着城市化进程的加速和排水设施管理的复杂性不断增加，传统的单一部门管理模式已难以应对现代城市排水系统所面临的挑战。排水管理不仅是城市建设部门的职责，还涉及环境保护、公共安全、卫生健康等多个领域的协同工作。这种跨部门协作的必要性愈加显著，政策和法规的制定应当更加注重推动各部门之间的协调与合作，以确保排水设施管理的高效性与可持续性。跨部门协作不仅是管理模式的创新，也是应对日益复杂排水问题的重要途径。

城市排水系统不仅承载着雨水排放的任务，还涉及污水的处理与排放，涵盖了环境保护、公共卫生、防灾减灾等多个方面。不同部门在排水管理中的角色各有侧重，城市建设部门主要负责排水设施的规划、设计与施工，环境保护部门则关注排水设施对环境的影响与污染物的处理，公共安全和卫生健康部门则重视排水系统的安全性与其对公共健康的影响。随着排水管理范围的不断扩展，这些职能部门的工作逐渐交叉和融合，单一部门的工作方式已无法应对日益复杂的排水管理需求。为了提高排水设施管理的整体效率和应急响应能力，相关政策必须促进各个部门之间的信息共享、资源整合和协同作业。

跨部门协作政策的提出，旨在实现资源的最优配置和共享，通过打破部门之间的信息壁垒和职责界限，提升排水管理的整体效能。例如，在城市排水设施的规划设计阶段，环境保护部门与城市建设部门的紧密合作，可以确保排水系统设计符合环保要求，避免对水源、水质和生态环境造成不可逆转的负面影响。与此同时，公共安全部门则可以参与到灾害风险评估和排水系统的抗灾能力建设中，确保排水设施在应对极端天气事件和洪水等突发情况时具备足够的韧性和可靠性。跨部门合作不仅能增强排水系统的综合管理能力，还能促进各个部门之间的技术交流和知识共享，提升排水管理的科技含量和创新性。

在跨部门协作的过程中，信息共享是关键要素之一。排水管理涉及的数据种类繁多，包括降雨量、污水处理量、水质监测、管道运行状态等多个方面，相关部门需要共享和集成这些信息，以便进行有效的决策。信息共享不仅包括数据的传递，还应当包括对信息的标准化处理和统一平台的建设，以确保各个部门能够在相同的数据框架下进行协同工作。借助信息技术手段，跨部门间的沟通和协作将更加高效，实现数据的实时传输与智能分析，为决策提供更加科学的依据。此外，信息共享还能促进对突发事件的早期预警和应急响应，提高排水设施管理的应变能力和风险防控水平。

跨部门协作还体现在排水设施的维护与应急管理上。排水设施的运行维护是一个长期且复杂的过程，单一部门往往无法全面掌握排水系统的各项运行指标和潜在风险。通过跨部门的协作，可以实现对排水设施运行状态的实时监控和联动管理。比如，在城市内发生重大降雨时，气象部门提供的降雨预报信息和水文部门的数据分析，可以为排水系统的调度提供重要参考，城市建设部门和公共安全部门则可以根据这些信息及时启动应急预案，对排水设施进行有效的调整和维护，确保系统在突发情况下正常运转。此外，跨部门的协作还可以帮助相关部门合理分配应急资源，在突发灾害发生时，确保救援资源的及时调配和高效利用。

为了有效推动跨部门协作，政策的制定必须从制度层面给予保障。政府应当出台相关的法规和政策，明确各部门在排水管理中的职责和义务，同时规范跨部门协作的机制和流程。在政策实施的过程中，政府应注重协调不同部门的利益关系，促进部门之间的合作与沟通，避免重复建设和资源浪费。为了确保协作的顺畅进行，政府可以设立专门的跨部门协调机制，定期召开协调会议，跟踪排水设施的建设、运行和维护进展，及时解决在协作过程中出现的各种问题。通过政策引导和机制创新，跨部门协作将成为排水管理中的常态化工作模式，从而推动排水管理体系向更加高效、智能和可持续的方向发展。

随着排水管理复杂性的增加和城市化进程的不断推进，单一部门的管理模式已难以满足现代城市排水系统的需求。跨部门协作政策的提出，既是排水管理优化的需求，也是提升城市排水系统应急反应能力和运行效率的重要手段。通过加强各部门之间的信息共享与资源整合，构建协同作业的工作机制，未来排水管理将更加科学、精准和高效，为城市可持续发展和生态环境保护提供有力保障。

第三节　城市化进程中的排水需求变化

一、人口密集化对排水设施的压力

随着全球城市化进程的不断加快，城市人口规模逐渐膨胀，尤其是在人口密集的区域，排水设施面临着前所未有的挑战。城市化带来的不仅是经济的快速增长和生活水平的提高，还伴随着基础设施负荷的不断增加，尤其是在排水系统的承载能力方面。人口密集化的一个直接结果是城市污水和雨水的排放量大幅增长，这对现有排水设施的容量提出了更高的要求。排水系统不仅需要具备处理日常生活污水的能力，还需要有效应对极端天气下的大量降水。随之而来的问题是，许多城市的排水设施已经难以适应日益增长的需求，导致了城市内涝、河流污染等一系列环境问题的加剧。

在城市发展过程中，人口密集区域的排水需求通常会高于其他区域。随着建筑密度的增大和硬化地面比例的提高，雨水的自然渗透和储存能力降低，导致地表水的流速加快。由于雨水无法迅速通过地面渗透，所有的降水都需要通过排水管网及时排放出去。如果排水系统设计容量不足，便会发生严重的积水和内涝问题，尤其是在暴雨或极端天气事件发生时，排水管网超负荷运转，从而导致城市中心区的洪涝灾害。与此同时，城市扩展所带来的空间开发压力，往往要求排水设施在建设阶段就考虑到未来人口密度的变化。因此，排水设施的设计与建造不仅要满足当前的需求，还应具备一定的前瞻性，能够适应人口变化和城市发展的需求。过时的排水设施不仅无法提供有效的排水服务，还可能成为环境污染的源头，加剧污水的积存和渗透，进一步污染地下水源。

在人口密集的城市区域，排水设施的建设面临着巨大的空间和资源压力。土地的有限性使得新建排水设施往往难以满足日益增长的人口密度和排水需求。在许多发达城市，老旧的排水系统与新兴城市区域之间的差距尤为明显，城市中心区的排水设施多由几十年前的设计标准所建成，难以应对现代城市的排水需求。这些历史遗留问题使得城市的排水系统难以适应当下的城市发展节奏，从而增加了城市排水设施更新与扩展的难度。与此相对，城市的快速发展和人口密集化要求排水系统具备更大的弹性，能够快速响应不断变化的需求。

与此同时，人口密集化带来的生活污水排放量的增多，也使得污水处理和排放成为一个更加严峻的问题。排水设施不仅需要具备高效的污水收集和输送能力，还需要在排放过程中确保水质达标，防止污染物的进一步扩散。在污水处理过程中，如何提高污水处理效率，减少污染物的排放，已经成为城市排水设施的核心技术难题之一。为了应对人口密集化带来的污水排放压力，城市排水系统需要依靠更先进的污水处理技术，如多级过滤、化学处理等，进一步提升污水处理的质量与效率。排水系统在设计过程中，还必须考虑到流量的变化，设计出既能满足日常需求，又能应对极端降水情况的灵活排水机制。

从区域发展角度来看，城市扩展要求排水设施能够兼顾城市旧区与新区的不同需求。在一些发展较为缓慢的老城区，排水设施的老化和技术滞后性使得排水系统经常无法及时有效地处理突发的降水量。而在新兴的城区，人口密度的快速增长则意味着排水设施的建设需要提前规划，并具备足够的容纳能力。城市规划者必须在区域扩展的初期，就开始考虑排水系统的建设和升级工作，确保排水设施能够在各类复杂的城市环境中平稳运行。尤其在城市规划和区域开发阶段，排水设施的设计需要充分考虑未来的人口增长和区域发展趋势，避免因规划滞后而导致排水设施供给不足。

人口密集化对于城市排水设施的压力是多方面的，既包括排水系统的承载能力问题，也包括污水处理能力的提升需求。城市化进程的加快要求排水设施不仅能满足当前的需求，还需要具备适应未来发展和人口变化的能力。在此过程中，如何平衡排水设施建设的经济性、实用性和可持续性，成为排水工程设计和城市基础设施建设中的一个重要议题。随着科技进步和新材料、新技术的不断出现，未来的排水设施将在更高效、更环保的方向上不断发展，以应对日益严峻的城市排水挑战。

二、排水系统与城市规划的深度融合

在现代城市化进程中，排水系统的规划与城市整体发展之间的关系愈加紧密。随着城市规模的不断扩大，排水设施的设计与建设面临着前所未有的挑战。排水需求的变化不仅是对现有设施的负荷增加，更在于如何根据城市发展规律，合理预见未来需求，进行科学的规划与布局。这要求排水系统不仅要满足当前的排水需求，还必须能够适应未来城市扩展、人口增长以及土地利用变化等多重因素的影响。因此，排水设施的规划与设计必须从一个全局性的视角出发，超越短期的实际需求，进行系统性、前瞻性的思考。

城市规划中，土地的利用效率和空间的优化成为不可忽视的因素。高密度的建筑和有限的土地资源要求排水设施的设计必须具备高度的适应性与弹性。城市排水设施不仅是为了解决当前的排水问题，它们还需要考虑未来城市的发展动态，包括人口流动、区域功能的变化以及环境承载能力的提升等。传统的排水系统往往是基于预定的、相对静态的城市发展模式进行设计的，但随着城市化进程的不断深化，单一的排水设施模式已无法有效应对城市复杂的排水需求。尤其是在面对城市扩张过程中逐渐增多的高层建筑和地下开发等新型城市形态时，传统的排水系统可能难以满足其特有的排水需求。

排水系统与城市规划的深度融合意味着排水设施的建设不再是单一的技术性工程问题，它涉及城市发展战略、土地政策以及社会需求等多个层面的综合考量。在城市规划阶段，必须同步考虑排水设施的建设与完善，将排水系统的设计融入城市交通、绿化、建筑和基础设施等各项规划中，避免排水设施在后期建设过程中出现"被动设计"或"适应性差"的局面。随着城市化进程的推进，排水设施的需求也发生了深刻变化。从最初的满足简单的雨水排放，到如今要求全面兼顾雨水与污水处理、污水回用、资源回收等多功能集成，排水系统的功能愈加复杂。

在进行排水系统的规划时，需要充分考虑城市未来发展对排水设施的潜在影响。随着城市土地使用强度的增加，土地资源的紧张使得原有的排水系统面临着很大的压力。特别是在一些城市中心区域或新兴的城市发展区，土地的有限性和功能的多样化往往导致排水设施的设计无法满足日益增长的排水需求。为了应对这一挑战，排水系统的规划应当与城市的土地利用规划紧密结合，推动城市空间的复合利用和集约化发展。例如，在城市的商业区、工业区或居住区内，排水设施的布置应充分考虑到不同区域的排水需求和用地性质，避免单纯从排水角度出发进行设计，忽视了土地资源的高效利用。

现代城市的排水系统不仅是单一的管道系统，更应当是一个智能化、绿色化、系统化的综合体。因此，排水设施的规划与设计应当充分考虑到智能技术、信息化技术等的应用，增强排水系统的实时监控能力和自动化水平。通过引入先进的技术手段，排水系统的运行管理将更加高效和灵活。智能化的排水设施不仅能实时监测排水量、流速等参数，还能及时预警排水系统中的潜在问题，实现自动化控制和故障自我修复。这些智能化技术的应用将极大提高排水系统的响应能力，尤其是在面对突发性降雨或极端天气事件时，能够更好地应对排水压力的增加，保证城市的排水安全。

除了技术层面的考虑，排水系统的规划还应考虑到社会和环境的可持续发展。随着环境保护意识的提升，排水设施的设计应当结合现代生态文明建设的要求，推动绿色排水理念的普及和应用。在城市规划中，排水设施不仅是排水的工具，更是改善城市环境、提升生活质量的重要组成部分。绿色排水技术，如透水铺装、雨水花园、生态湿地等，能够有效减少城市地表水的流失，改善城市微气候，减少城市热岛效应，同时还可以促进雨水的回收与再利用，降低对自然水资源的依赖。在未来的排水设施规划中，绿色排水技术将成为不可或缺的一部分，它将与传统的排水系统相结合，共同提升城市排水的整体效能。

三、新兴产业与排水需求的新趋势

随着全球经济结构的转型与科技创新的不断推进，新的产业形态在城市发展中日益占据重要地位，这不仅推动了城市整体经济的发展，也对城市基础设施，尤其是排水设施的需求产生了深刻影响。随着绿色产业、高科技产业以及现代服务业的崛起，传统的排水设施在满足日常生活排水需求的基础上，逐渐面临着新的挑战。这些新兴产业区的排水需求，不仅与传统住宅区有着显著的区别，更呈现出复杂性和多样化的趋势。因此，如何通过调整排水设施的建设与管理，使其更加适应新时代产业需求的变化，已经成为城市排水系统设计与运营中的关键议题。

新兴产业集中区，特别是工业园区、科技园区等领域，往往拥有不同于传统住宅区的排水特点。工业园区通常聚集了大量的生产设施，排放的废水成分复杂，水质污染较为严重。这些废水不仅含有较高浓度的有害物质，而且由于生产工艺的差异，水质变化较大，极大增加了排水系统的处理难度。在这种情况下，排水设施的设计需要考虑更多的工业废水预处理和深度处理功能，以确保废水排放符合环保要求，并避免对周围环境造成污染。现代工业园区对水质的控制要求较高，不仅要满足国家和地方的污水排放标准，还需实现资源回收和循环利用。因此，排水设施的建设需要与园区的生产活动紧密配合，实现废水的有效处理和再利用，以符合绿色发展的要求。

与此同时，随着高科技产业的不断发展，特别是信息技术、生物医药、新能源等领域的迅速崛起，排水需求的多样性和专业化程度进一步提升。与传统工业区不同，科技园区排放的废水成分更为复杂，通常含有一些难以降解的化学物质或者特殊的生物污染物，这对排水系统的设计提出了更高的要求。科技园区的排水设施不仅需要具备处理工业废水的能力，还需要能够应对来自高科技实验和研发过程中产生的各种有害物质。这些废水的排放如果不加以妥善处理，可能对环境和公共健康造成严重威胁。在新兴产业区，排水设施的设计往往需要考虑到更为精细化的污水处理技术，比如先进的膜过滤技术、光催化技术、活性炭吸附技术等，以保证废水的处理效率和质量。

此外，随着绿色产业的蓬勃发展，排水设施的功能也逐渐从传统的单一排水功能向多功能、复合功能转变。绿色产业不仅对排水设施的环保要求较高，还强调资源的循环利用和生态效益。新兴产业园区的排水设施建设，不仅需要解决基本的水质处理问题，还需要实现雨水收集与利用、废水回收与再利用等功能。这要求排水系统能够兼顾水量和水质的调控，确保雨水和废水能够得到充分的处理和再利用，最大限度地减少水资源的浪费。例如，某些科技园区和工业园区在设计排水系统时，开始采用雨水收集系统，将雨水储存起来用于灌溉绿地或用于厂区内的冷却系统，从而减少对城市供水系统的依赖。

随着产业发展方向的调整，排水设施的建设逐渐呈现出定制化的趋势。传统的"一刀切"式的排水系统已经无法适应不同区域、不同产业的需求差异。每个新兴产业园区的生产方式、环境要求和水质处理需求都有其独特性，这就要求排水设施的设计能够根据不同的需求进行量身定制。例如，在生物医药产业园区，排水系统需要考虑到医药废水中的有害成分和生物污染物的处理问题，这要求系统能够提供高效的生物处理和化学处理相结合的技术方案。在绿色制造产业园区，排水系统不仅要处理工业废水，还需要支持废水的资源化利用，具备较高的回用率。因此，针对不同产业类型的排水需求，定制化的排水设施不仅能提升处理效果，还能确保系统的长期稳定运行。

随着新兴产业的发展，城市排水系统的建设逐渐由简单的生活污水排放向更加复杂的工业和商业废水处理转型。为了应对这些新趋势，排水设施的建设不再局限于传统的单一功能需求，而是向多功能性、智能化方向发展。未来的排水设施不仅需要在设计上充分考虑产业特点，保证废水处理的高效性和环保性，还需要在运行管理上实现智能化。通过引入自动化监控、数据采集与分析、故障预警等智能化技术，排水设施能够实现更精确的调度和管理，及时响应废水排放的变化，提高系统的运营效率和响应能力。随着环境保护标准的不断提高，排水设施的建设还将逐步向绿色低碳方向发展，探索更加节能、低碳的废水处理技术，推动产业和环境的协调发展。

在这种背景下，排水设施的建设不仅要应对传统的生活排水需求，还要为新兴产业的发展提供更加高效、灵活的水质处理和排放方案。因此，未来的排水设施将呈现出更加多样化、个性化和智能化的趋势。这一发展趋势，不仅要求排水系统的技术创新，更要求政策法规的支持以及行业标准的更新，以确保排水设施能满足不同产业的发展需求，促进城市可持续发展和绿色生态城市的建设。

第四节 未来排水系统的建设与创新

一、可持续性排水系统的建设与创新

未来排水系统的创新设计将不可避免地受到全球可持续发展理念的深刻影响。随着城市化进程的加速以及气候变化带来的极端天气事件增多，传统的排水系统在应对这些挑战时显得力不从心。因此，设计者必须从系统性和生态的角度重新审视排水设施，逐步转向更加绿色、可持续、生态友好的排水系统。这种新的设计理念不仅关注排水系统的基本功能，更强调在满足排水需求的同时，如何实现对水资源的有效管理和环境保护，甚至在某些情况下，能够实现生态修复和水质净化的目标。

可持续性排水系统的核心理念是资源化利用，这意味着排水设施不是一个单纯的排水通道，更应当作为一个多功能的综合系统存在。这种系统应当通过高效的雨水收集和处理，确保降水资源的有效回收与再利用。随着对水资源短缺问题的日益关注，许多城市已经开始将雨水作为宝贵的资源来管理。创新的排水系统设计，将更多地融入雨水花园、透水铺装以及水面湿地等设计元素，通过自然渗透和蒸发的方式，使雨水在地表得到处理和净化，从而减轻传统排水管道的负担，减少雨水直接排放到河流或海洋所带来的污染问题。

与此同时，污水处理和水质净化的功能也将成为未来排水系统设计中不可忽视的组成部分。在传统的排水系统中，污水通常是通过管道直接输送至污水处理厂，处理过程较为单一且集中。而未来的排水系统将更加注重源头控制和分散处理，污水的初步净化将尽可能地在排水网络的各个环节中完成。例如，在建筑小区、商业区等地方设置小型化的污水处理设施，通过微型化的水处理单元对污水进行初步净化，减少集中处理压力，并在排水系统的设计中增加更多的水质监测和调节机制，从而在源头上控制水质，避免污水的扩散和污染。

可持续性排水系统的创新设计还将体现出生态修复的功能。在一些历史悠久的城市，排水设施往往与城市的基础设施高度融合，经过多年使用后，很多排水

系统的老化和损坏已成为不可忽视的问题。为了解决这一问题，创新设计将逐渐引入生态修复技术，使用植物和生态基质来改善排水管网周围的环境。植物根系的自然净化作用不仅能有效改善水质，还能提升城市的绿色景观和生态环境。这种生态修复并不停留在排水管道的局部，而是在城市的水系和绿化带中实现全面的生态重建，恢复城市水生态系统的功能。

综合水资源管理将在可持续性排水系统的设计中占据重要地位。随着城市对水资源的需求不断增加，如何优化水资源的利用，降低水资源浪费，已成为未来排水系统设计的关键议题。新型的排水设计将促进水资源的回收利用，例如通过雨水回收系统，将雨水储存并转化为可再利用的水源，用于景观灌溉、清洁或甚至是工业生产，减少对自来水的依赖，降低城市供水压力。在这一过程中，设计者不仅要考虑到水的收集与存储问题，还需在污水和雨水的处理过程中加入先进的水质监测和调节技术，确保水的回用不会带来新的环境污染。

排水系统的创新设计还需要在环境效益与经济效益之间找到平衡。传统的排水设施建设和维护往往需要巨额的投资和长时间的运营成本，而未来的可持续性排水系统设计将在有效降低能耗和物资消耗的基础上，推动社会效益、经济效益和环境效益的共赢。通过创新的技术和设计，未来排水系统的建设成本将逐步降低，系统的维护和运营效率将大幅提升。例如，集成智能传感器和自动化控制技术的排水系统可以实现自我调节和故障预警，减少人为干预的需求，降低运营维护成本。同时，系统内的水质净化和资源回收功能能够带来可观的环境效益，并可能在长期运营中实现一定的经济回报，形成良性循环。

未来排水系统的创新设计将不仅着眼于满足基本的排水功能，更将从更广阔的视野出发，融入生态、环境保护、资源回收等多重目标。通过高效利用雨水、污水处理和水质净化技术的融合，推动排水系统向绿色、智能、生态的方向发展。这一设计理念将带来更为高效的资源管理和更为绿色的城市环境，在社会效益、经济效益和环境效益的多重驱动下，推动未来排水系统建设进入一个可持续发展的新阶段。

二、模块化排水设施的建设与创新

随着城市化进程的不断推进,城市排水系统面临的挑战日益复杂,传统的排水设施往往无法满足现代城市多变的需求。在这种背景下,模块化排水设施的应用作为一种新兴的解决方案,正在逐渐成为未来城市排水系统建设的关键方向。模块化排水设施的出现,不仅是对传统排水设施设计与建设模式的一种创新,更是在满足快速发展的城市排水需求、提高系统灵活性、降低建设与维护成本等方面具有重要优势。

模块化排水设施的最大特点是其高度的灵活性和可定制性。与传统的固态、大规模、不可变更的排水设施相比,模块化排水设施由多个可独立构建、调配和替换的模块组成。每个模块都可以根据具体的功能需求、环境条件和城市规划进行量身定制,从而实现精确匹配不同区域排水需求的目标。这种灵活的设计方式使得排水设施可以根据城市发展过程中的变化进行调整和扩展,避免了传统排水系统建设中常见的无法适应快速变化的城市结构和排水需求的局限性。随着城市扩展或功能区划的调整,模块化设施能够通过快速更换、增加或拆卸部分模块,轻松实现设施的升级和改造,保持排水系统的长期适应性和可持续性。

模块化排水设施还具有显著的经济效益。在传统的排水设施建设中,由于整体规模较大,施工周期长。建设成本高,而且一旦完成,往往难以在后期进行有效的调整或再利用。而模块化设计则通过将整体系统拆分为若干个标准化、预制化的模块单元,使得每个模块在制造、运输、安装等方面都具有较高的效率和低成本。预制化和标准化的模块能够在工厂中批量生产,从而大大降低了生产与施工过程中的时间和人力成本。此外,模块化系统的扩展性也使得其能够根据实际需求进行增减,从而避免了传统系统中出现的资源浪费现象。特别是在城市建设初期,模块化排水设施能够根据预期的负荷进行设计,当城市排水需求增加时,相关模块能够迅速调配和增设,避免了过度投资和资源闲置的问题。

从系统的适应性和灵活性来看,模块化排水设施能够有效应对复杂多变的城市排水需求。城市的排水需求不仅受到气候变化、环境因素的影响,还受到人口增长、经济发展以及土地利用等多方面因素的综合作用。在不同地区和区域,排水需求的差异使得传统排水设施的"一刀切"模式难以有效应对个性化和多样化的挑战。而模块化排水设施则能够根据不同的城市区域、不同的排水负荷和不同的环境条件进行设计和调整。通过这种灵活性，模块化排水系统能够在提供高效排水的同时，最大限度地减少资源浪费和无效建设，使排水系统的运行更加高效、可靠。

模块化排水设施的建设周期大幅缩短。由于其标准化、预制化的特点，模块化排水设施可以在工厂中进行集中生产并进行预组装，现场施工时仅需进行简单的安装与连接，从而大大减少了施工周期。这不仅能提高工程的整体进度，还能有效降低因施工延误带来的社会成本和经济成本。同时，模块化设施的快速部署特性使得城市能够在遭遇突发性天气或排水设施故障时，迅速进行修复或替换，确保城市排水系统能够稳定运行，减少灾害对城市的影响。

在维护与管理方面，模块化排水设施的优势也非常突出。传统的排水设施一旦投入使用，通常难以进行大规模的修改或调整，且一旦发生故障，往往需要较长时间进行排查和修复。而模块化设施则能够根据实际使用情况进行模块单元的更换或修复，极大地缩短了维修时间，减少了系统停运的风险。在进行常规维护时，模块化系统也能通过分块管理和局部更替的方式，使得整个系统始终处于较为稳定的运行状态，减少了因设备老化或损坏导致的排水功能下降。

随着技术的不断发展，未来的模块化排水设施还将实现更加智能化的管理和运营。通过将信息技术与排水设施的管理系统相结合，模块化排水设施能够实现自动监控、远程操作与数据分析，帮助管理人员实时了解系统的运行状态并进行及时调整。智能化技术的融入不仅可以提高排水系统的运行效率，还能有效提升其故障预警、事故响应及维护管理的能力。这一趋势无疑将使模块化排水设施在现代城市排水管理中发挥更加重要的作用。

三、无人化与自动化的排水设施的创新

随着城市化进程的不断推进，城市排水设施的管理与维护面临着越来越复杂的挑战。传统的人工巡检、手动维护和常规的维修方式已经难以满足现代城市排水系统日益增加的管理需求，尤其是在大规模城市排水网络的管理中，如何提升

管理效率、降低维护成本、缩短故障处理时间等问题显得尤为重要。无人化与自动化技术的引入，为这一领域带来了革命性的变化，未来的排水设施管理将逐步实现无人化和自动化，推动行业向更高效、更智能的方向发展。

无人化与自动化技术的应用，首先体现在对排水设施的实时监控和数据采集上。传统的排水系统管理主要依赖人工巡检与定期维护，往往无法及时发现潜在的问题，导致排水系统出现故障时，难以在第一时间进行有效处置。而现代自动化技术的引入，可以通过智能传感器、无人机、机器人等设备对排水管网进行实时监测和数据采集。通过这些设备，排水系统中的水流情况、管道压力、管道温度、腐蚀程度等多个关键参数都能被实时监测并上传至中央管理系统。这些数据的及时反馈可以为排水系统的管理人员提供准确的信息支持，帮助他们在问题发生前进行预警，从而避免或减少设施的故障和损坏。

无人机和机器人在管道检查中的应用，代表了排水设施管理自动化的一大突破。传统的排水管道检查往往需要人工进入管道进行人工巡查，这不仅耗时费力，而且存在较大的安全隐患。而借助无人机和机器人，管理人员可以在远程操作下，迅速对整个管网进行检查，尤其是在地下管道或不易接触的地方，机器人能够通过灵活的设计进入复杂的空间，进行高清晰度的图像采集和故障诊断。通过与人工智能算法结合，自动化系统可以对采集到的图像进行分析，识别出管道中的裂缝、沉积物堵塞或其他可能导致故障的因素。这种自动化检测方式，大大提高了检测效率，减少了人工检查的工作强度，也降低了因人为疏忽导致排水设施管理不当的风险。

除了管道检查外，排水系统的清理和维修工作同样面临着较大的挑战，尤其是在管道内部的清理和疏通过程中。传统的清理方法通常依赖于人工操作，涉及人员进入管道内部进行手动清理，这一过程不仅效率低下，而且存在较高的安全风险。随着机器人技术的不断进步，无人清理设备开始被应用于排水设施的维护工作。这些设备通常配备了高压水枪、机械臂等工具，能够高效地清除管道内的沉积物、垃圾和其他障碍物，而不需要人工进入管道，避免了高风险作业的发生。通过智能化的调度系统，这些清理设备能够根据管道的状况自动选择最佳的清理方案，实现管道的自我维护和保养，减少了人力资源的投入，提高了排水设施的运行效率。

在排水系统故障的预警和修复方面，无人化和自动化技术同样展现出巨大的潜力。通过集成先进的传感技术，排水设施能够在故障发生的初期便进行精准的诊断。例如，智能传感器能够实时监控管道的流量、压力和温度等关键参数，当这些参数超出预设范围时，系统会自动发出警报，提醒管理人员立即进行检查。这种自动化的预警机制，可以极大地缩短故障的反应时间，减少系统宕机的时间，从而保持排水设施的高效运转。

自动化技术的应用还能在排水设施的修复过程中提供重要支持。通过机器人的辅助，排水设施的修复工作将变得更加高效和精准。在以往的修复过程中，人工干预往往需要较长时间，且难以保证修复的质量。而通过机器人进行精确的操作，可以有效减少人为因素对修复效果的影响，确保修复工作在最短的时间内完成。这些修复机器人通常具备一定的智能，能够根据故障类型和管道情况自主选择修复方式，从而实现高效、低成本的修复作业。

无人化和自动化技术的引入，不仅提升了排水设施的管理效率，也使得排水系统的运营更加安全、智能。自动化管理能够大大减少人为操作中的错误，提高排水系统的可靠性和稳定性。同时，自动化技术还能有效节省人力资源，降低长期的运营和维护成本。在未来，随着智能传感技术、机器人技术和人工智能技术的不断发展，排水设施管理的自动化程度将不断提高，未来的排水系统将逐步向"无人值守"方向迈进，实现更加智能、更加高效、更加安全的运营管理。

排水设施的无人化与自动化管理代表了未来城市基础设施发展的重要趋势。通过引入智能化设备和自动化技术，城市排水系统不仅能实现高效的监控和维护，还能在出现故障时，快速响应并进行修复。这一转型将极大提高城市排水系统的运行效率，保障城市居民的生活质量，同时也为城市管理者提供了更加精确的数据支持和决策依据。随着技术的不断创新，未来的排水管理将实现更加智能、自动的全方位服务，推动城市排水系统的可持续发展。

参考文献

［1］ 段龙武, 李卓. 某县城市排水防涝设施建设工程［J］. 中国建筑金属结构, 2024, 23 (S2): 50–52.

［2］ 宋玉亮. 城市排水设施雨污分流对污水处理厂影响的研究［J］. 环境与发展, 2020, 32 (10): 28, 30.

［3］ 张亚青. 智能技术在城市排水管网管理中的应用［J］. 绿色建造与智能建筑, 2024 (10): 169–171.

［4］ 鲁瑞斌. 浅析污泥处理处置设施的规划建设与管理［J］. 资源节约与环保, 2016 (1): 35.

［5］ 陈帅, 舒启瑞, 陈小龙. 城市排水系统智能控制与调度研究［J］. 给水排水, 2024, 60 (7): 155–161.

［6］ 李劢, 孙永利, 张维, 等. 高质量发展背景下黄河流域主要城市供排水特征及问题解析［J］. 给水排水, 2024, 60 (6): 1–7.

［7］ 乔治强, 邹翠华, 黄玉林. 城市排水系统建设存在的问题及措施分析［J］. 城市建设理论研究(电子版), 2024 (5): 120–122.

［8］ 彭述刚, 谭军辉, 王大成, 等. 智慧城市排水管道综合管理监测平台的设计与实现［J］. 工程勘察, 2024, 52(2): 59–63.

［9］ 王家卓. 加快建设城市排水防涝工程体系［J］. 工程建设标准化, 2024 (10): 29.

［10］ 张燕铭. 加强污水设施建设监管力度长效有序贯彻雨污分流标准［J］. 黑龙江科技信息, 2010 (13): 22.

[11] 王学冬.合流制排水设施溢流过程数值模拟研究[D].西安:西安理工大学,2023.

[12] 张宇.城市灰绿基础设施优化及韧性增强路径研究[D].广州:广州大学,2023.

[13] 于德军.关于城市道路排水设施管理的探讨[J].中国设备工程,2023 (10):244–246.

[14] 王喆.基于排水防涝安全的市政工程建设对策分析[J].中国住宅设施,2023 (4):169–171.

[15] 程浩然.智能技术在城市排水管网管理中的应用[J].电子技术,2023, 52 (4):200–201.

[16] 周军,关杨,袁嵘,等.数智化背景下立体式城市排水治理体系[J].创新世界周刊,2023 (4):73–81.

[17] 何宏福.城市雨水排水系统专业规划——以浦东新区金桥副中心核心区为例[J].净水技术,2023, 42 (8):143–149.

[18] 孙雪梅,刘全海,冉慧敏,等.城市排水管网设施智能管理解决方案研究[J].城市勘测,2022 (3):48–52.

[19] 陈镇杰.城市排水(雨水)设施建设与内涝解决对策[J].工程技术研究,2022, 7 (9):136–138.

[20] 向宇.关于城市道路排水设施管理的探讨[J].现代工业经济和信息化,2021, 11 (3):118–120.